邯郸市邯东断裂综合定位与地震危险性评价

刘 亢 宋 键 李亦纲 等 编著

地震出版社

图书在版编目（CIP）数据

邯郸市邯东断裂综合定位与地震危险性评价/刘亢等编著. —北京：地震出版社，2022.12
ISBN 978-7-5028-5517-8

Ⅰ.①邯… Ⅱ.①刘… Ⅲ.①地质断层—地震定位—邯郸 ②地震活动性—评价—邯郸 Ⅳ.①P542.3 ②P315.5

中国版本图书馆 CIP 数据核字（2022）第 231579 号

地震版　XM5340/P（6343）

邯郸市邯东断裂综合定位与地震危险性评价

刘　亢　宋　键　李亦纲　等　编著
责任编辑：王　伟
责任校对：凌　樱

出版发行：地震出版社

　　北京市海淀区民族大学南路9号　　　　邮编：100081
　　销售中心：68423031　68467991　　　传真：68467991
　　总 编 办：68462709　68423029
　　编辑二部（原专业部）：68721991
　　http://seismologicalpress.com
　　E-mail：68721991@sina.com

经销：全国各地新华书店
印刷：河北文盛印刷有限公司

版（印）次：2022年12月第一版　2022年12月第一次印刷
开本：787×1092　1/16
字数：378千字
印张：14.75
书号：ISBN 978-7-5028-5517-8
定价：120.00元

版权所有　翻印必究

（图书出现印装问题，本社负责调换）

《邯郸市邯东断裂综合定位与地震危险性评价》

编委会成员

刘　亢　　宋　键　　李亦纲
南燕云　　裴跟弟　　张　媛
李红光　　梁诗明　　许华明
房立华　　李林元　　刘芳晓
王万合　　刘现彬　　杨　通
杨　婷　　武文广　　檀立杰

前　言

一、项目背景

城市——尤其是大中型城市，是当代政治、经济和文化中心，是人口集中、建筑物集中、工业集中、多种市政设施集中的场所，一旦发生大地震将造成极其巨大的灾害。城市的生命线基础是城市功能极其重要的一部分，其功能网络呈立体交织结构，且许多管线深埋地下，纵横交错，一旦网络遭到破坏，修复难度极大。城市灾害具有连锁性，直接灾害、次生灾害和间接灾害连锁，形成灾害链，从而加剧对城市的破坏。我国不少大城市的城区范围内都存在活断层，受多种条件制约，未能对城市活断层位置及其危险性作出清楚的判定，给城市安全留下了严重的隐患。因此，加强活断层的深入研究，特别是大城市及邻近地区活断层的探测与研究，为科学地进行城市总体规划，合理有效地开展抗震设防，更好地减轻地震对城市造成的破坏和损失，提高我国大城市抗御地震灾害能力具有重要的理论和现实意义。

邯郸市是国家历史文化名城、中国优秀旅游城市、国家园林城市、全国双拥模范城和中国成语典故之都，是国务院批准具有地方立法权的"较大的市"和市区人口超百万的特大城市，辖6区、1市、11县，总面积 $1.2×10^4 km^2$，2021年总人口941万，生产总值4114.8亿元。邯郸市位于河北省南端，西依太行山脉，东接华北平原，与晋、鲁、豫三省接壤，是晋冀鲁豫四省要冲和中原经济区腹心、华北地区重要的交通枢纽。

同时，邯郸市也是我国地震重点监视区之一，历史上曾发生过1830年磁县 $7\frac{1}{2}$ 级地震，造成严重的人员伤亡和经济损失；1966年邢台隆尧7.2级地震群对邯郸地区也造成了较大的震害损失。早在2004年，邯郸市作为河北省第一个开展活断层探测的城市，实施了"邯郸市活断层探测与地震危险性评价"项目，对主城区和永年、磁县地区的6条目标断层进行了探测与地震危险性评价。项目成果已广泛应用于邯郸市城市总规修编、土地利用规划、地下空间规划和重大项目选址等，在城市防灾减灾方面取得了显著的社会效益。

近年来随着经济迅速发展，城镇化水平不断提高，《邯郸城市总体规划修编（2016~2035年）》提出了城市发展战略：向东部发展，建设东部新区，南北适当发展，西部控制发展。现有石油地震勘探及历史地震资料表明，邯郸市区东部存在一条隐伏断裂，即邯东断裂。该断裂历史上曾发生过5.5级地震，是控制邯郸凹陷的边界断裂，对邯郸市区东扩具有重要影响。此前从未针对邯东断裂开展过地震探测工作，对其空间展布、活动性及危险性尚不清楚。为避免将重点项目建设到地震断裂带上，解决邯郸市区东扩存在的地震安全隐患，2016年12月15日召开的邯郸市政府第60次常务会议定："市地震局抓紧做好邯东断裂地震活断层探测工作，并积极与市规划局对接，将探测成果运用到城市总体规划当中，为东区建设提供地质安全保障"。

为落实市政府常务会决定，邯郸市地震局委托中国地震局地质研究所编制了《邯郸市邯东断裂综合定位与地震危险性评价项目工作方案》。待国务院机构改革完成之后，由邯郸市应急管理局于2019年6月13日通过公开招标方式，确定中国地震应急搜救中心、中煤科工西安研究院（集团）有限公司和鲁东大学组成的联合体作为中标单位。2019年7月2日，邯郸市应急管理局与中标单位签订项目合同，确定了"邯郸市邯东断裂综合定位与地震危险性评价项目"的实施周期为2年。项目组合理安排室内外工作，充分吸收前期邯郸市活断层探测成果，搜集整理石油物探资料，积极推进项目进度，严格按照《活动断层探测》（GB/T 36072—2018）等规范开展探测工作，克服新冠肺炎疫情造成的一系列困难，最终圆满完成了探测任务，并于2021年9月顺利通过由中国地震局组织的专家验收。项目组根据验收专家提出的建议进行修改补充，并将本次工作成果以专著的形式出版，供城市规划建设及其他相关技术人员参考，并与全国其他同行在资料和方法上进行交流。

二、华北平原区开展活断层探测的特点

开展城市活断层探测，评价其地震危险性和危害性，核心是要解决城市范围内的断层定位、最新活动时代、深部构造背景、地震危险性、地表错动以及减灾对策等问题。邓起东先生曾用6句话对这些科学问题加以概括，即"有没有，活不活，深不深，震不震，错不错，好对策"。其中，"有没有"是要解决城市范围内有无直下型断层及其定位问题，通过控制性探测与详细探测对目标断层逐步做到精确定位；"活不活"是指断层的活动性研究，只有距今12万年以来有过活动的断层才属于活断层；"深不深"是要解决断层的切割深度和震源构造问题，地壳浅表的断层不可能发生大的破坏性地震；"震不震"是指在目标断层定位、活动性和深部构造特征解决之后，对于是否可能发生大地震作出评价；"错不错"是指直下型地震发生后，发震断层是否会出露地表，出现同震地表破裂带或位错带；"好对策"是根据上述研究结果制订直下型地震和地表错动带发生时的对策，包括避让带位置和宽度的确定以及其他防震减灾对策（邓起东等，2002）。

华北平原表层基本为较厚的第四纪松散物覆盖区，多个城市之下存在相当规模的隐伏断层。这些隐伏断层的精确定位与活动性评价是华北地区开展城市活断层探测的核心内容。天津市活断层探测与地震危险性评价项目（2002.06~2007.11）是华北平原开展的第一个城市活断层探测项目，随后开展了北京市活断层探测与地震危险性评价项目（2004.01~2007.12）与邯郸市活断层探测与地震危险性评价项目（2004.12~2010.07）。其中，邯郸市作为河北省开展的第一个城市活断层探测项目，具有示范性与指导意义。在此基础之上，河北省于2007年同时开展了石家庄、唐山、邢台、秦皇岛、保定、张家口、承德、沧州、廊坊、衡水等10个城市的活断层探测项目。邯郸、唐山、邢台与秦皇岛这4个城市的活断层探测项目由我们团队负责或者主要参与完成，多年的工作积累对于华北平原区开展城市活断层探测取得一些认识。

（一）华北平原区活断层的研究方法需要发展完善

人口稠密的华北平原历史上曾多次遭受强震的袭击。近300年来已经发生过5次7.0级以上地震，仅在1966~1976年期间就发生了邢台地震与唐山地震，给人民的生命和财产造成了极其惨重的损失。1966年3月8~29日在邢台地区共发生了5次6.0级以上地震，其中

以3月8日隆尧M_S6.8地震和3月22日宁晋M_S7.2地震破坏最重。邢台地震群导致8064人死亡，经济损失10亿元。邢台地震真正意义上开启了我国的地震预报科学实践，是我国地震事业发展的转折点和里程碑（侯立臣，1986）。1976年7月28日3时42分，唐山市丰南发生了M_S7.8地震，15个小时之后，在滦县发生了M_S7.1地震，3个半月后又发生了宁河M_S6.9地震。唐山地震群造成242769人死亡，经济损失100亿元，位列20世纪世界地震史死亡人数第二。

长期以来，由于华北平原巨厚的沉积覆盖层，缺少明确的强震构造判别指标，诸多城市面临着如何有针对性地开展活断层探测和防震减灾工作的问题。

华北平原地震地表破裂带长度与西部地区同震级地震相差较大，这是华北平原地震最显著的特点。邢台M_S7.2地震未发现明确的地表破裂带，以及与之对应的活断层；而唐山M_S7.8地震，沿极震区（Ⅺ度）附近仅出现了一条8~11km长的地表地裂缝带（虢顺民等，1977；王景明等，1981；杜春涛等，1982）。如果邢台地震作为华北平原地区一种典型发震构造模型的话，那么在古地震研究中，将会遗漏掉至少7.2级以下的地震事件。因此，适用于中国西部地区的一些活动构造的研究方法、计算公式如何根据华北平原地区地震构造特征做出相应调整成为亟须解决的科学问题。

（二）隐伏断层探测难度大、风险高，应充分重视基础资料搜集、整理与分析

隐伏断层是在地表无显示或出露不明显，且潜伏在地表以下的断层。这种断层可以是在其形成之后被新沉积物所覆盖，或是形成于地下深处没有切穿地表的断层。城市活断层探测项目经费有限，既要保证浅震测线控制目标断层，又要考虑测线间距要求，因此浅震测线布设工作非常重要，是项目能否顺利完成的关键所在。

解决浅震布线问题只能依靠基础资料搜集、整理与分析工作。搜集基础资料要结合地区特点，比如邯郸地区属于华北油田范围，20世纪开展了大量的石油地震探测工作。项目团队花费大量精力对石油剖面进行了搜集，共获取相关石油地震剖面54条，经过综合解释，确定隐伏断层位置，对于浅震测线布设提供了重要支撑。

唐山地区煤炭资源丰富。建于1878年的开滦煤矿，为中国特大型煤炭能源企业，创造了多个中国近代工业史上的第一。丰富的煤炭勘探资料，可以为地质构造、断层分布研究提供有力支撑。项目团队获取了开滦集团下辖唐山矿、马家沟矿、赵各庄矿、林西矿、唐家庄矿、荆各庄矿、钱家营矿、吕家坨矿和范各庄矿的地形地质资料，确定了目标断层在基岩中的精确位置，对浅震布设、剖面解释提供了重要参考。

（三）结合地质构造特征选择合适的探测方法

随着科技发展，目前适用于隐伏断层探测的物探方法主要有浅层地震、高密度电阻率、瞬变电磁、电阻率层析成像、地球化学以及微动探测等。鉴于城市复杂的自然环境条件和物探方法本身的多解性，综合应用探测方法能够获得更加精确和可靠的结果。

1. 多种探测手段辅助浅层地震勘探

大量案例已经证实浅层地震勘探是城市活断层探测工作中最为有效的物探手段。上文已经介绍，隐伏区开展活断层探测，浅震布线工作非常重要。在基础资料严重缺少的情况下，建议开展多种手段联合的方式开展探测。比如地球化学探测法具有操作简单、成本低廉、工

期短的显著优点,其结果可以作为浅层地震勘探测线布设参考依据。

当地层中存在活断层,深部的氡气很容易沿断层通道向上扩散并逸出地表,在断层的出露位置及其上盘的土壤中,氡气含量较高,容易形成氡异常。对于具有一定规模的隐伏断层,通过测量断层上方土壤中的氡气浓度,就可以较为准确地判断隐伏断层的分布位置。邯郸市与邢台市活断层探测项目中作为辅助手段开展了地球化学探测,结果显示异常信噪比总体较高,完成了目标隐伏断层的初步定位,为后续浅震布线提供了有益参考。

2. 根据第四系厚度分布特征选择合适的浅层地震勘探方法

浅层地震勘探工作应该根据探测区域地层情况,选择合理的勘探方法。纵波反射法具有激发简单、探测深度大、施工效率高等优点,在划分具有一定厚度的沉积地层层序方面效果较好;但是在覆盖层较薄地区,由于目的层埋深浅,反射窗口小,且震源干扰波较强、面波发育,较难取得高信噪比资料,而横波具有速度低、波长短等特点,横波反射法比纵波反射法的分辨率和解释精度更高,对浅部松散层分层具有较好的探测效果。因此,当探测埋深数米至数十米的隐伏断裂时,宜采用横波反射勘探方法;当探测埋深数十米至数百米埋深时,宜采用纵波反射勘探方法。

唐山地区由北往南第四系厚度变化大,北边为基岩出露区,往南第四系厚度逐渐加深,至丰南已超过200m。控制性探测阶段均采用纵波反射勘探方法,南部地区断层探测效果良好,清晰揭示出了隐伏断层的上断点位置;然而,北部地区由于第四系较薄,因此获取的反射剖面信息模糊。详细探测阶段中根据覆盖层厚度调整为横波反射勘探方法,明显提高了剖面质量,完成了目标断层的精确定位任务。因此,浅层地震勘探工作应该重视第四系厚度,浅层地震纵波、横波方法相结合。

3. 深部探测采用二维、三维联合探测手段可以获取丰富的深部构造信息

针对地质构造复杂地区,单一的探测方法难以揭示深部构造特征,应考虑采用多种探测手段结合的方式。比如唐山市活断层探测项目中构建了二维地震深反射与三维地震折射联合探测系统,最终获得发震断裂的深部构造模式、地壳三维速度结构、深度、分层模型,以及低速层的空间展布等深部孕震构造环境。邯郸市活断层探测项目根据区域地震构造特征与实际需求,开展了宽频带流动台站探测工作,并融合石油地震剖面、小震层析成像数据建立了深部三维速度与构造模型,获得了不错的探测成果与显示效果。

(四) 华北平原地震台网密集,应充分利用小震信息

小震活动与断层运动紧密相关,其时空演变可以真实地反映断层的活动特征。小震定位技术的发展为确定地震断层破裂段、发震构造及其地震破裂过程研究提供了深部依据。

首都圈范围测震台站分布密度较大,地震监测能力强。随着观测台网的发展,尤其是数字地震观测系统的完善,使得2009年以后地震监测能力和定位精度显著提升。从地震的时空演化来看,2009年以来的地震与断裂的相关性更加明显。项目团队近期完成的小震定位结果清晰刻画出1966年邢台地震震中之下存在一条倾向南东的高角度断裂,地壳上部先存的南东倾向断裂与深部断裂贯通,为邢台地震的发震构造模式,即贯通整个地壳的深大断裂,该成果对邢台地震发震构造研究提供了一个新的认识。

(五) 三维建模与可视化技术可有效推进活断层探测成果的应用

项目团队依据国家地震活断层研究中心提供的数据库标准,立足地方政府防震减灾工作的具体需求，基于 ArcGIS 平台，以 Petrel 与 MVS 软件作为建模工具，实现了城市活断层三维建模与可视化功能；提出了城市活断层三维地质模型的"多源数据→多方法集成→多深度层次"的建模技术流程，构建了科学高效的城市活断层三维建模与可视化系统工作技术体系，对于地质构造深入分析、探测数据成果的充分展示提供了技术支撑。

1. 联合浅震资料与钻孔数据构建第四系三维地质模型

要探明地下结构，三维地震勘探是更为有效的手段。在现阶段的经费投入条件下，在活断层探测工作中开展三维地震勘探显然是不现实的，但是将二维勘探数据转化为三维数据，并与钻孔数据进行联合三维建模是一种可行的技术思路，尤其是在浅震测线密度较大的地区，可以采用钻孔数据联合浅震数据进行第四系底界面的恢复及三维地质与构造建模。该项工作基于 ArcGIS 平台完成，基本流程包括基础资料处理、钻孔数据整合、浅震剖面处理、三维建模数据体、二维成图与剖面生成以及成果分析与输出等。

2. 构建不同深度段的三维建模方法和集成技术

由于城市活断层探测数据存在形式多样、获取困难、地下构造复杂、采样点稀疏等问题，使得在利用这些数据进行建模时难度较大。研究团队基于多源数据、多层次三维建模、多软件、多平台，构建了三维建模技术体系。城市活断层探测应用了多学科、多方法，形成了大量类型、格式不同的探测数据。根据不同数据源与不同深度地质模型的特点，选择合适的三维建模软件，完成多源数据、多深度城市活断层建模与可视化，具体分为浅层三维综合地质模型、中深部三维构造模型和深部三维速度模型等 3 个级别的地质建模工作。

3. 构建多源集成、深部分层、高效检索的城市活断层三维可视化系统，提升探测成果应用服务能力

为了充分展示城市活断层探测成果，便于政府部门对项目成果的使用，基于 ArcGIS 平台，构建了多源集成、深部分层、高效检索的城市活断层三维可视化系统，实现了城市活断层二、三维可视化展示以及查询功能，为城市地震危险性评价、新建工程选址、原有建筑抗震加固等工作提供了重要技术支撑，成为城市开展防灾减灾、信息化建设的阶段成果与重要契机。

三、技术方案

《活动断层探测》（GB/T 36072—2018）明确规定：活动断层探测分为单条活动断层探测与目标区活动断层探测两类。对于单条活动断层的探测范围应为断层两侧各 2~4km。活动断层探测目标区是指开展活动断层调查与勘探的地域，边长应不小于25km；探测区指用于评价所在区域地震活动水平和地震构造环境的工作范围，应以目标区为中心，边长应不小于150km。

邯东断裂为隐伏断裂，前期工作基础薄弱，断裂位置可靠性低等因素，因此在立项阶段对探测范围适当放大，参考邯东断裂的展布特征，确定探测范围为西北（114.665°E，36.819°N）、东北（114.810°E，36.765°N）、西南（114.502°E，36.389°N）、东南（114.648°E，36.335°N）的矩形区域，北至永年县辛庄堡乡，南至临漳县城，东西宽15km，南北长50km，重点探测区域为邯郸东部新区的规划建设范围。考虑到项目存在区域地震活动水平和地震构造环境评价的工作内容，因此也设置了工作区，范围为西北（113.853°E，37.277°N）、东北（115.486°E，37.277°N）、西南（113.853°E，35.936°N）、东南（115.486°E，35.936°N）的矩形区域。

根据《邯郸城市总体规划修编（2016~2035年）》需求以及《中国地震活动断层探测技术系统技术规程》（JSGC—04）要求，通过地质地貌、地球物理、钻孔探测和第四纪年代学测试等手段，完成邯东断裂综合定位与地震危险性评价工作，项目目标如下：①查明探测区域内邯东断裂的准确空间位置和活动性；②确定邯东断裂未来潜在的最大地震震级等危险性特征；③确定邯东断裂未来地震地表破裂或地表变形的展布和位错（变形）量；④项目成果纳入邯郸市活断层数据库，供有关部门使用，为邯郸市城市建设规划和防灾减灾工作服务。

根据探测区域地质构造、第四纪地层发育特点、研究现状及工作目标，项目主要工作任务为：通过已有地形地貌、地震、地质与地球物理等资料的收集、汇编、整理，编制探测技术方案和实施方案；购置数字地形图及高分遥感影像，对邯东断裂空间展布进行补充解译；采用人工地震等方法，确定邯东断裂的空间展布位置及活动性；针对邯东断裂上断点埋深情况，选择合适的部位，在断层两侧进行适当数量的钻孔探测，通过详细的岩芯样品分析，以及年龄样品测试，获取邯东断裂的活动年代、位错量等数据；依据各方面获取的定量数据，对邯东断裂的地震危险性进行综合评价，确定未来地震的发生地点、震级上限以及发震概率；根据地质和地球物理探测结果，建立深浅部构造模型，定量评价潜在地震所产生的地面破坏性；采用专业软件进行集成和二次开发，建立邯东断裂基础数据库和信息系统。

根据项目任务和实际工作要求，本研究共设置专题9个：①数字地形图制作及遥感影像解译；②浅层人工地震勘探；③跨断层钻孔探测与活动性分析；④邯东断裂活动性综合评价与高精度定位制图；⑤邯东断裂分布图（1∶10000）编制；⑥深浅部地震构造环境分析；⑦邯东断裂地震危险性评价；⑧邯东断裂强变形带预测；⑨数据库与信息系统。

四、工作成果

根据设计方案，针对区域地震构造环境特点，项目完成了浅层地震反射测线17条，总长度42.8km；3个场地19个钻孔的详细地层柱状剖面图和钻孔联合剖面图，总进尺2399.2m，各类测试样品5173件；建立了深浅部构造环境模型；开展了邯东断裂地震危险性评价和强变形带预测。

（1）空间基础数据平台建设：该专题为项目的基础性专题，其主要任务是通过不同比例尺基础地理数据购置和规范化处理，为其他专题提供基础地理数据支持。完成了工作区1∶250000数字化地理地图、探测区分幅和拼接的1∶50000、1∶10000数字化地理地图、遥感影像数据等。

（2）浅层人工地震勘探：该专题为项目的核心专题，是确定目标断层位置的主要技术手段。浅层人工地震勘探工作分为控制性勘探与详细勘探两个阶段进行，共完成地震测线17条，总长度42.8km，获得了邯东断裂的空间分布位置和断层的上断点埋深，并对断层的活动性进行了初步讨论，为后续跨断层钻孔探测及活动性分析等工作奠定了数据基础。

（3）跨断层钻孔探测与活动性分析：该专题同样为项目的核心专题，是确定断层活动时代的主要技术手段。专题主要任务是以浅层人工地震成果和前期控制性钻孔为依据，通过钻孔岩芯精细分层描述、采集并测定年代学数据，综合划分地层层序、实现断层活动性初步鉴定，重点确定邯东断裂上断点埋深以及 Qp_3 和 Qp_2 的底界深度。完成了 3 个场地、19 个钻孔、总进尺 2399.2m 的跨断层钻孔探测工作，获得了测年数据 100 件，粒度分析数据 2551 件、磁学分析数据 2522 件。综合钻孔岩心数据分析，邯东断裂最新活动时代为中更新世晚期，上断点埋深自北向南逐渐变浅。

（4）钻孔三维建模与可视化分析：该专题主要任务为收集和利用探测区范围工程地质、水文地质、城市建设等钻孔资料，通过层序地层分层对比、三维钻孔数据库建立及三维空间拟合，建立邯东断裂探测区地表至第四系底部较为精细的现今空间结构、层序-构造格架和三维层序-构造可视化平台，给出第四系各层序-构造分层的构造图、厚度图和层序-构造剖面图。

（5）中小地震精确定位研究：搜集了工作区 1991~2021 年的震相观测资料，并对数据进行整理；采用相对定位方法对中小地震进行重新定位；利用重定位后的震源参数，使用近震体波层析成像方法反演得到工作区的三维 P 波速度结构；利用小震重新定位结果以及工作区速度精细结构，分析断裂的空间位置、几何学特征以及现今小震分布与断裂活动性。

（6）星载合成孔径差分干涉雷达监测分析：采用 SBAS-InSAR 技术，对工作区范围进行星载干涉雷达时序动态监测，时段为 2017 年初至 2021 年初共 4 年，累计监测 48 期。获取了邯东断裂综合形变速度场及月度累积形变量，并结合多源数据对形变特征与机理进行解译。监测结果表明，邯东断裂为区域主要构造形迹，是区域隆升和沉降形变的分割线。邯东断裂西侧表现为隆升，东侧为沉降。西侧平均抬升速度为 0.51mm/a，与太行山整体隆升速率基本一致；东侧平均沉降速度为 -29.8mm/a，为地下水超采所致，受构造活动影响的可能性较小。

（7）深浅部构造三维综合建模与分析：主要任务是对区域已有深部探测和研究成果进行收集和整理，对深部探测剖面、层析成像成果进行综合分析，建立区域深部三维构造模型，包括上、中、下地壳和莫霍面等主要界面的空间展布、深度及层间物性参数。研究区域深部发震构造与浅部活断层的时空分布关系，结合前期的浅部三维建模结果，构建探测区深、浅部综合三维模型，为地震危险性评价和地表强变形带预测提供模型基础。

（8）地震危险性评价：通过对区域构造背景、现代地壳运动、地震活动性、断层活动性及中强地震震例的分析与研究，以区域地震构造背景为限定，应用构造类比与地震危险性概率分析等方法，对邯东断裂进行了地震危险性评价，给出最大发震震级和发震概率。由于邯东断裂控制了邯郸盆地的东边界，且与磁县断裂相交，因此，将邯东断裂归属于相对危险断裂，采用 WC 经验关系和华北地区 M_S（震级）-L（震源破裂长度）经验关系两种方法评估，邯东断裂潜在地震最大震级的估值（最大值）为 $M_S6.5$。

（9）地表强变形带预测：充分考虑华北地区震源机制分布规律，对邯东断裂进行了正倾滑运动与水平走滑运动两种模型的数值模拟。以邯东断裂中间段落为例，在 10m 范围内，垂直向最大变形量不超过 3cm，在断层两侧各 50m，即 100m 范围内可能遭遇到的最大变形量为 18.5cm；在 10m 范围内，水平向最大变形量不超过 2cm，在断层两侧各 50m，即 100m 范围内可能遭遇到的最大变形量为 10.9cm。对于一般的建（构）筑物而言，该量值处于一个可以承受的挠曲变形范围内。因此，在邯东断裂上进行工程建设时，可不考虑该断裂段在未来6.5级地震过程中可能引起的永久变形问题，即不存在强变形带问题。但是对于对位移比较敏感的工程，在跨断层时应考虑可能的震时位移。

（10）数据库与信息系统：根据国家地震活断层研究中心提供的各阶段数据库的分类和内容标准，建立了邯东断裂综合定位与地震危险性评价数据库，包括基础地理数据、编图数据、地质地球物理探测数据、地震危险性评价与地表强变形带预测及参考文献等。考虑到邯郸市防震减灾工作的具体需求，为了充分展示探测成果，便于用户对项目成果的使用，研发了邯东断裂探测成果的展示与查询系统，主要功能包括展示和查询各类成果图件、三维（浅、中和深层）构造模型，对各类建筑物和目标建设用地距活断层的距离查询等。

五、人员分工

本项工作由李亦纲正研级高工担任项目总负责，组织项目立项、总体工作部署与各方协调工作。刘元博士任技术负责，组织技术路线制订、实施和技术报告编写。

参加工作的主要人员有：李亦纲、刘元、张媛、南燕云、李红光、王金萍、玄月、高博伟、赖俊彦、李静、张雪华、白玉、代博洋（中国地震应急搜救中心）；裴跟弟、李林元、王万合、刘芳晓、孙永亮、汤寒松、郭春杉、李晓强、石瑜（中煤科工西安研究院（集团）有限公司）；宋键、刘现彬、全秉福、王昕、张金芝、吕明浩、张云吉、王龙升、王晨、于健、王清莹、王诗宜、陈露瑶、吴晓菲、程莉莉、李颜宇、尚晨瑜、林思诺（鲁东大学）；房立华、杨婷（中国地震局地球物理研究所）；梁诗明（中国地震局地质研究所）；许华明（中国石化石油勘探开发研究院）；杨通（内蒙古生态环境大数据有限公司）；武文广、檀立杰（石家庄泽盟科技有限公司）。

该项目的顺利实施得到了中国地震局和河北省地震局项目管理单位、邯郸市人民政府、邯郸市应急管理局、监理专家组、评审专家组的大力支持和项目组成员的辛勤努力，在此一并致以诚挚的谢意。

本书的编纂是在项目工作的基础上完成的。前言由刘元、李亦纲执笔，第一章由刘元、宋键、南燕云执笔，第二章由裴跟弟、李林元、刘芳晓、王万合执笔，第三章由宋键、刘现彬执笔，第四章由李亦纲、刘元、许华明、房立华、杨婷执笔，第五章由刘元、李红光、南燕云、杨通执笔，第六章由刘元、梁诗明执笔，第七章由张媛、李亦纲、武文广、檀立杰执笔，部分插图由张金芝、吕明浩清绘，全书由李亦纲、刘元、宋键校核并修改定稿。由于编者的水平有限，难免有不足之处，请读者指正。

目　　录

前言 ·· 1
    一、项目背景 ·· 1
    二、华北平原区开展活断层探测的特点 ··· 2
    三、技术方案 ·· 5
    四、工作成果 ·· 6
    五、人员分工 ·· 8

第一章　区域地震地质概况 ·· 1
  第一节　大地构造环境 ·· 1
    一、大地构造演化 ·· 1
    二、大地构造分区 ·· 2
  第二节　地质构造 ·· 3
    一、地层特征 ·· 3
    二、构造特征 ·· 4
  第三节　新构造运动特征 ·· 5
    一、新构造运动基本特征 ·· 5
    二、新构造单元划分 ··· 5
  第四节　第四纪地质 ·· 8
    一、燕山—太行山分区 ··· 9
    二、河北平原分区 ··· 10
  第五节　地球物理场特征 ·· 15
    一、重力场特征 ··· 15
    二、磁场特征 ·· 16
    三、地壳、上地幔构造特征 ··· 17
  第六节　地震活动性 ·· 18
    一、地震活动特征概述 ··· 18
    二、地震活动时空分布特征 ··· 20
    三、历史地震对邯郸市的影响 ··· 22

  第七节 震源机制解与构造应力场 …………………………………………… 23
  第八节 工作区活动断裂的基本特征 …………………………………………… 25
   一、邯东断裂（F_1） …………………………………………………………… 28
   二、太行山山前断裂（邯郸断裂）（F_2） …………………………………… 30
   三、邯郸县隐伏断裂（F_3） ………………………………………………… 30
   四、永年断裂（F_4） ………………………………………………………… 31
   五、联纺路断裂（F_5） ……………………………………………………… 31
   六、马头镇断裂（F_6） ……………………………………………………… 32
   七、磁县断裂（F_7） ………………………………………………………… 32
  第九节 主要结论 ……………………………………………………………………… 35

第二章 主要隐伏断裂浅层人工地震勘探 ……………………………………………… 36

  第一节 浅层人工地震勘探方法概述 …………………………………………… 36
   一、探测区地震地质条件 ……………………………………………………… 36
   二、浅层人工地震勘探方法及仪器设备 ……………………………………… 37
   三、浅层人工地震勘探的野外工作 …………………………………………… 40
   四、主要地震数据处理方法 …………………………………………………… 45
   五、地震资料解释 ……………………………………………………………… 48
  第二节 控制性浅层人工地震勘探 ………………………………………………… 53
   一、浅层人工地震勘探测线布设依据和原则 ………………………………… 53
   二、控制性浅层人工地震勘探剖面 …………………………………………… 55
   三、控制性浅层人工地震勘探结果 …………………………………………… 65
  第三节 详勘阶段浅层人工地震勘探 ……………………………………………… 66
   一、详勘阶段浅层人工地震勘探测线布设 …………………………………… 66
   二、详勘阶段浅层人工地震勘探剖面 ………………………………………… 66
   三、详勘阶段浅层人工地震勘探结果 ………………………………………… 66
  第四节 主要结论 ……………………………………………………………………… 72

第三章 钻孔联合地质剖面探测与活动性评价 ………………………………………… 74

  第一节 钻孔联合地质剖面探测方法概述 ……………………………………… 74
   一、钻孔布设原则 ……………………………………………………………… 74
   二、孔斜测量、校正孔深、封孔 ……………………………………………… 74
   三、钻探方法和探测测试参数 ………………………………………………… 74
   四、钻孔取样 …………………………………………………………………… 75
   五、钻孔岩芯编录 ……………………………………………………………… 75
  第二节 邯东断裂钻孔联合地质剖面探测 ……………………………………… 76

一、野外钻孔探测工作量和技术指标 ································· 76
　　二、钻孔布设 ··· 76
　　三、钻孔剖面第四纪地层特征 ··· 80
第三节　邯东断裂活动性综合评价 ··· 84
　　一、CK2 场地断层活动性分析 ··· 84
　　二、CK5 场地断层活动性分析 ··· 86
　　三、XK4 场地断层活动性分析 ··· 88
第四节　主要结论 ·· 90

第四章　深浅部构造环境建模与分析 ··· 92
　第一节　第四系三维建模与分析 ··· 92
　　一、钻孔数据收集整理与分析 ··· 92
　　二、浅层人工地震勘探数据处理 ····································· 94
　　三、三维联合建模 ·· 95
　　四、第四系三维建模构造分析 ··· 97
　第二节　小震重新定位与层析成像研究 ································ 106
　　一、数据来源 ·· 106
　　二、小震定位与层析成像方法简介 ··································· 107
　　三、小震定位结果 ·· 110
　　四、层析成像结果 ·· 113
　第三节　深浅部构造分析 ··· 117
　　一、石油地震剖面整理与综合解释 ··································· 117
　　二、三维模型构造分析 ·· 124
　第四节　主要结论 ·· 140

第五章　邯东断裂地震危险性分析 ·· 141
　第一节　合成孔径差分干涉雷达监测分析 ···························· 141
　　一、监测数据 ·· 141
　　二、监测方法 ·· 144
　　三、SBAS-InSAR 监测邯东断裂形变 ·································· 145
　　四、邯东断裂形变场反演 ·· 147
　第二节　邯东断裂发震构造判别及最大潜在震级判定 ·········· 153
　　一、华北地区 6.0 级以上地震分布特征 ···························· 153
　　二、华北地区地震地质构造标志 ······································ 155
　　三、邯郸地区中强地震震例分析 ······································ 156
　　四、邯东断裂最大潜在震级判定 ······································ 160

第三节　邯东断裂地震危险性评价···161
　　　　一、地震危险性评价方法···161
　　　　二、邯东断裂潜在地震最大震级评估·····································161
　　第四节　概率法地震危险性评价···163
　　　　一、评价方法···163
　　　　二、主要参数选取···164
　　第五节　主要结论···176

第六章　邯东断裂地表强变形带预测研究···································177
　　第一节　邯东断裂地震构造模型···177
　　　　一、几何学参数···177
　　　　二、介质参数···179
　　　　三、运动学参数···179
　　第二节　邯东断裂地表强变形带预测方法·································183
　　　　一、位移量的计算···184
　　　　二、强变形带宽度和变形量的计算·····································185
　　第三节　邯东断裂地表强变形带数值模拟·································186
　　　　一、位移分布总体特征···186
　　　　二、变形量分析···188
　　第四节　主要结论···195

第七章　活断层探测数据库与信息系统·······································197
　　第一节　活断层探测数据库建设···197
　　　　一、数据库建设内容···197
　　　　二、数据库建设流程···201
　　　　三、数据库建设主要成果···204
　　第二节　信息管理与查询系统···205
　　　　一、系统总体框架···205
　　　　二、成果图件展示···207
　　　　三、勘探剖面查询···209
　　　　四、三维构造模型显示···211
　　　　五、断层距离查询···211

参考文献···213

第一章　区域地震地质概况

自20世纪50年代以来，地质、石油、煤炭、冶金、城建等部门在本区域陆续开展了基础和应用研究，积累了大量资料。特别是1966年邢台地震以来，在地球物理探测（赵国泽等，1986；王椿镛等，1993，1994）、地质构造演化（徐杰等，1988，1996，2000；张家声等，2002）、地壳形变（陈连旺等，2001）及活动断层研究（河北省地矿局，1986；徐杰等，1988；江娃利等，1994，1996，1997；陈国星等，1994）等方面取得了丰硕成果，为区域地震地质研究奠定了坚实的基础。

第一节　大地构造环境

一、大地构造演化

工作区位于我国华北克拉通、华北地震区华北平原地震带的南部，主要发育北北东和北西—北西西向断裂构造，断裂带交织成块状结构特征，将华北地壳切割成许多菱形断块，而周边多被大型边界断裂所围限。

华北克拉通主要由太古界桑干群、阜平群、五台群和元古界滹沱群的中深变质岩系组成。长期复杂的构造演化中大致经历了三个阶段：太古代至早元古代地台结晶基底的形成、变形和固结阶段；中、晚元古代至古生代稳定地台盖层发育阶段；中、新生代地台解体、陆相地台盖层形成阶段。

从元古代起，该区以缓慢升降运动为主，接受地台盖层沉积，构造及岩浆活动不发育。侏罗—白垩系为断陷盆地沉积、陆相火山—沉积建造（陈文寄等，1992）。这一时期华北断块开始分异解体，形成一系列断陷盆地，同时伴以大量火山活动。白垩纪末期的燕山运动使盆地封闭并形成褶皱及逆断层或走滑断层。新生代时期，华北地块进一步解体，形成一系列东陡西缓的隆起带和西断东超的断陷带。新近纪时，平原区以大面积整体沉降为主，形成统一的大型盆地。原来的断陷和隆起多数仍有一定的继承性活动，区内断裂几乎都为正断性质，表明华北盆地在新生代处于拉张环境，各凹陷主断裂垂直落差在3~8km，水平拉张距离为3~11km（徐杰等，1986）。第四纪时期地壳运动继承了新近纪时期的大面积下陷，范围不断扩大，并向山区边缘超覆，但总体沉降幅度不大，厚度一般为400~500m，受断裂活动控制，形成多个沉降中心。

总之，工作区经历了长期复杂的构造演化，构造活动表现为继承性和新生性。切割基底的深大断裂新生代以来均有不同程度的活动，并控制了构造的发展和地震活动。

二、大地构造分区

在大地构造上，工作区位于中朝准地台一级构造单元的山西断隆与华北断坳2个一级构造单元之间，横跨太行拱断束、临清台陷和内黄台拱3个二级构造单元。区域可以划分为2个一级构造单元，3个二级构造单元，17个三级构造单元（图1.1，表1.1）。

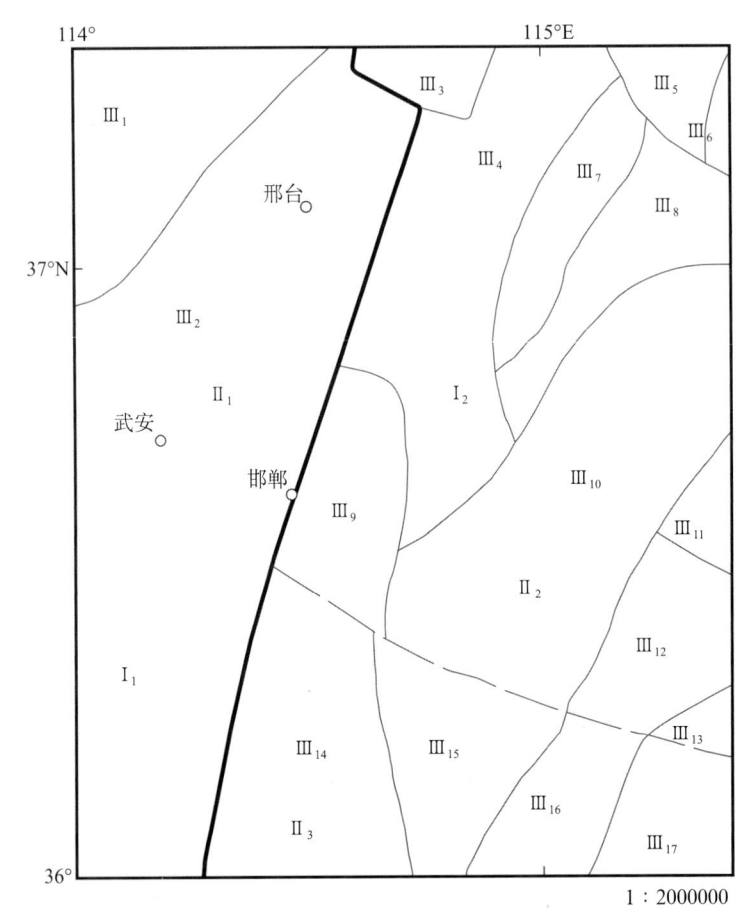

图1.1 区域大地构造分区图（据河北省、北京市、天津市区域地质志）

I_1. 山西断隆；I_2. 华北断坳；II_1. 太行拱断束；II_2. 临清台陷；II_3. 内黄台拱；
III_1. 赞皇穹断束；III_2. 武安凹断束；III_3. 宁晋断凸；III_4. 南和断凸；III_5. 沧东断凹；III_6. 南宫断凸；
III_7. 巨鹿断凹；III_8. 广宗断凸；III_9. 邯郸断凹；III_{10}. 丘县断凹；III_{11}. 馆陶断凸；III_{12}. 冠县断凸；
III_{13}. 堂邑断凸；III_{14}. 汤阴断凹；III_{15}. 临漳断凸；III_{16}. 元村集断凹；III_{17}. 南乐断凸

表1.1 区域大地构造分区

一级构造单元	二级构造单元	三级构造单元
山西断隆（I_1）	太行拱断束（II_1）	赞皇穹断束（III_1）
		武安凹断束（III_2）
华北断坳（I_2）	临清台陷（II_2）	宁晋断凸（III_3）
		南和断凸（III_4）
		沧东断凹（III_5）
		南宫断凸（III_6）
		巨鹿断凹（III_7）
		广宗断凸（III_8）
		邯郸断凹（III_9）
		丘县断凹（III_{10}）
		馆陶断凸（III_{11}）
		冠县断凹（III_{12}）
		堂邑断凸（III_{13}）
	内黄台拱（II_3）	汤阴断凹（III_{14}）
		临漳断凸（III_{15}）
		元村集断凹（III_{16}）
		南乐断凸（III_{17}）

第二节 地质构造

工作区大致以贯穿南北的太行山山前断裂（邯郸断裂）为界，其西部为太行山隆起，东部为华北坳陷，主体构造形成于燕山时期，喜马拉雅期继续活动；广泛发育中—碱性岩浆岩，同位素测定年龄为1.7~0.87亿年，属燕山期岩浆—构造活动产物。

一、地层特征

工作区出露的地层主要有：元古界长城系、寒武系、奥陶系、石炭系、二叠系、侏罗系、古近系、新近系与第四系，前第四纪地层主要出露在西部山区和丘陵地区，第四纪地层主要出露在东部平原区，西部山区少量分布。

（一）元古界长城系

主要出露于太行山东麓地区，平均厚度1480m，为含赤铁矿砾岩、砂岩、长石石英砂岩、碳质页岩，自下而上由富铁碎屑岩过渡到富镁碳酸盐岩建造，有河流相、滨海沙滩相、岸边砂泥相、滨海潮间相或泻湖相沉积。

(二) 寒武—奥陶系

寒武系、奥陶系分布广泛，邯郸西部山区均有出露。寒武系主要为次生白云岩或白云岩化灰岩。奥陶系主要为含燧石灰岩、白云质灰岩，夹泥质灰岩和角砾状灰岩。

(三) 石炭—二叠系

零星出露于太行山山前地带，石家庄以南地区分布较连续。石炭系上部为黄绿色砂岩、页岩，下部是杂色铁铝质岩、灰岩。二叠系为杂色粉砂质泥岩、页岩夹黑色页岩、含煤层。

(四) 侏罗系

侏罗系下部为含煤岩系，底部常有中基性喷出岩；中部为一套河流相红色砂砾岩夹中性火山岩；上部为一套中酸性—亚碱性火山岩系。

(五) 古近系—新近系

古近系岩性主要为砂岩、泥岩夹粉砂岩等。新近系岩性为杂色黏土岩夹砂岩，含砾粉砂岩，底部砾岩。

(六) 第四系

第四纪地层层序齐全，堆积物类型十分复杂。第四纪地层类型分为太行山区和平原区两个类型。山区第四系划分为2个统、4个组，平原区第四系划分为2个统、6个组。

二、构造特征

临清坳陷是渤海湾盆地西南部的一个次级负向构造单元，依据古近系分布特征，划分为7个凹陷和7个凸起（赵俊青等，2005），平面上反映出东西分带、南北分块的构造格局，这是受华北盆地总体构造格局控制的结果。曲陌断裂以北，由西向东分为：任县（内丘）凹陷、鸡泽凸起、巨鹿凹陷、广宗凸起、南宫凹陷、明化镇凸起、大营镇凹陷和武城凸起。曲陌断裂以南，由西向东分别为邯郸凹陷、成安低凸起、丘县凹陷、馆陶低凸起和冠县凹陷。上述凹陷和凸起的轴向均为北北东向。结晶基底顶面的构造形态，基本上与古生界的构造总貌相似。

上述各构造单元之间东西方向上为凸凹相间的构造格局，通常在凸起一侧有北东向断裂控制凹陷的沉积，而南北方向上以断裂或构造带将各单元之间分割。如邯郸凹陷与任县凹陷、鸡泽凸起由永年断裂分开；邯郸凹陷与成安低凸起以邯东断裂为界；馆陶凸起与丘县凹陷之间由馆陶西断裂分隔。各单元之间均为断裂接触关系，而且这些断裂多由新生界一直断错至结晶基底，断距大、断错层位多。

临清坳陷中的各凹陷内前古近纪的剖面形态，往往是垒堑式或掀斜断块式的构造结构。古生界起伏变化较大，背、向斜相间出现，表现为隆坳（或凸凹）相间的形态，隆起和坳陷中又有小型背斜、向斜式的起伏，呈现出大型"复式构造"的形态或宽缓的不对称向斜形态，其中也有背、向斜相间，似"复式"向斜构造。加之断层活动强烈，使构造更加复杂化。从总的特征看，主要应处于向斜式构造区内，剖面构造结构复杂（图1.2）。

工作区处于两个一级构造单元连接处，受南东向和北北东向构造的复合作用，构造类型以断裂构造为主，褶皱次之。各构造体系不同规模和序次的构造以复合方式互相交织在一

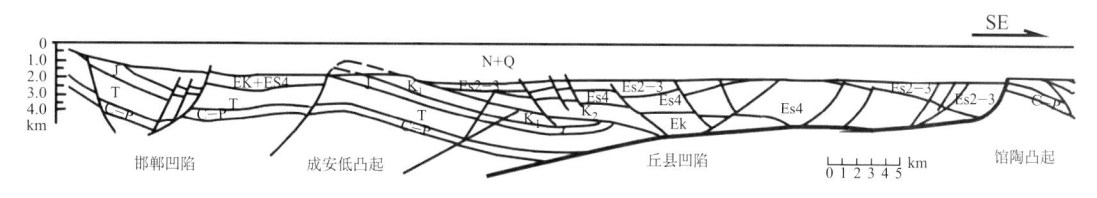

图 1.2　永年北部 LQ88-371 测线剖面形态（据华北油田（1988）有修改）

起，形成复杂的构造轮廓，主要断裂构造分为近南北或北北东向断裂、北西西或东西向两组断裂构造。

第三节　新构造运动特征

一、新构造运动基本特征

工作区地势西高东低，大致以京广铁路为界，东部地区为山前洪积、冲积平原，地势开阔平坦；西部为侵蚀剥蚀地形，山脉、丘陵、盆地相间，地表形态差异很大。太行山隆起的东部边缘地带，新近纪以来一直处于整体隆升为主的构造运动中（邓起东等，1980）。区域内水系变迁的频发期有两个时期：更新世早期与晚期。新构造运动具以下特点：

（1）断块的垂直差异活动是普遍存在的一种新构造运动形式。坳陷区内新近系沉积厚度多在数千米，隆起区缺失或仅有少许的古近系。

（2）新构造运动表现为断裂运动方式的继承性和新生性，老构造反转、沉积中心迁移等。

（3）河流改道方向与新构造运动密切相关（吴忱，2001）。华北山地第四纪水系变迁主要是南北向河流被东西向河流袭夺。多数河流都是向东、向北的改道。如浊漳河上游，第四纪以前向南流，更新世中期向东流，更新世晚期在出山口地区又向北改道。

二、新构造单元划分

据新构造形变、沉积建造和地震活动等，以太行山山前断裂（元氏断裂、邢台—邯郸断裂和汤西断裂）和聊城—兰考断裂（简称聊兰断裂）为界划分为 3 个一级构造单元（图 1.3，表 1.2），太行山山前断裂以西为太行山隆起区，与聊兰断裂一起控制着华北平原坳陷区的沉降作用，聊兰断裂东南为鲁西隆起区。

太行山隆起区以太行山断裂为界划分为强烈隆起区与山前隆起区；在华北平原坳陷区内又以隆尧断裂、磁县断裂和汤东断裂为界划分成 4 个二级构造单元。隆尧断裂以北为邢衡隆起，隆尧断裂以南至磁县断裂以北为临清坳陷；磁县断裂以南为内黄隆起；磁县断裂以南，汤东断裂与太行山前断裂之间为汤阴地堑。邯郸凹陷位于华北平原坳陷区内的临清坳陷二级构造单元内（徐杰等，1986；龙汉春，1988）。

工作区位于河北省南部，构造上位于临清坳陷西部，西为太行山隆起，东以馆陶低凸起与临清坳陷相隔，北与任县凹陷、广宗凸起及巨鹿凹陷相接，南抵内黄隆起（图 1.3）。

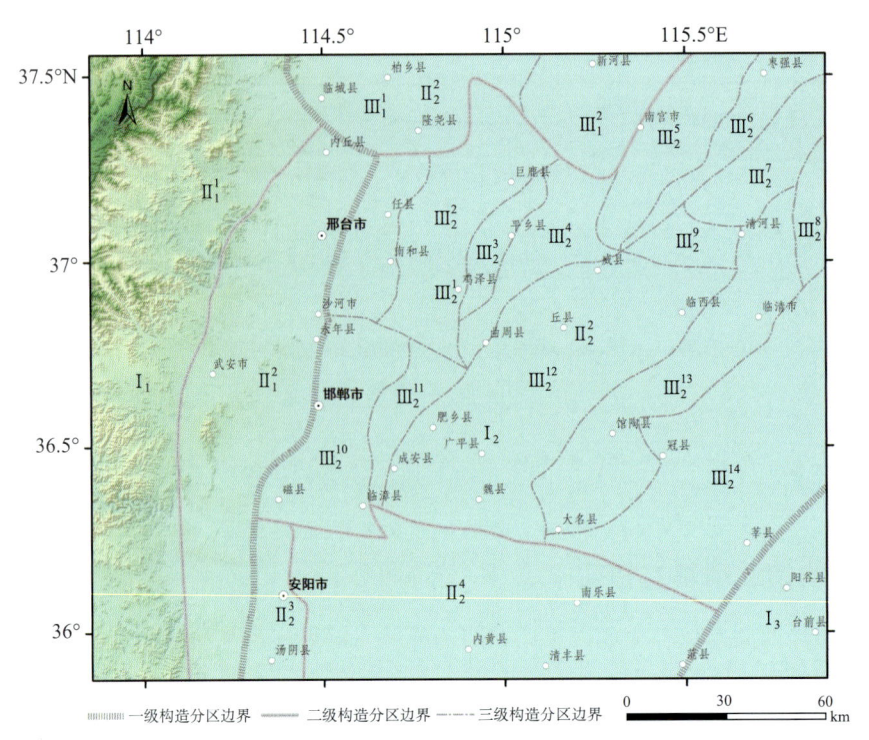

图 1.3　工作区新构造区划图（分区界线采用新近系顶面构造图，据华北油田）

太行山隆起区（I_1）；华北平原坳陷区（I_2）；鲁西隆起区（I_3）；太行山强烈隆起区（II_1^1）；
太行山山前隆起区（II_1^2）；邢衡隆起（II_2^1）；临清坳陷（II_2^2）；汤阴地堑（II_2^3）；内黄隆起（II_2^4）；
隆尧凸起（III_2^1）；新河凸起（III_2^1）；内丘（任县）凹陷（III_2^2）；鸡泽凸起（III_2^2）；巨鹿凹陷（III_2^3）；
广宗凸起（III_2^4）；南宫凹陷（III_2^5）；明化镇凸起（III_2^6）；大营镇凹陷（III_2^7）；武城凸起（III_2^8）；
北仓构造带（III_2^9）；邯郸凹陷（III_2^{10}）；成安低凸起（III_2^{11}）；丘县凹陷（III_2^{12}）；
馆陶低凸起（III_2^{13}）；冠县凹陷（III_2^{14}）

（一）太行山隆起区（I_1）

根据构造运动幅度，太行山隆起区分为太行山强烈隆起区（I_1）和太行山山前隆起区（I_2）2个二级构造单元。

太行山强烈隆起区（II_1^1）：主要由前震旦纪变质岩和古生代地层组成，缺失中生代沉积，新生代继续隆起，为一个新生代强烈隆起区。太行山中段新近纪以来最大抬升幅度达1400~1500m，第四纪抬升幅度900~1200m，太行山东麓第四纪以来最大抬升幅度达300m。太行山中段可见古近纪和新近纪夷平面，海拔高度分别为2200m和1100~1300m（徐杰等，1986）。

太行山山前隆起区（II_1^2）：在太行山隆起的背景上，一些老断裂在新近纪至第四纪发生差异运动，形成一系列半地堑式构造盆地和一些新的小断裂，控制了地貌和沉积发育。

表 1.2 新构造分区表

一级构造单元	二级构造单元	三级构造单元
太行山隆起区（I_1）	太行山强烈隆起区（II_1^1）	
	太行山山前隆起区（II_1^2）	
华北平原坳陷区（I_2）	邢衡隆起（II_2^1）	隆尧凸起（III_1^1）
		新河凸起（III_1^2）
	临清坳陷（II_2^2）	任县凹陷（III_2^1）
		鸡泽凸起（III_2^2）
		巨鹿凹陷（III_2^3）
		广宗凸起（III_2^4）
		南宫凹陷（III_2^5）
		明化镇凸起（III_2^6）
		大营镇凹陷（III_2^7）
		武城凸起（III_2^8）
		北仓构造带（III_2^9）
		邯郸凹陷（III_2^{10}）
		成安低凸起（III_2^{11}）
		丘县凹陷（III_2^{12}）
		馆陶低凸起（III_2^{13}）
		冠县凹陷（III_2^{14}）
	汤阴地堑（II_2^3）	
	内黄隆起（II_2^4）	
鲁西隆起区（I_3）		

（二）华北平原坳陷区（I_2）

华北平原区燕山运动强烈，发育了一系列北北东向为主、部分近北西西向的断裂，此后华北地台总体抬升，经白垩纪晚期和古新世的长期剥蚀、均夷，形成北台期准平原面。始新世起地壳裂陷，准平原面不断开裂和解体，形成大量断裂和断陷。始新世和渐新世是华北裂谷盆地发展的主要阶段，形成一系列断陷盆地；新近纪和第四纪阶段区域性大面积沉降，古近纪的坳陷和隆起被新近系及第四系所覆盖，形成现今的华北平原坳陷区。

华北平原坳陷区又分为邢衡隆起、临清坳陷、汤阴地堑和内黄隆起 4 个二级构造单元：

1. 邢衡隆起（II_2^1）

北以衡水断裂、南以隆尧断裂、东以沧东断裂、西以太行山山前断裂为界。邢衡隆起新生代受断裂活动控制，内部形成一系列北西向排列的北北东向次级凹陷和凸起。

2. 临清坳陷（II_2^2）

临清坳陷是渤海湾盆地向西南收敛的一部分，是经历印支、燕山和喜山多期构造运动控制和改造而形成的中、新生代断陷盆地，其南界为磁县—大名断裂，北为邢衡隆起，西界为太行山山前断裂，东与鲁西隆起相邻。受北北东—北东向断裂控制，新构造时期形成北东向断凸断凹相间的构造形式。从西向东为邯郸—任县断陷、广宗—鸡泽断凸、丘县断凹和馆陶—冠县断凹等构造单元。

临清坳陷具南北分区，东西分带的特点。北区发育东断西超的单断型断陷盆地，如南宫凹陷和大营镇凹陷。中区发育西断东超的不对称双断型断陷盆地，如丘县凹陷北部。南区发育东断西抬为主的断陷盆地，如丘县凹陷南部，由于受坡坪式边界断裂的控制，断槽中发育中央背斜，每一个断陷盆地均有东西分带的特点。

3. 汤阴地堑（II_2^3）

汤阴地堑以汤西断裂—邯郸断裂南段为西界，汤东断裂为东界，是太行山隆起和内黄断隆之间的北东向地堑。地堑底部北高南低，新生界最大厚度可达 2000~3000m，中心厚度约 1500m。汲县东北坳陷中心最大厚度超过 3000m（杨承先，1984）。第四纪以来表现为微弱上升，第四系平均厚度仅 10m，局部沿断裂地段的沉积厚度为 40~50m，地堑内局部隆起与沉降交替，形成两隆两凹的构造形态。

4. 内黄隆起（II_2^4）

北界为磁县断裂，南界为新乡—商丘断裂，西邻汤阴地堑，东界为长垣断裂。太古代到古生代地层之上发育的向南东倾斜的单面山式隆起，隆起中心在汤阴以南，表层覆盖层很薄。受断裂影响，安阳以北形成断凸和断凹，内黄至大名新近纪以来沉积厚度为 1800m。安阳以南，缺失古近系，新近系和第四系厚约几百米至上千米，个别地方基岩直接出露地表，表明新构造期以来为隐伏的相对隆起区。除局部升降运动外，大部分地区表现为以水平走滑为主，北北东向断裂为右旋走滑，北西西向断裂为左旋走滑。

（三）鲁西隆起区（I_3）

鲁西隆起位于兰考—聊城断裂以东，郯庐断裂以西，齐广断裂以南的区域，次级构造单元主要由凸起和凹陷相间组成（时秀朋，2007），其基底由泰山群构成，构造复杂，以紧密倒转褶皱为主，构造线方向为北西向。盖层由古生界、中生界、新生界构成，以单斜为主，断裂构造极为发育，有东西向、南北向、北西向和北东向 4 组断裂，控制了一系列中、新生代断陷盆地，形成断凸和断陷相间分布的构造格局。

第四节　第四纪地质

第四纪地壳运动继承了新近纪的大面积下陷，范围不断扩大，并向山区边缘超覆，但总体沉降幅度不大，受断裂活动控制，形成数个沉降中心。

由于第四纪时间较短，古气候（冰期与间冰期）变化频繁，造成第四纪陆相成因沉积物复杂。第四纪地层有：全新统风积冲积物、洪积坡积物、风积物、冲积物、冰川堆积物、冲洪积物，上更新统坡积—洪积层、冲积—洪积层、马兰黄土，中更新统冲洪积层、离石黄土，下更新统冰川堆积层等。

河北省第四纪地层划为3个区（内蒙古高原区、燕山—太行山区和河北平原区）10个小区，工作区属于河北平原区，丘县—临清小区，第四系厚度较大，自西向东沉积厚度依次加深（河北省地质矿产局，1989）。

第四纪地层的总体研究程度较为薄弱，区域上沿海和华北平原地区第四系发育较好，研究程度较高，建立了较完善的地层单位系统，而华北平原西部地区和太行山山前地区，地层发育不太完整，以洪积物地层为主，岩石地层、年代地层、沉积环境等方面的研究均较差，发表的成果和资料有限，邯郸市第四纪地层的划分一直没有使用岩石地层单位，基于上述原因，本研究也未使用岩石地层单位，年代地层单位主要是使用《中国地层指南及说明书》（2001）和《中国地层典——第四系》（2000）的综合方案，将第四系划分为全新统和更新统，将更新统进一步划分为上更新统（Qp_3，底界0.128Ma）、中更新统（Qp_2，底界0.73Ma）和下更新统（Qp_1，底界2.48Ma）3个年代地层单位，其大致对应于长期使用的Q_3、Q_2和Q_1。

一、燕山—太行山分区

区内第四纪地层齐全，堆积物类型复杂多样，厚度变化较大。第四纪地层类型分为山区和平原区两个类型。第四系主要分布于山间盆地、山麓边线以及河谷地带。堆积物类型复杂，存在冲积、洪积、湖沼积、坡积、风积、冰川和冰水堆积、洞穴堆积以及各种混合堆积等，主要由未胶结或半胶结的砾石、砂砾石、砂、粉砂、亚砂土及亚黏土等组成，总厚度为90~800m。

（一）下更新统泥河湾组（Qp_1n）

主要由一套河湖相沉积的灰色砂砾层和灰绿色亚黏土组成，地表出露厚度90~110m。主要出露于桑干河流域的断陷盆地中，在太行山仅有零星出露。

在太行山区零星见于南段东麓，以河湖相的灰绿色黏土、亚黏土和含砾砂层为主，可见厚度大于20m。至山麓边缘的低丘垄岗地带过渡为河流—冰水相沉积，由灰绿与棕红色相间的黏土、亚黏土、砂土及泥砾层组成，厚度30~40m。

（二）中更新统赤城组（Qp_2c）

主要由冲洪积的浅红、红黄色含钙质结核的亚黏土及粉砂质黏土砾石层组成。前人称之为红黄土或老黄土。其特征是：较坚硬致密，具大孔隙（但较马兰黄土少），质地均匀，无层理，夹含砾粗砂透镜体，底部常有砾石层，夹1~3层埋藏土壤层，厚度5~35m，主要分布于山麓地段的沟谷两侧和河流两岸的Ⅱ、Ⅲ级阶地上，常与马兰黄土伴生。

太行山东麓为红黄土、黄棕色黏土—亚黏土及底部砾卵石层或泥砾层，分布于山麓地段及河谷的Ⅱ、Ⅲ级阶地上，厚度15~25m。此外，尚有一些与本组同期形成的洞穴堆积和冰川—冰水堆积。

（三）上更新统马兰组（Qp_3m）

1. 下段黄土砾石层

主要分布于太行山东麓各河谷的Ⅱ、Ⅲ级阶地上或山麓的边缘地带，由一套冲洪积或冰水、冰缘成因的堆积物组成。前者由略显粗层理的亚砂土、砂砾石及卵石组成，厚度为1m至数米，后者为卵石、砾石并混有砂、泥的杂乱堆积，厚度一般小于2~10m，最厚处可达20~30m，与上覆的黄土和下伏的赤城组红黄色亚黏土均呈假整合接触。

2. 中段黄土层

分布范围较下段广泛，往往直接覆盖于中更新统红黄色亚黏土或更老地层之上。它广布于太行山东麓各河流上游的大小支流，且经常掩覆了较低的分水岭、山坡和洼地，尤以洼地和河谷中最为发育。分布于河谷Ⅱ、Ⅲ级阶地的黄土为冲洪积型；出露于山坡及低缓分水岭垭口处以及阶地后缘的黄土，属冲洪积，间或有风积型。本段岩性的主要特点是：呈灰黄或棕黄色，粒度均匀，多孔隙，常含钙质结核，不含或少含砂砾石层，在一些地方其下部夹有2~3层埋藏古土壤；垂直节理和陡直的沟堑较为发育，形成了黄土发育区独特的地貌景观。一般厚数米至十余米，最厚处可达30~40m。

3. 上段次生黄土夹砂、砾石层

由冲洪积、洪坡积或冰水、冰缘成因的次生黄土夹砂、砾石组成。其特征是：呈浅灰黄、浅棕黄色，疏松，略具水平层理，孔隙度及垂直节理均不如中段黄土层发育，夹有较多的砂、砾石透镜体，一般厚度为10m左右。其分布范围与黄土层相似，二者常紧密伴生，与下伏黄土层呈平行不整合接触。

马兰组三个岩性段，从总体来看，在区内较为稳定，岩性变化不大。

（四）全新统（Qh）

本区全新统较为发育，约占山区总面积的十分之一。由于研究程度很低，很难进一步划分，故仅以主要成因类型叙述如下：

1. 冲积

分布于现代河谷的河床、河漫滩及Ⅰ级阶地上，堆积物主要由砾石、砂砾石、砂层含砾亚砂土及淤泥组成。分布于山间盆地河谷中者，具有较明显的二元结构。一般上部为灰黄、灰褐及黑色亚砂土、细—粉砂及亚黏土；下部为砂砾、砾石及砂层。一般厚度为3~10m，最厚处约达20~40m。砾石成分随地而异，砂层中普遍发育有斜层理。

2. 冲洪积

分布于现代河流的主、支流沟谷中，构成河床及河漫滩阶地，或山前的冲洪积扇。堆积物为灰黄、黄褐色亚砂土、亚黏土、砾石、砂砾石及互层混合堆积，局部地区夹薄层黏土及泥炭。厚度变化较大，一般厚度为1~10m。

3. 洪坡积

分布于山间盆地河流两岸的山坡及山口地带，多构成洪积锥、扇、裙地貌。堆积物为灰黄、黄褐色含碎石、砾石的亚砂土、粉砂土层，夹砂砾石、碎石透镜体。

此外，在不少地区零星见有残积及残坡积堆积。

二、河北平原分区

平原区第四纪堆积物厚度大，成因类型复杂，以冲积、洪积、湖积以及它们的过渡类型为主，间有海积、风积以及冰水堆积和火山堆积等类型。根据区域地质志，工作区从西部山前到东部平原沉降区第四系厚度逐渐增大，并存在若干个沉积中心。邯郸市区厚度约为100~200m，向东到肥乡区一带厚度达到450~500m左右。

以太行山山前断裂为界，市区总体上第四系厚度西薄东厚。断裂带以西厚度分布不均匀，一般厚约20~60m。断裂带以东，厚度大多在100m以上，并在市北五里铺、市东南程庄、市南北堡张等地存在着沉积中心，厚度为160~200m。华北平原区第四纪地层综合划分见表1.3。

（一）下更新统杨柳青组（Qp_1y）

为一套以泛滥盆地、曲流河相沉积为主，伴有少量湖沼相、点沙坝及河口坝相沉积。河北平原中东部杨柳青组一般厚220~260m，向西靠近太行山前厚度逐渐变薄或局部缺失。自西向东，底界面埋深一般从100m增至300~360m，顶界面埋深从60m增至130m。根据气候、岩性及沉积旋回特征可以分为上、中、下三段。

下段地层以棕褐色、浅棕红色黏土、粉砂质黏土与褐黄色、灰黄色中砂、中粗砂不等厚互层为主，夹少量灰黄色中细砂、粉细砂，黏土中渣状钙核、钙结块发育，可见锰染，局部见潜育化，砂层中锈染较普遍且常见大段的胶结砂。底部以褐黄色、灰黄色细砂或中粗砂与下伏明化镇组整合接触；顶部以黄褐色、棕褐色粉砂质黏土或黏土与中段整合接触，顶部黏土或粉砂质黏土中一般有渣状钙质结核、钙质结块及锰核发育。此段中孢粉组合为乔木和蕨类，植被类型以疏林草原为主，草本植物占优势，乔木含量较新近纪末期略有减少，草本植物中耐寒的蔷薇科和禾本科仍占优势，乔本中松属的含量减少，喜凉的桦木略有增多，反映了气候从凉干过渡到寒冷干旱的气候环境，是第四纪的第一个冰期。

中段下部岩性以灰黑—黄褐色、棕褐色粉砂质黏土、黏土为主夹灰黑色—灰黄色中细砂、中粗砂，局部夹灰黄色细砂或粉砂，粉砂质黏土及黏土中可见钙质结核发育，可见小段胶结砂。中段上部岩性以黄褐色、灰黄色粉细砂及褐黄色黏土质粉砂与黄褐色、棕褐色粉砂质黏土、黏土互层为主，局部夹少量中粗砂及砂砾石，黏土中钙核、钙结块较发育，局部富集为钙结层，局部可见少量胶结砂。此段中孢粉组合为乔木、灌木和蕨类。早期植被类型以疏林为主，草本植物较更新世早期初阶段有所减少，乔木增加，草本植物中蔷薇科和禾本科仍占优势，旱生的禾本科、藜科和蒿等有所减少，乔木中松属的含量增加，蕨类植物中出现喜温湿的凤尾蕨属，为暖期。晚期植被类型以稀树草原为主，草本植物含量明显增多，乔木明显减少，草本植物中蔷薇科和禾本科仍占优势，旱生的禾本科、藜科和蒿等含量有所增加，乔木中松属的含量减少，并见喜冷的云杉属，气候变冷变干，是第四纪的第二个冰期。

上段岩性以棕黄色、棕褐色粉砂质黏土、黏土和灰黑色、灰黄色中粗砂互层为主，局部夹灰黄色粉砂、黏土质粉砂，粉砂质黏土及黏土中局部可见白色钙质结核。底部以褐黄色、灰黄色细砂或中粗砂与中段整合接触，顶部以棕褐色粉砂质黏土或黏土与魏县组整合接触，黏土一般半胶结状，钙核及钙结块较发育，粉砂质黏土中一般可见钙质胶结现象，二者均可见较明显的潜育化。孢粉组合为乔木、灌木和蕨类，植被类型以疏林草原为主，草本植物中禾本科和蔷薇科仍占优势，乔木植物中喜凉干的松属含量明显减少，喜凉的桦木也减少，总体反映气候变暖湿。

表 1.3 华北平原第四系划分沿革表

地质年代	年代地层代号	底界年龄(Ma)	河北第四纪地质(陈望和等,1988)	中国地层典(2000年)	河北省第四纪地质图说明书(黄月环等,1999)	国土资源大调查专题(王强等,2003)	1:25万秦皇岛市、天津市幅报告(2005年)	1:5万官庄乡、黄骅市、南排河幅报告(2006年)	1:25万黄骅县幅报告(2009年)	1:25万邯郸市幅区域地质调查报告		本项目采用方案
										河北平原中部冲洪积+冲湖积平原沉积体系区	太行山山前洪积倾斜平原沉积体系区	
										1:25万邯郸市中部(非海相)冲洪积+冲湖积平原沉积体系区		
全新世	Qh	0.01	岐口组 Q_4q	岐口组	岐口组 $Qh_{(4)}^3$	岐口组	岐口组	岐口组	岐口组	双井组 (Qp—Qhs)	上段 Qp—Qhs^1	第四纪太行山麓堆积顶部 (tpa^1)	观井组 Qp—Qhs
			高湾组 Q_4g	高湾组	高湾组 $Qh_{(4)}^2$	高湾组	高湾组	高湾组	高湾组		下段 Qp—Qhs^2		
更新世晚期	Qp_3	0.128	杨家寺组 Q_4y	杨家寺组	杨家寺组 $Qh_{(4)}^1$	(杨家寺组)		杨家寺组	杨家寺组	孟观组 (Qp_3mg)	上段 Qp_3mg^1	第四纪太行山麓堆积上部 (tpa^2)	孟观组 Qp_3mg
							全新统				中段 Qp_3mg^2		
			欧庄组 Q_3o	欧庄组 Q_{2-3}	欧庄组 $Q_{(3)}o$ 上段 $Q_{(3)}o^1$ 中段 $Q_{(3)}o^2$ 下段 $Q_{(3)}o^3$	欧庄组	塘沽组 Qp_3ta	盛冰期硬黏土	欧庄组 $Qp_{2-3}o$ 上亚段 二亚段 三亚段 四亚段		下段 Qp_3mg^3	第四纪太行山麓堆积中部 (tpa^3)	
更新世中期	Qp_2	0.78					佟楼组 Qp_2to	欧庄组		魏县组 (Qp_2w)	上段 Qp_2w^1 中段 Qp_2w^2 下段 Qp_2w^3		魏县组 Qp_2w
更新世早期	Qp_1	2.58	杨柳青组 Q_2y 上段 $Q_{(2)}y^1$ 下段 $Q_{(2)}y^2$ 固安组 Q_2g 上段 $Q_{(1)}g^1$ 下段 $Q_{(1)}g^2$	杨柳青组 Q_2y 固安组 N_2—Q_1	杨柳青组 $Q_{(2)}y$ 上段 $Q_{(2)}y^1$ 下段 $Q_{(2)}y^2$ 固安组 $Q_{(1)}g$ 上段 $Q_{(1)}g^1$ 下段 $Q_{(1)}g^2$	杨柳青组 固安组	杨柳青组 Qp_1y	杨柳青组	杨柳青组 Qp_1y 上段 下段	杨柳青组 Qp_1	上段 Qp_1y^1 中段 Qp_1y^2 下段 Qp_1y^3	第四纪太行山麓堆积下部 (tpa^4)	杨柳青组 Qp_1y
上新世晚期	N_2^2	3.6	明化镇组	明化镇组	明化镇组	明安组(固应废弃)	明化镇组	明化镇组	明化镇组	明化镇组 N_2m			明化镇组 N_2m
	N_2^1	3.3											

(二) 中更新统魏县组（Qp_2w）

为一套以曲流河相、泛滥盆地夹湖沼相沉积为主的沉积物。与下伏杨柳青组整合接触，上部砂层中潴育化明显，发育胶结砂。河北平原中部，本组厚45~80m，向西逐渐减薄。自西向东，底界面埋深一般从60m增至130m，顶界面埋深一般从30m增至60m。依据气候、岩性及沉积旋回特征可以分为上、中、下三段。

下段岩性以黄褐色黏土质粉砂及灰黄色、黄褐色、锈黄色中粗砂为主，夹棕褐色—黄褐色、灰棕色粉砂质黏土、黏土，粉砂质黏土及黏土中钙核发育。底部以灰黄色—灰黑色中粗砂或细粉砂与杨柳青组整合接触，顶部以锈黄色砂或浅棕褐色黏土与中段整合接触。孢粉组合显示植被类型以草原为主，草本植物占绝对优势，乔木减少，但乔本中喜凉干的松属略有增加，并出现喜冷的云杉属，草本植物中喜旱禾本科占优势，灌木植物中可见柳属、木樨、白刺，反映气候干冷，是第四纪的第三个冰期。

中段岩性以灰色、深灰色、灰褐色粉砂质黏土、黏土为主，夹灰黑色、灰褐色黏土质粉砂。底部以灰色、灰黄色中细砂或砂质黏土与下段整合接触；顶部以黄褐色、浅棕色粉砂质黏土与上段整合接触，粉砂质黏土中钙质结核较发育。孢粉组合显示植被类型以草原为主，乔木含量开始增加，其中松属的含量有所增加，出现榆树、桦木等阔叶树，草本植物中出现喜温湿的水生草本莎草科，气候总体温和潮湿。

上段岩性以锈黄色、黄褐色、灰黄色中粗砂为主，夹褐黄色、灰褐色粉砂质黏土，粉砂质黏土中常见钙核，砂中锈染较强烈。底部以灰黄色、黄褐色中粗砂或中细砂与魏县组中段整合接触；顶部以褐黄色—灰褐色、棕褐色粉砂质黏土或黏土与上覆孟观组整合接触，粉砂质黏土或黏土中钙质结核发育，局部潴育化现象明显。孢粉组合显示植被类型以稀树草原为主，草本植物占绝对优势，乔木略有减少，草本植物中喜旱禾本科占绝对优势，含量有所增加，气候变冷干，是第四纪第四个冰期。

(三) 上更新统孟观组（Qp_3mg）

为一套以曲流河相、泛滥盆地夹湖沼相及点砂坝相为主的沉积物。本组与下伏魏县组整合接触，孟观组顶部一般以浅灰棕色粉砂质黏土、浅黄色黏土质粉砂与全新统整合接触。根据气候特征、岩性及沉积旋回特征，本组地层可以分为上、中、下三段。

下段岩性以灰白—灰黄色中粗砂、黄褐色中砂夹灰黑色—灰黄色粉砂质黏土为主，局部夹灰—灰褐色黏土质粉砂。底部以灰黄色含砾中粗砂或细粉砂与魏县组整合接触，局部以冲湖积相粉砂质黏土或黏土与下部河流相中粗砂接触；顶部以灰黄色—黄褐色粉砂质黏土与中段整合接触。孢粉组合显示植被类型以稀树草原为主，草本植物占绝对优势，但较前减少，乔木有所增加，并出现桤木等阔叶树，显示气候温和湿润，为一温暖期。

中段岩性以灰褐色、灰黄色、深灰—灰黑色粉砂质黏土、黏土夹黏土质粉砂为主，局部夹黄褐色、灰黄色中细砂、中粗砂，粉砂质黏土、黏土中局部可见钙核。底部以灰黄色中粗砂、中细砂与下段整合接触；顶部以灰黑色—灰黄色黏土与上段整合接触，黏土中一般钙质结核发育。孢粉组合显示植被以草原为主，草本占绝对优势，含量略有减少，乔木含量略有增加，草本中喜旱禾本科、藜科等占优势，乔木中可见喜冷的云杉属，气候总体变冷变干，是第四纪第五个冰期。

上段岩性以锈黄色细砂、细粉砂夹棕褐色、灰棕色粉砂质黏土、黏土为主，局部夹浅黄色黏土质粉砂、灰黄色中粗砂。底部以灰黄色中粗砂或细粉砂与中段整合接触；顶部以浅灰棕色粉砂质黏土、浅黄色黏土质粉砂与全新世地层接触，粉砂质黏土或黏土中钙质结核较发育。孢粉组合显示气候为一冰期。

（四）全新统（Qh）

以冲积为主，夹有湖沼相沉积，平原东部地区夹 1～2 层海相层。主要由灰黄、灰、灰黑色含淤泥质的亚黏土、亚砂土夹砂、淤泥层及泥炭组成，土质疏松，常见未钙化的古土壤层，局部地区底部见火山碎屑岩。底界深度一般为 20～40m，山前地带为 8～30m。本统底界在山前平原区为地表下第一个沉积旋回的砂、砂砾石层底部，平原中、东部地区为地表下包括稳定淤泥层的砂层底部。全新统在华北平原范围，尤其是东部沿海地区发育较完整，自下而上分为杨家寺组（Qhy）、高湾组（Qhg）和岐口组（Qhq）三个组。

杨家寺组孢粉组合为松属优势带，反映了温凉气候；高湾组为栎属优势带，反映了温暖湿热气候；岐口组为松、栎优势带，近代气候景观。对比布利特—色尔南德提出的冰后期气候和森林演化表，杨家寺组相当前北方期、北方期，高湾组相当大西洋期亚北方期，岐口组相当亚大西洋期。杨家寺组泥炭及古树化石的年龄在 7500～11000a 左右；高湾组泥炭、淤泥、贝壳、分散碳酸盐的年龄测定在 3000～7500a 左右。各组基本特征如下：

1. 杨家寺组（Qhy）

为一套冲积、湖沼相沉积，下部为灰褐、灰黄色粉细砂层，上部灰黄、灰、灰黑色亚黏土、淤泥质亚砂土夹泥炭薄层。山前地带过渡为以冲洪积为主的亚砂土夹砂层或砂砾层。厚度一般为 5～15m。

2. 高湾组（Qhg）

山前地带为以冲洪积为主的灰、灰黄色含淤泥质亚砂土及中、粗砂层组成。在海侵范围以外至山前地带的地区内，以冲积、湖沼沉积为主，为灰、灰黑、灰黄色淤泥质亚黏土、亚砂土夹薄层泥炭层。厚度一般为 10～25m，最厚处可达 30～40m。在陆相沉积区分层标志不甚明显，仅从色调上可区分，即高湾组底部为灰、灰黑色淤泥质亚黏土、亚砂土，而杨家寺组顶部为灰黄色亚砂土。

3. 岐口组（Qhq）

南、北大港及盐山、海兴一带为海相的灰、褐灰、灰黑色亚黏土、亚砂土夹透镜状粉砂组成，厚度为 2.7～10m。其余地区主要为冲积、冲洪积的灰、灰黄、褐黄色亚黏土、亚砂土夹砂层组成。局部地区为湖沼相的灰、灰黑色黏土、淤泥质亚黏土、亚砂土组成，个别地段夹泥炭薄层。厚度一般为 3～10m，最厚处可达 15m 以上。

以上综述代表了整个华北平原地区露头和钻孔的第四系综合划分对比特征，但工作区范围较小，西侧邻近太行山山前地带，下更新统（Qp_1）普遍发育较少，中更新统（Qp_2）、上更新统（Qp_3）和全新统（Qh）可以较好识别。本书使用下更新统杨柳青组（Qp_1y）、中更新统魏县组（Qp_2w）、上更新统孟观组（Qp_3mg）的划分方案，与此同时，在工作区全新统进一步划分为三个组较难，所以，全新统暂不使用区域岩石地层组的划分，岩石地层方面的叙述和讨论采用全新统（Qh）表示。

第五节　地球物理场特征

一、重力场特征

布格重力异常是地壳构造、物质组成和深部状态的综合反映。布格重力异常的空间展布、梯度变化和异常形态是地壳结构和深部背景的反映。区域布格重力异常（图1.4）具有明显的东西差异分布特点，可分为以下重力异常区带：

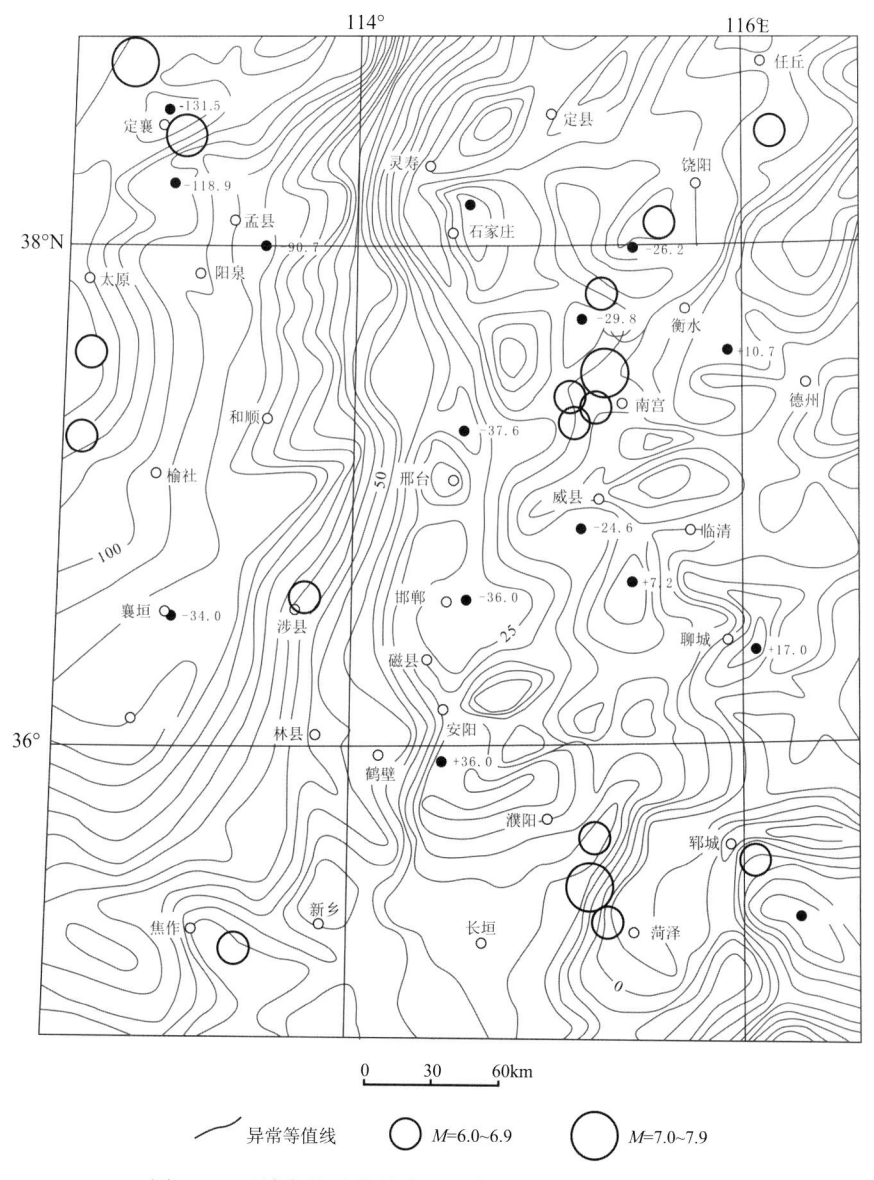

图1.4　区域布格重力异常图（据石油物探局（1977））

太行山以西异常区：异常方向为北北东向，布格重力异常变化在-100~-160mGal。

太行山重力梯度带：梯度带宽75km左右，梯度值约为0.8mGal/km。

燕山重力异常区：南界为张家口—北京—蓬莱活动构造带，以近东西向异常为主，布格重力异常值变化在10~50mGal。

河北平原至渤海异常区：布格重力异常值在-25~-30mGal，等值线走向大致以唐山、沧州和聊城一线为界，两侧走向有些差异，其东以北西西和北东东向为主，其西为北东向。

从区域布格重力异常分布情况看，太行山山前断裂位于太行山重力梯度带的东缘。此梯度带是纵贯我国东部规模巨大的大兴安岭—太行山—武陵山重力梯度带的中段。太行山重力梯度带东侧的盆地区，布格重力异常值为-20mGal左右，向西过太行山山前断裂到太行山断块隆起区西部则变化到-120mGal，重力梯度值最大达1.2mGal/km。太行山重力梯度带对应的是地壳厚度剧变带，为华北平原薄地壳区与华北西部厚地壳区之间的过渡带。太行山山前断裂处于地壳厚度剧变带的东缘，断裂东侧地壳厚32~34km，穿过断裂向西地壳急剧增厚到38~40km。

二、磁场特征

区域航磁异常 ΔTa 平面图表明区内航磁异常总体上分为西部较剧烈变化航磁异常区和东部平缓变化航磁异常区，二者界线为太行山山前断裂（图1.5）。东西磁力高和磁力低异常带呈北东走向相间分布，与新构造运动以来区域构造格局基本一致。太行山山前断裂虽未

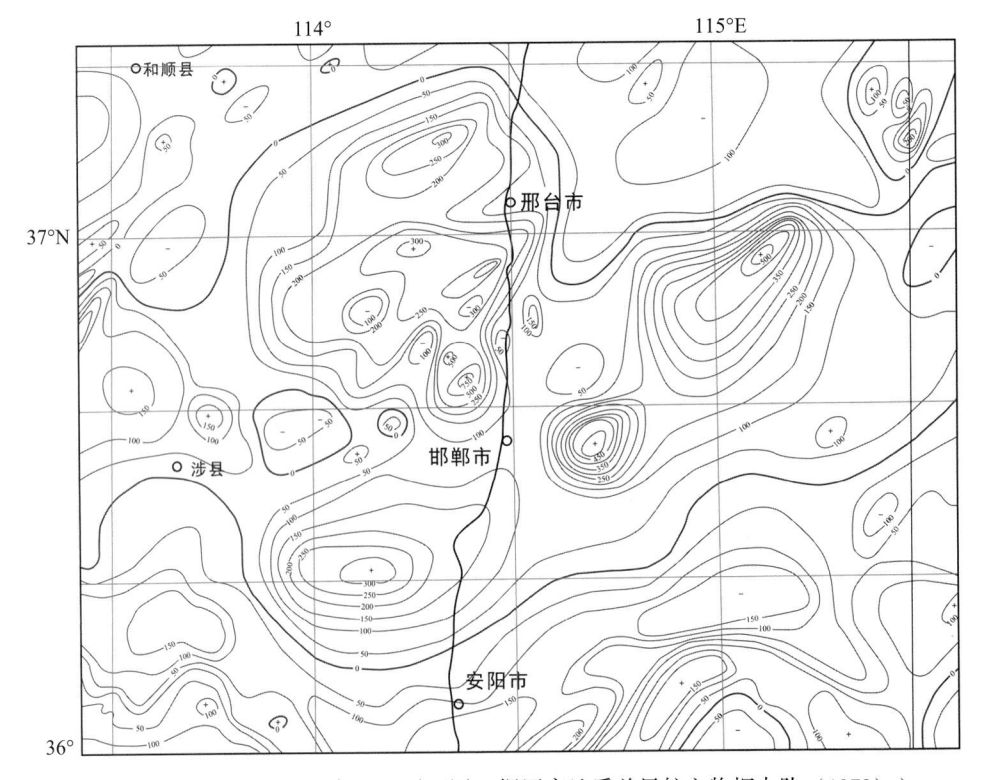

图1.5 区域航空磁力异常 ΔTa 平面图（据国家地质总局航空物探大队（1979））

表现出明显的北北东向异常带,但显示在北东向构造格局上叠加了现代的北北东向构造。北北东向磁县—邢台—唐山地震带的展布与区域磁异常方向一致,说明强震带受上地壳区域构造走向控制。南部航磁异常带表现出由北西转为近东西向,反映磁县断裂的存在。

三、地壳、上地幔构造特征

据重力资料反演,华北地区地壳和上地幔总的趋势是东薄西厚,出现了太行山山前断裂和郯庐断裂地壳厚度梯度带(图1.6)。太行山山前断裂东侧存在3个莫霍面隆起中心带,分别对应渤中地区、冀中坳陷、东濮—开封凹陷。强震活动带与地幔隆起带和地壳厚度梯度带相对应,大地震往往发生在地幔隆起的翼部和转折部位。

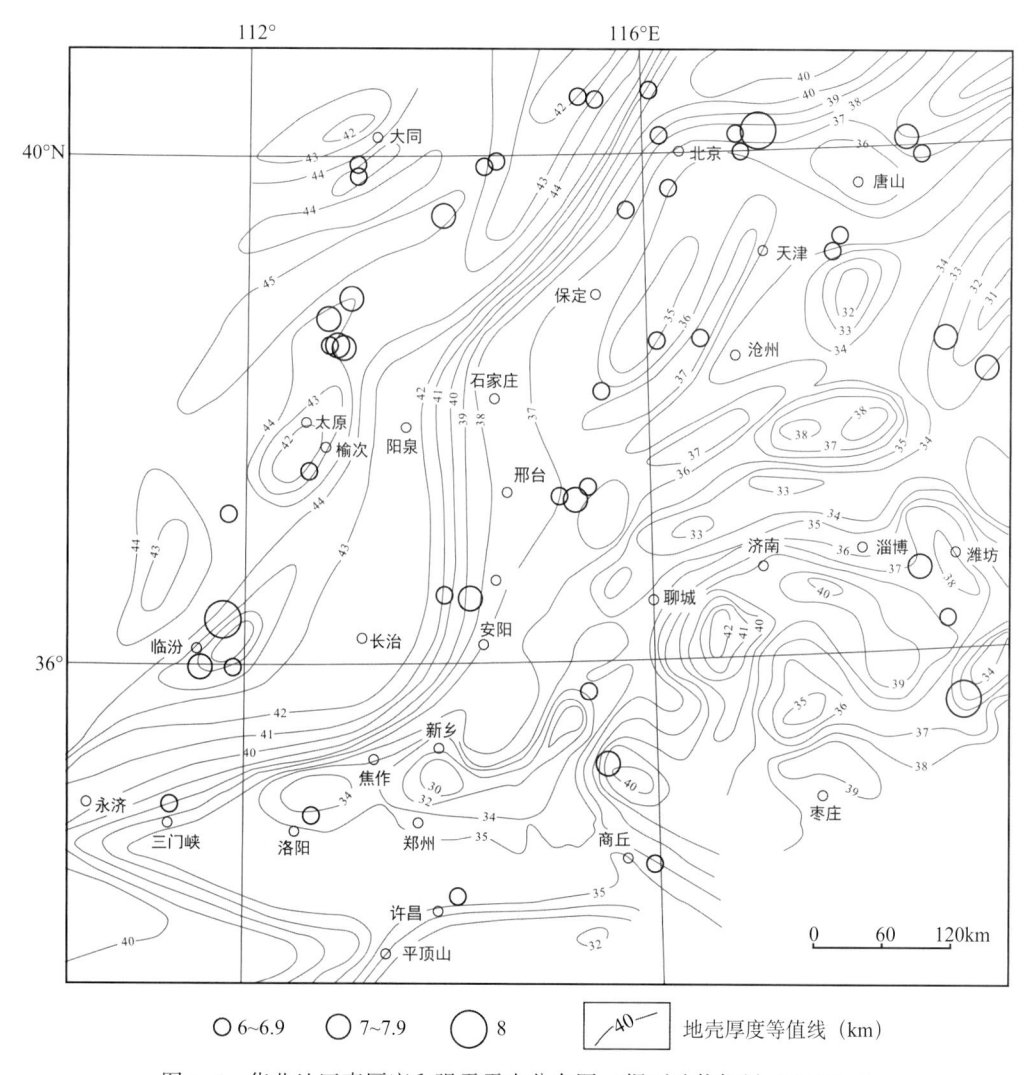

图1.6 华北地区壳厚度和强震震中分布图(据石油物探局(1979))

第六节 地震活动性

一、地震活动特征概述

对华北地区历史地震序列的研究取得了很多成果（时振梁等，1974；马宗晋等，1982；顾方琦，1985；蒋铭等，1985；张国民等，1985，1988；张国民，1987；梅世蓉等，1989，1996；章淮鲁，1989；朱成熹等，1989；顾方琦等，1995；梅世蓉，1995；边庆凯，2000），对活动块体边界的地震序列研究也取得了新的进展（张培震，1999；唐方头，2003）。

华北地震区地震空间分布呈不均一性和成带性，其展布规律与区域地震地质构造具明显相关性（江娃利等，1997；唐方头，2003）。地震活动的空间分布图（图1.7、图1.8）表明，区域历史地震活动频繁，现今小震活跃，呈明显的条带状分布。现今小震活动与历史地震活动空间分布的成带性在空间上是一致的（徐杰等，1998），表明历史地震条带是未来地震活动的主要场所。华北地块内地震活动在不同时期受不同构造控制，在1474~1804年地

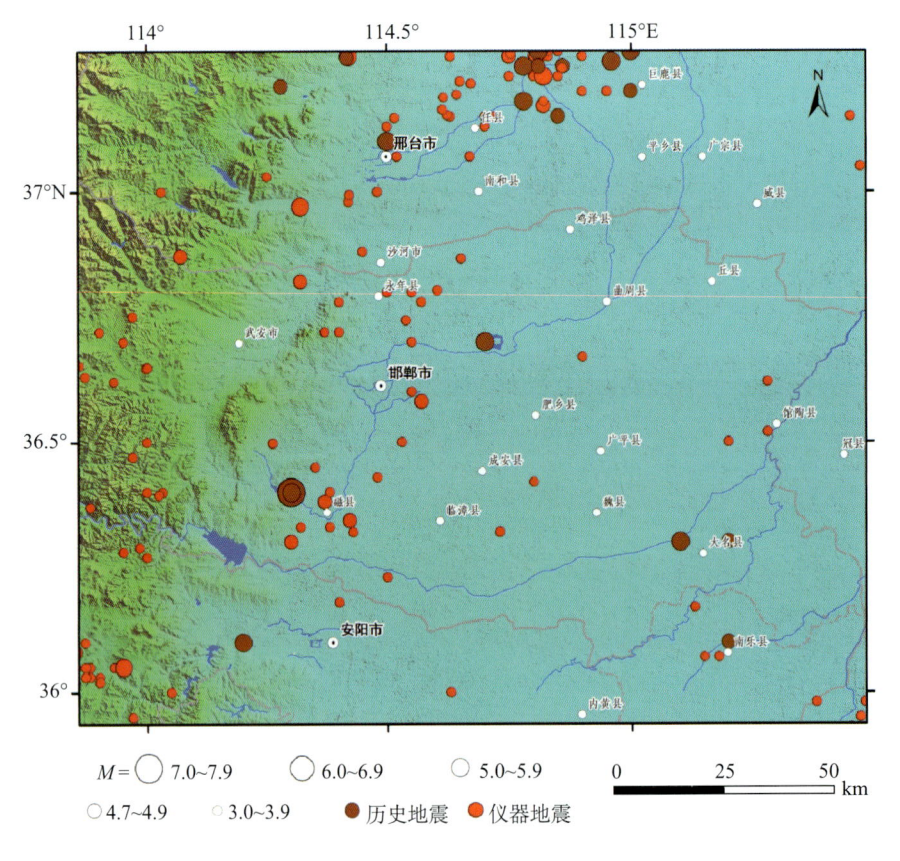

图1.7 区域地震震中分布图（$M \geq 3.0$）
（公元前23世纪至公元2021年）

震活动活跃期内，强震主要受北东向断裂组控制；1830年以来强震主要受北西向断裂组控制。1970年以来，5级以下地震活动主要受北东向断裂组控制；6级以上强震主要发生在北东和北西断裂组交会区内（唐方头，2003）。

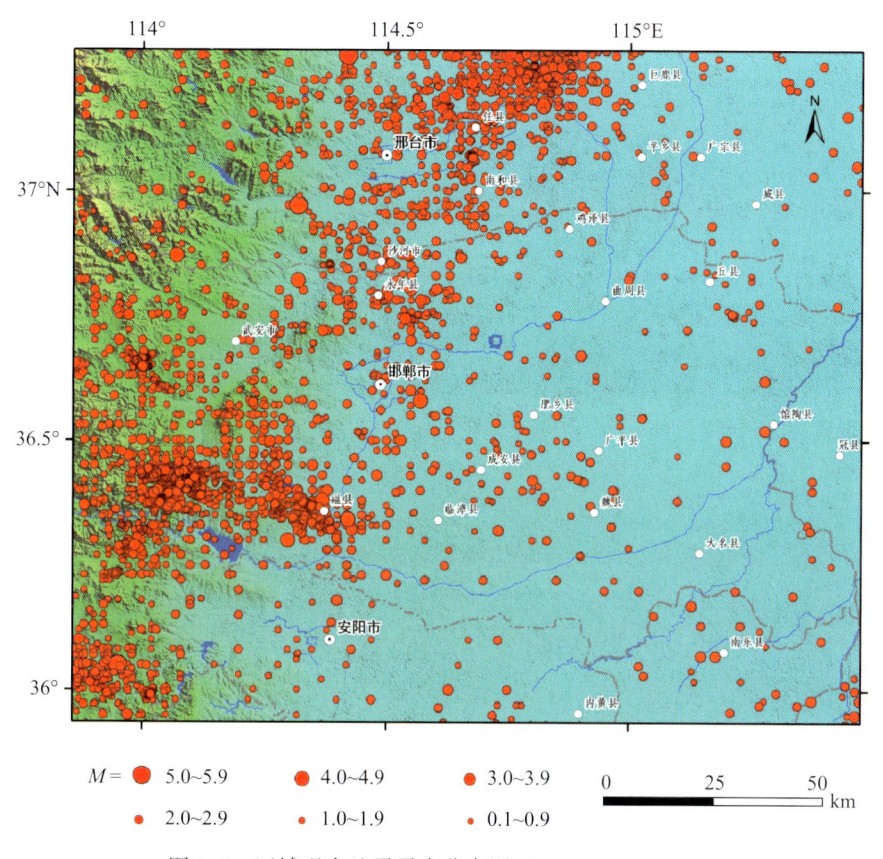

图1.8 区域现今地震震中分布图（1970.1~2021.12）

据历史资料记载和现今地震资料（公元前23世纪至公元2021年），区域内共发生6级以上地震6次（表1.3，图1.7）。破坏性地震目录引自：①《中国历史强震目录》（公元前23世纪至公元1911年）（国家地震局震害防御司，1995）；②《中国近代地震目录》（公元1912年至1990年 $M \geq 4.7$）（国家地震局震害防御司，1999）；③《中国强地震目录》（公元前23世纪至公元2000年3月）。

表 1.4 区域强震（$M \geq 6.0$）目录（公元前 23 世纪至公元 2021 年）

编号	发震时间	震中位置		精度	震级	震中烈度	震中参考地名
		北纬（°）	东经（°）				
1	1314.10.13	36.6	113.8	3	6	VIII	河北涉县
2	1830.06.12	36.4	114.3	2	7½	X	河北磁县
3	1966.03.08	37.4	114.9	1	6.8	IX	河北隆尧东
4	1966.03.22	37.5	115.1	1	6.7	IX	河北宁晋东南
5	1966.03.22	37.5	115.1	2	7.2	X	河北宁晋东南
6	1966.03.29	37.4	115.0	1	6.0		巨鹿北

二、地震活动时空分布特征

（一）地震活动空间分布特征

区域所在的华北平原地震带北起滦县，向西南经唐山、宁河、天津、河间、深县、宁晋、磁县至新乡以南，总体呈北东—北北东向展布，是一条强烈活动的地震带（图 1.9），记录最早的一次地震是公元前 1767 年河南偃师西南的 6 级地震，最大地震是 1679 年三河—平谷 8 级地震。有历史记载以来，共发生 8 级地震 1 次，7~7.9 级地震 5 次，6~6.9 级地震 30 次，5~5.9 级地震 113 次（图 1.7）。

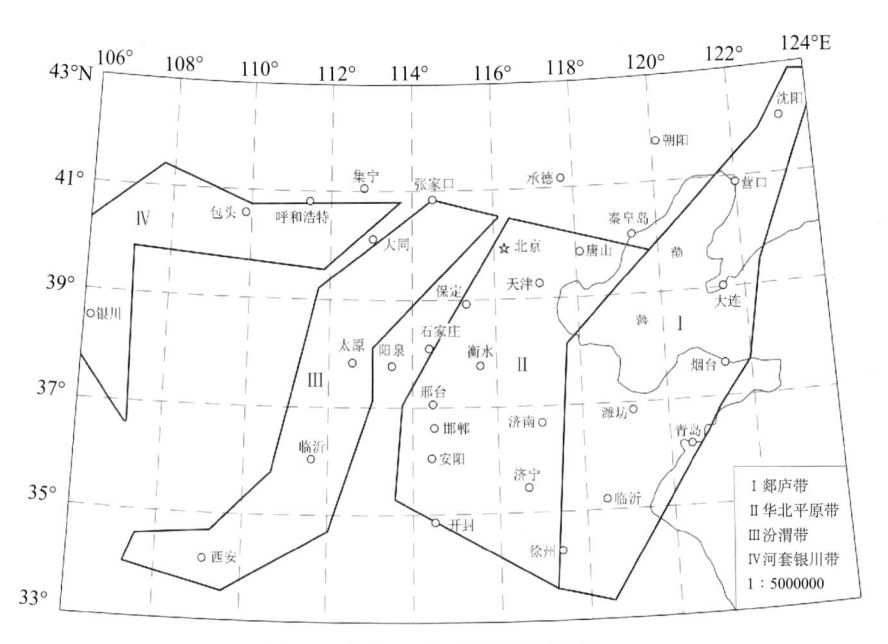

图 1.9 华北地震区地震带划分图

（二）地震时间分布特征

华北地震区存在地震活动相对平静与相对活跃相交替的似周期性，1477 年以来经历 1477~1739 年和 1815 至今两个地震活跃期（图 1.10），周期约 300a。两个活跃期之间为平静期（表 1.5）。活跃期比平静期长得多，释放的地震应变能也大得多。

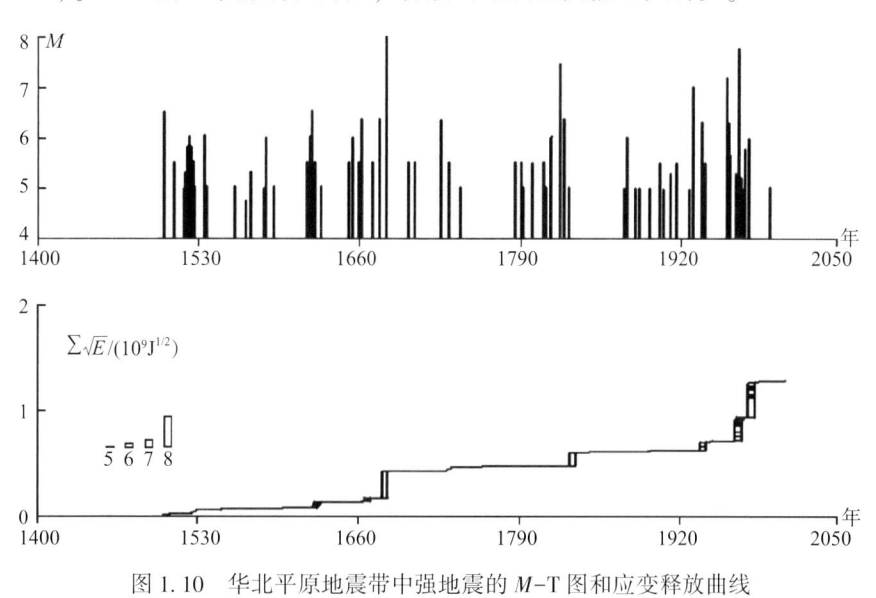

图 1.10　华北平原地震带中强地震的 M-T 图和应变释放曲线

表 1.5　华北地震区 1477 年以来地震活动期活动划分情况

活动阶段	活动阶段起止年	应变 ($\sqrt{E}10^7 \times J^{1/2}$)	各震级档地震次数		
			8.0~8.5	7.0~7.9	6.0~6.9
活跃期	1477~1739	363	4	6	28
平静期	1740~1814	5.4	0	0	1
活跃期	1815 至今	192.3	0	9	44

（三）地震深度分布特征

采用华北地区 1970 年以来 $M \geq 5.0$ 级地震的深度参数来统计地震震源深度分布（表 1.6），深度分档区间为 5km，震源深度集中分布在 5~24km 范围，属于地壳中上层的浅源构造地震。

表 1.6　华北地区不同震级档次数随深度的分布

次数	震源深度（km）							
	0~4	5~9	10~14	15~19	20~24	25~29	30~34	≥35
N	0	9	37	28	16	3	3	0

三、历史地震对邯郸市的影响

有记载以来，历史地震中对邯郸市影响烈度≥Ⅵ度的地震共有 3 次（表 1.7），包括磁县 1830 年 7½ 级地震、1966 年邢台 6.8 级和 7.2 级地震。

表 1.7 对邯郸市影响烈度达Ⅵ度以上的历史地震

编号	发震时间	北纬（°）	东经（°）	精度	震级	震中烈度	影响烈度	地名
1	1830.06.12	36.4	114.3	2	7½	Ⅹ	Ⅷ	河北磁县
2	1966.03.08	37.4	114.9	1	6.8	Ⅸ	Ⅵ	河北隆尧东
3	1966.03.22	37.5	115.1	2	7.2	Ⅹ	Ⅶ	河北宁晋东南

（一）1830 年磁县地震

1830 年磁县 7½ 级地震宏观震中位于磁县西北东武仕附近（国家地震局震害防御司，1995）（图 1.11），或磁县西北 16km 的南山村（江娃利等，1994，1996）。

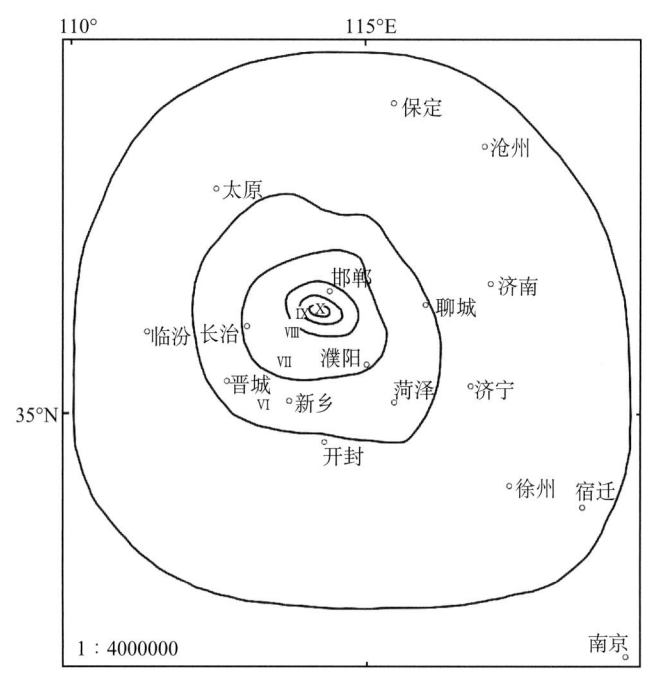

图 1.11 1830 年磁县 7½ 级地震等震线图

历史资料记载：1830 年 6 月 12 日，冀豫之交地大震，磁州尤甚，官民房屋倒塌殆尽，人物压毙无算。城关及西乡最重，南乡次之，东北二乡稍轻。山陵分崩，河渠翻凸，桥梁多折，茔墓皆平，村庄道路不复可辨。邯郸城垛垣坏，官民房屋多倒塌，井涌黑水日余，城关及西南庄 196 村共压毙 292 人，影响烈度为Ⅷ度。磁县"城垣倾圮过甚，十仅存一二，其存者亦岌岌若将仆"。共计倒塌房屋 20 余万间，压毙万余人。其他郊县死亡人数在数十人至数百人不等。

(二) 1966 年邢台地震

1966 年 3 月 22 日河北宁晋东南邢台 7.2 级地震对邯郸市区的影响烈度达到了Ⅶ度（图 1.12）（马宗晋，1980）。

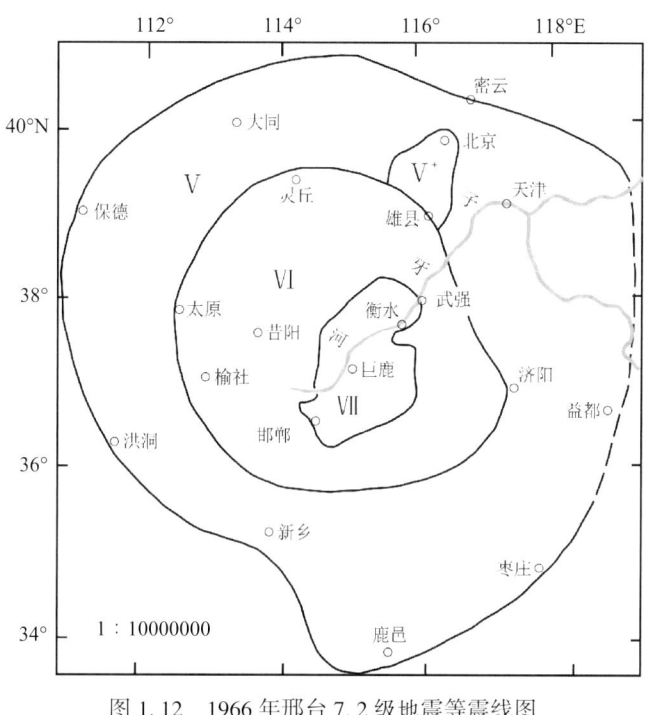

图 1.12 1966 年邢台 7.2 级地震等震线图

第七节 震源机制解与构造应力场

根据华北地震区 88 个 4.0 级以上地震震源机制统计，获得了华北地区构造应力场断层面、P 轴、T 轴图（图 1.13）以及 $M \geqslant 6.0$ 级地震震源机制解（表 1.8，图 1.14），揭示华北地区现今处于以北东东向水平主压应力与北北西向的水平主张应力为主的应力场中。在这样的应力场中，北北东—北东向的断裂易发生右旋走滑运动，北西西—北西向的断裂易发生左旋走滑运动（楚全芝等，1994；徐菊生等，1999）。在强震活跃期间，与强震发生有关的边界带内震源机制解主压应力 P 轴的方向与区域应力场基本一致，而在板块内和其他边界带上则存在一定的差异；平静期间，总体与区域应力场基本一致。

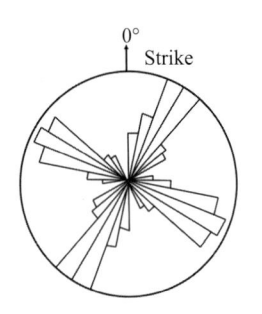

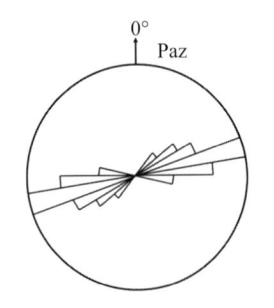

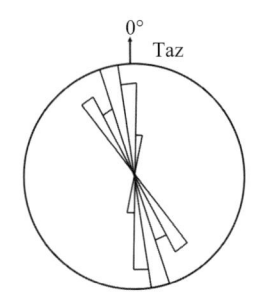

图 1.13 华北地区区域构造应力场断层面、P 轴、T 轴图

表 1.8 华北地区 $M \geq 6.0$ 级地震震源机制解表

序号	时间	震级	节面 A (°)			节面 B (°)			P 轴 (°)		T 轴 (°)	
			走向	倾向	倾角	走向	倾向	倾角	方位	仰角	方位	仰角
1	1966.03.08	6.8	26	SE	77	298	SW	81	72	2	162	17
2	1966.03.22	6.7	15	SE	85	278	SW	70	242	11	149	18
3	1966.03.22	7.2	9	NE	80	279	SW	87	234	9	325	5
4	1966.03.26	6.2	26	SE	74	290	NE	70	68	26	337	3
5	1966.03.29	6.0	47	SE	72	331	SE	63	284	12	183	40
6	1967.03.27	6.3	15	NW	61	287	NE	85	238	17	335	24
7	1969.07.18	7.4	20	SE	80	292	SW	75	246	4	155	18
8	1975.02.04	7.3	23	SE	75	290	NE	81	66	18	157	4
9	1976.04.06	6.3	6	W	68	275	S	86	228	19	323	12
10	1976.07.28	7.8	30	SE	90	300	SW	90	255	0	165	0
11	1976.07.28	6.2	232	84	-148	138	59	-5	100	26	1	17
12	1976.07.28	7.1	260	50	-99	94	41	-79	120	82	356	5
13	1976.09.23	6.2	17	SE	50	284	NE	87	50	35	154	19
14	1976.11.15	6.9	59	85	-170	329	80	-5	284	11	194	4
15	1977.05.12	6.2	311	69	2	220	88	159	268	13	174	16
16	1983.11.07	6.2	30	301	70	306	37	75	258	3	348	24
17	1989.10.19	6.1	11	SE	80	281	NE	85	56	10	136	4
18	1998.01.10	6.2	186	71	131	296	44	27	16	247	47	139

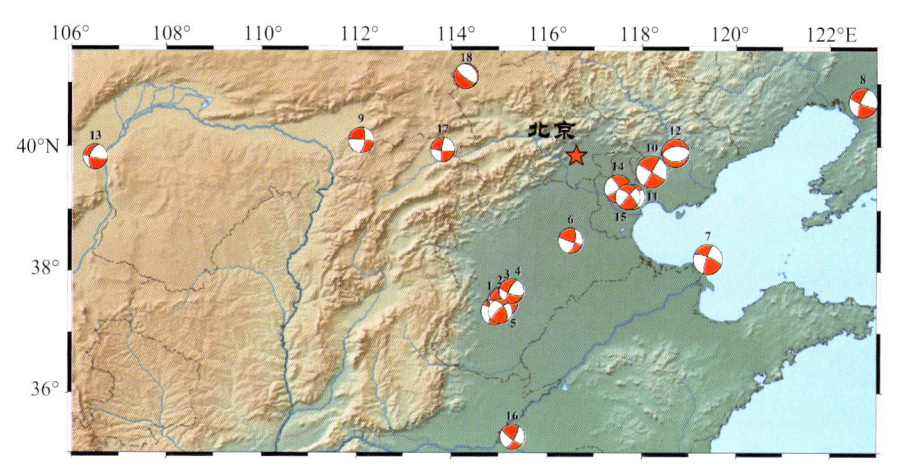

图 1.14　华北地区 $M \geq 6.0$ 级地震震源机制解分布图

第八节　工作区活动断裂的基本特征

工作区横跨太行山隆起区与华北平原沉降区两大构造单元，在区域构造应力场作用下，主要发育北北东和北西—北西西向两个方向的断裂构造，在地质历史时期表现出不同的活动性（表1.9，图1.15）。工作区断裂构造控制了地质构造的基本格局、地貌演化、新构造运动和地震活动。

在隆起的背景上，西部山区一些老断裂在新近纪至第四纪时期发生差异运动，产生了一系列构造盆地，控制了新生代地貌发育和沉积特征，构成了控制新构造运动的主干断裂，导致很多凹陷古近系最大残留厚度达数千米，新近系和第四系厚度也超过1000m。下面主要介绍邯东断裂与前期"邯郸市活断层探测与地震危险性评价项目"的目标断裂研究成果。

表 1.9　工作区主要断裂构造的基本特征

编号	断裂名称	长度(km)	产状（°）			断层性质	活动时代	地震活动
			走向	倾向	倾角			
F_1	邯东断裂	>60	NNE	NWW	60	正断	早第四纪	
F_2	邯郸断裂（太行山山前断裂）	150	10~20	SEE	40~60	正断	晚更新世	
F_3	邯郸县隐伏断裂	150	NNE	W		正断	早第四纪	
F_4	永年断裂	30	310	NE	65	正断	早第四纪	
F_5	联纺路断裂	17	NWW	SW		正走滑	早第四纪	
F_6	马头镇断裂	20	NWW	SW		正断	早第四纪	

续表

编号	断裂名称	长度(km)	产状(°) 走向	产状(°) 倾向	产状(°) 倾角	断层性质	活动时代	地震活动
F_7	磁县断裂	>100	NWW	N	75~85	正断	全新世	1830年7½级地震
F_8	大名断裂	63	NWW	NE	50~60	正断	早第四纪	
F_9	邢台断裂（太行山山前断裂）	120	10~20	SEE	40~60	正断	早第四纪	
F_{10}	曲陌断裂	60	290	S	70~80	正断	早第四纪	
F_{11}	武安断裂	20	NE	NW	70	正断	前第四纪	
F_{12}	紫山西断裂	70	NNE	W	75	正断	早第四纪	
F_{13}	紫山东断裂	72	NNE—SN	E		正断	早第四纪	
F_{14}	安阳断裂	80	NWW	N	80	正断	早第四纪	
F_{15}	汤东断裂	90	NNE	W		正断	早第四纪	1815年汤东5¼级地震
F_{16}	鸡泽断裂	30	NNE	SE		正断	前第四纪	
F_{17}	广宗断裂	35	NE	SE	40	正断	前第四纪	
F_{18}	馆陶西断裂	60	NE	SE		正断	前第四纪	
F_{19}	沧东断裂	230	NNE	SEE	50	正断	早第四纪	南端历史记载有3次5级地震，有活动北移迹象

第一章　区域地震地质概况

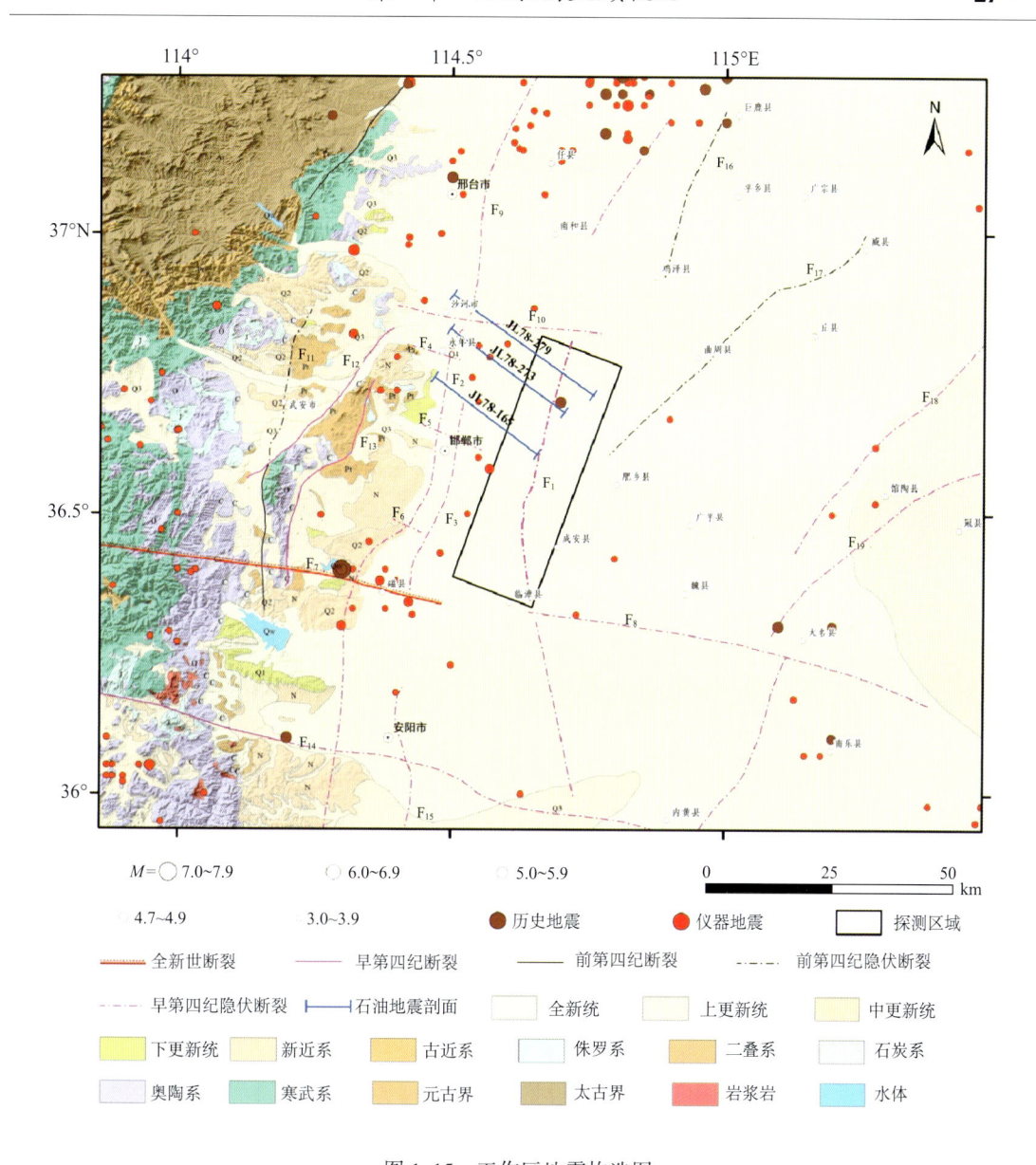

图 1.15　工作区地震构造图

F_1：邯东断裂；F_2：邯郸断裂（太行山山前断裂）；F_3：邯郸县隐伏断裂；F_4：永年断裂；F_5：联防路断裂；F_6：马头镇断裂；F_7：磁县断裂；F_8：大名断裂；F_9：邢台断裂（太行山山前断裂）；F_{10}：曲陌断裂；F_{11}：武安断裂；F_{12}：紫山西断裂；F_{13}：紫山东断裂；F_{14}：安阳断裂；F_{15}：汤东断裂；F_{16}：鸡泽断裂；F_{17}：广宗断裂；F_{18}：馆陶断裂；F_{19}：沧东断裂

一、邯东断裂（F_1）

邯东断裂历史上曾发生过 5.5 级地震，是控制邯郸凹陷的重要边界断裂，对邯郸市区东扩有重大影响。邯东断裂为一条隐伏断裂，根据石油地震剖面确定该断裂走向北北东，南端略向南东偏转，长度与断陷长度接近，向下深达 5000 余米，断面西倾，且略向西凹，东盘上升西盘下降，倾角上部在 60°左右，向下变缓，为铲式正断裂。在邯东断裂以西，尚有平行的次级断裂，是断陷的后生断裂。

（一）JL78-279 石油地震剖面

JL78-279 石油地震测线位于沙河北，为北北西向测线，自京广铁路东侧起，止于永年城关东北，全长 31km（图 1.16）。

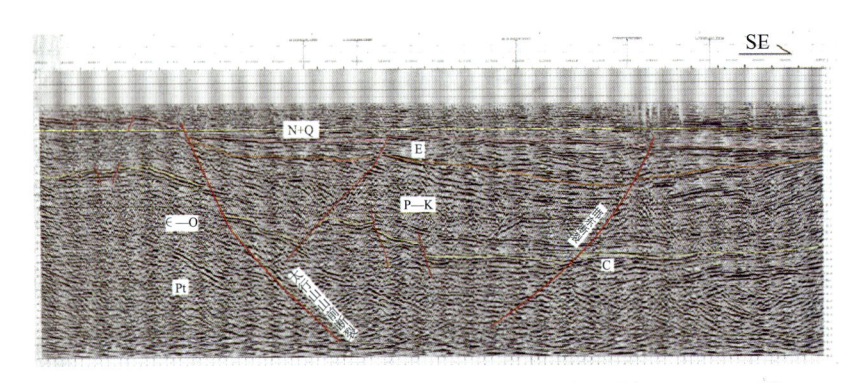

图 1.16　沙河北 JL78-279 石油地震解释剖面
（原始剖面源于石油物探局物探地质研究院）

该石油地震剖面中太行山山前断裂和邯东断裂控制邯郸凹陷，在凹陷中形成一系列低凸起，为整个邯郸凹陷向北的扩展区域。整条剖面反射波相对较乱，不易追踪，沉积及构造特征受断裂影响较大，新生界呈现出西薄东厚的沉积特征，中生界和古生界总厚度与 JL78-273 石油地震剖面相差不大，石炭系厚度仍然稳定。太行山山前断裂是盆地与隆起的分界断裂，倾角上陡下缓，上部倾角较陡，最陡处可达 70°。邯东断裂（F_1）断面下延的深度达 5000 余米，断面西倾，东盘上升西盘下降，倾角上部在 60°左右，向下变缓，为铲式正断裂。

从剖面结构来看，邯郸凹陷有从南部的东断西超逐渐转变为双断断陷的迹象，邯东断裂与太行山山前断裂共同构成主边界断裂，控制着邯郸凹陷的沉积。盆地内有多条小级别断裂错断新近系底，且有错断第四系底部的迹象，活动性相对较强。

（二）永年北 JL78-273 石油地震剖面

JL78-273 石油地震测线位于永年北，为北北西向测线，自京广铁路东侧起，止于永年城关附近，全长 25km 左右（图 1.17）。

总体上看，新生界呈现出西薄东厚的沉积特征，中生界和古生界总厚度与 JL78-265 石油地震测线相比急剧变薄。邯东断裂为主控断裂，地震剖面显示断裂断错新近系底部，断错

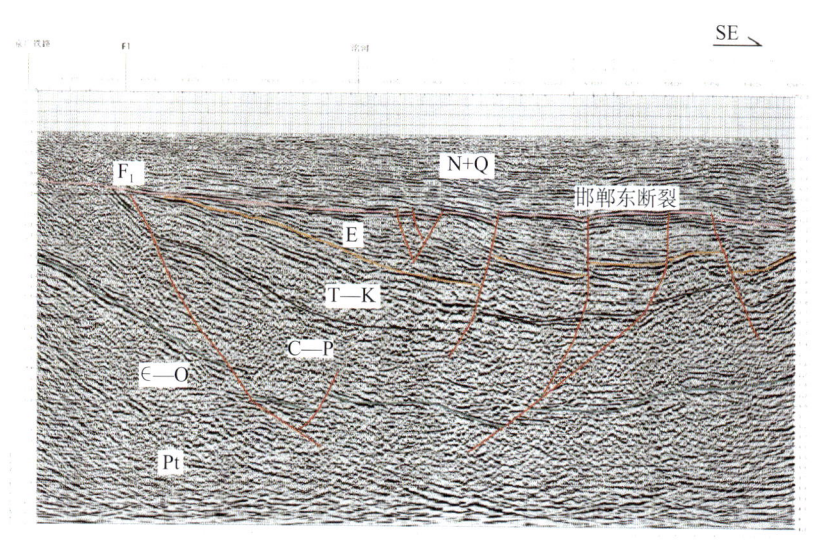

图 1.17　永年北 JL78-273 石油地震解释剖面
（原始剖面源于石油物探局物探地质研究院）

的最大深度在 5000~6000m，较 JL78-265 石油地震测线有所变浅。太行山山前断裂组合中的次级断裂逐渐消失合并为一条主断裂，断面下延的最大深度在 5000m 左右。

（三）JL78-265 石油地震剖面

JL78-265 石油地震测线位于邯郸市黄粱梦镇北，为北北西向测线，自京广铁路西侧起，止于兼庄东姚庄南，全长 21km（图 1.18）。

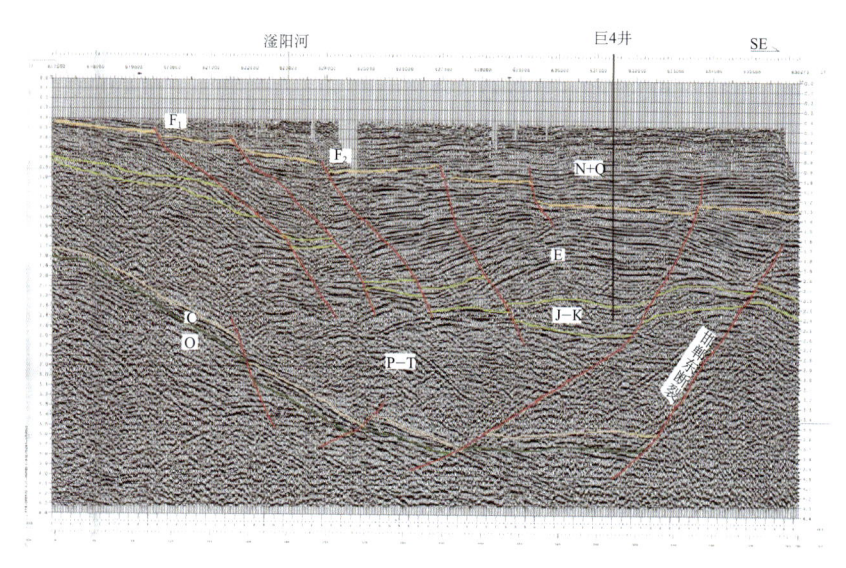

图 1.18　JL78-265 石油地震解释剖面
（原始剖面源于石油物探局物探地质研究院）

总体上看，盆地为东断西超的箕状断陷，新生界呈现出西薄东厚的沉积特征，中生界和古生界厚度变化较大，但石炭系厚度稳定，说明盆地断陷期起始于二叠纪，最大沉陷期为古近纪。

邯东断裂为主控断裂，断面下延的深度达5000m，断面西倾，东盘上升西盘下降，倾角上部在60°左右，向下变缓，为铲式正断裂。有个别地震剖面显示断裂伸入新近系底部，但断裂活动时代主要是古近纪，期间沿中生代断裂或软弱面发育规模较大的基底断裂。

太行山山前断裂是盆地与隆起的分界断裂，倾角上陡下缓，上部倾角较陡，最陡处可达70°，断面下延的最大深度在4000m左右，由一组近平行的东倾断裂组成，其中包括太行山山前断裂、位于滏阳河东的邯郸县隐伏断裂，这些断裂主要形成于古近纪，由东向西上断点埋深有依次变浅，形成时间由老到新的特征。

石炭系发育于奥陶系灰岩剥蚀面之上，沉积特征稳定，厚度均匀（图1.18）。二叠系—三叠系三角洲相、河湖相整合沉积于之上，厚度达3000m。侏罗系—白垩系厚度在400~1000m不等，变化较大，与古近系间存在不整合面，对应一次构造运动。古近系残留厚度平均在1000~1500m，最厚处为2000m以上，说明邯东断裂主要活动时间在古近纪，新近系平行不整合于之上。

二、太行山山前断裂（邯郸断裂）（F_2）

太行山山前断裂为太行山隆起区与华北平原断陷区的分界断裂，在邯郸境内是邯郸—任县断陷分界断裂，被称为邯郸断裂（F_2）。工作区内该断裂北起永年临洺关，经邯郸市区西侧，大致顺京广线延伸，到达磁县后，过丰乐镇、洪河屯至安阳，长约150km，总体走向北东10°~20°，倾向南东东，倾角一般40°~60°，为正断裂。北段控制了新生代的任县凹陷，南段与邯东断裂（F_1）一起控制邯郸中、新生代凹陷的发育。

据地球物理资料，太行山山前断裂为太行山东麓近南北向高重力、负异常交变带，地壳厚度剧变带，太行山山前断裂两侧地壳厚度有显著变化，断裂下方的下地壳和岩石圈地幔由东向西急剧增厚，上地壳发育大型的东倾拆离滑脱断裂，中地壳存在低速—高导层。这几种不同层圈的构造上下叠置，构成太行山山前断裂深浅构造的特殊组合（杨主恩等，1999），展示出分层拆离组合伸展变形的地壳结构构造，太行山山前断裂带与深切地壳甚至整个岩石圈的郯庐断裂带（孙武城等，1985；马杏垣等，1991）截然不同，不是岩石圈深大断裂。

邯郸断裂（F_2）控制了邯郸断陷西部边界，断裂西侧为太行山隆起区的山前台地及丘陵地带，直接出露新近系和下更新统，下更新统最大厚度25m；断裂东侧邯郸断陷新生代期间发生强烈的断陷作用，新生代沉积厚度为4000m。

第四纪以来，断裂活动一直持续，但更新世晚期和全新世是否活动，一直有较大的争议。前期邯郸市活断层探测与地震危险性评价项目垂直该断裂完成了6条化探测线、11条浅勘剖面和5个跨断层钻孔场地工作，揭示上更新统欧庄组底界没有明显错断现象或断层引起的沉积相变化情况，确定邯郸断裂（F_2）晚更新世以来不活动。

三、邯郸县隐伏断裂（F_3）

该断裂带主体呈隐伏状态，在邯郸市区大体沿滏阳河河谷延伸，走向北北东。在石油地震剖面上，该断裂为太行山山前断裂的分支断裂，规模较小，野外调查中未发现明显地貌显示。

邢台地震发生后，中国地震局运用多种技术手段对邢台地震及其余震分布区进行了深部探测，发现在华北盆地原有古近纪拉张性地壳结构基础上，伴随邢台地震及其余震的发生，在华北平原上产生了一个新的北北东向地震破裂带，称为新生地震带（徐杰等，1996），该断裂带经邢台向南南东延伸，进入邯郸市后确切位置不清，推测该深部隐伏断裂为邯郸县隐伏活动断裂，可能通过邯郸市区的东部区域。

邯郸县隐伏断裂（F_3）主要由2条化探测线和2条浅勘剖面控制，断裂主体呈北北东向，为断面东倾的正断裂。钻孔岩性对比和测年结果表明该断裂中更新世有活动，晚更新世以来活动减弱。邯郸县隐伏断裂（F_3）为晚更新世以前活动断裂。

四、永年断裂（F_4）

该断裂西起大油村，向东经临洺关，被太行山山前断裂向南错开，由杜村向东延伸至旧永年一带，断裂走向310°，倾向北，倾角65°，全长约30km，发育在洺河的南岸。沿着断裂线性影像向北西方向追索，洺河西岸阶地无断裂活动迹象。经野外调查，在洺河两岸断裂相应位置侏罗系砂岩、泥岩发生褶皱变形，并发育有小断层及节理，其上覆第四系则以角度不整合与侏罗系接触，第四系主要为冲洪积物，洺河两岸阶地稳定连续，未见断错地貌表现，表明该断裂可能在早更新世曾有过活动。

野外调查在永年洺关可见到该断裂的露头发育在洺河南岸，断错了更新统底部的棕红色含砾亚黏土，而中上更新统棕红色亚黏土和上更新统黄土层直接超覆在其上，并没有受影响，进一步表明该断裂在早更新世曾有过活动。

永年断裂（F_4）完成了2条化探测线与4条近南北向的浅勘剖面，并开展了2个场地的钻孔探测。确定断裂主体呈北西西向，为断面北倾的正断裂。该断裂向西延伸至大油村附近，地貌特征不显，断裂可能终止，向西延伸规模较小，为更新世晚期以前活动断裂。

五、联纺路断裂（F_5）

该断裂为北西向展布的隐伏断裂，推测沿联纺路以北延伸，向东由于覆盖层太厚，不太清楚，向西可能延伸至康二城附近，长约17km，但一直没有发现确切的地质证据。根据野外地质调查，在市区电厂路与新兴大街之间地貌上略有显示，在市区大比例尺航空照片上，线性影像清晰。根据河北省工程地震勘察研究院浅层人工地震研究表明，在联纺路与滏东北大街交口，联纺路断裂从路口东南角迎宾大酒店南侧通过，断裂上断点埋深约140m，最新活动时间在中更新世。

前期邯郸市活断层探测与地震危险性评价项目针对联纺路断裂进行了野外详细调查，获得了露头区断裂的空间展布位置和活动性。

根据野外调查、航空照片解释及地震安评报告，对该断裂完成了2条化探测线和3条浅勘剖面，并在新兴大街场地开展了跨断层钻孔探测。

断点钻孔岩性对比和测年结果表明该断裂中更新世有活动，晚更新世以来活动减弱。根据圣井岗—南高峒村剖面观测，第四纪粉砂和黏土层呈近水平展布，没有断错迹象，地貌面也没有变形迹象，表明该断裂向西延伸的距离较短，活动性较弱。联纺路断裂（F_5）为晚更新世以前活动断裂。

六、马头镇断裂（F_6）

为过马头镇的北西向断裂，在马头镇一带呈隐伏状态，向北西方向延入太行山区，地貌上略有显示。在马头镇西，该断裂在新近纪构成的台地上有所反映但未发现露头。据卫片解释资料，该断裂东起郭小屯、北豆一带，经马头向西至林坦、新坡一带，长约20km。马头镇断裂（F_6）以北新划出一条北西向断裂，与之近于平行，称之为马头镇断裂北支，原马头镇断裂称之为马头镇断裂南支。从断裂对现代地貌的控制来看，断裂活动已影响到由新近系组成的丘陵台地，至少反映了在新近纪有所活动。

前期邯郸市活断层探测与地震危险性评价项目根据化探和野外地貌特征，布设了4条浅勘剖面，以控制马头镇断裂北支和马头镇断裂南支。其中控制马头镇断裂南支的2条剖面中波组连续、未见断裂断错新近系和第四系。在控制马头镇断裂北支（F_6）的3条测线上，解释出2个断点，解释断裂向北倾，其中在车骑关场地开展了跨断层钻孔探测。

钻孔岩性对比和测年结果表明该断裂中更新世有活动，晚更新世以来活动减弱。断点断错 T_{0-3} 以下地震波组，测线东部第四系厚度大，据区域地层分布情况，T_{0-3} 至少表示了晚更新世之前的地层，说明该断裂晚更新世以来没有明显活动。综合确定马头镇断裂（F_5）为晚更新世以前活动断裂。

七、磁县断裂（F_7）

磁县断裂属磁县—大名断裂的西段，该断裂自鲁西隆起穿越华北沉降平原至太行山隆起中部，横亘三大构造单元，走向北西西，倾向北，倾角较陡。新近系底界落差达1000m，为一高角度正断层，长度大于180km。

该断裂在临漳以东构成北部临清坳陷与南部内黄隆起之间的边界断裂，向东偏南过朝城镇则与马陵断裂相交。在临漳以西，通过地震贯通的形式向北西西延伸，经磁县穿过紫山鼓山束状断裂至涉县，并继续西延，可能与晋获断裂相连。从该断裂截切临漳断裂后使汤阴地堑向西扭曲变形及在朝城镇附近切错堂邑断裂的情况来看，它具有明显的左旋走滑活动性质。

磁县断裂是一条活动强地震带，沿该断裂已发生较大的地震为344年临漳5~6级地震、953年大名4¾级地震、1314年涉县6级地震、1654年朝城5½级地震、1830年磁县7½级地震、1889年大名5级地震、1968年大名4.2级地震、1970年和1977年磁县4.5级地震，等震线为北西西向。

近年来多位学者对磁县断裂、磁县地震与磁县断裂的关系及其地震危险性开展了较多调查研究（张四昌，1985；刘德林，1988；徐杰等，1988；江娃利等，1994，1996，1997；国家地震局震害防御司，1995；陈国星等，1997），在活动断裂调查、古地震研究、1830年磁县地震地表破裂带研究、历史地震震害分布等方面取得了大量资料和成果，为磁县断裂的进一步调查、探测提供了重要依据。

经对华北南部盆地隐伏区石油地震剖面揭示的盆地构造、地表活动断裂调查、隐伏区浅层地震探测，以及磁县断裂地震活动性分布特征，将磁县—大名断裂划分为三段，即东段、中段和西段，其中东段为大名—临漳段，以隐伏断裂及小震沿断裂带断续分布为特征；中段为磁县—峰峰段，以多组隐伏断裂和控制地貌发育为特征；西段为南山村—岔口段，以部分地区出现1830年磁县地震地表破裂带为特征，总体表现出基岩区断错等地貌现象。

（一）大名—临漳段（大名断裂）

该段位于临漳以东华北平原隐伏区中，根据石油地震剖面解释，该断裂段位于成安低凸起以东，为内黄隆起的北部边界断裂，控制临清坳陷的形成。

在内黄隆起中除元村凹陷外，普遍缺失中生界和古近系，新近系不整合于太古界和古生界之上。该断裂北侧临清坳陷内中生界发育，古近纪时期断裂活动不很强烈，下降盘一侧未形成明显的沉降中心。新近纪以来该断裂活动较为强烈，下降盘一侧在大名以西新近系—第四系厚达1800~1900m，较上升盘厚200~300m。

（二）磁县—峰峰段

磁县断裂中段位于磁县及其以西、东武仕水库至峰峰矿区。根据以往探测和研究成果，该断裂段由2条近平行的分支断裂组成，即南山村地表破裂段和磁县断裂主段。1830年在该段上发生7½级强震，造成严重的人员伤亡和财产损失，各段初步定位与活动性评价如下：

1. 南山村地表破裂段

为磁县断裂西段（南山村—岔口段）向南山村以东的延伸，整体呈近东西走向，倾向北。南山村以东至石桥镇南，该断裂南侧出露奥陶纪灰岩，北侧断裂上盘被第四系覆盖，断裂地貌特征较清晰，可见向北倾、地貌高差较小的陡坎，该段可能为由南山村磁县地震地表破裂带向东的延伸；石桥镇南东的水渠以东区域，地貌小坎消失，代之以西固义西北的留旺变电站高地为地貌高点，向南、南东为缓倾的山坡，向东至西固义镇和东固义镇，该缓坡被北东向的河流所切，近东西向断裂地貌不清。沿卫星线性影像和断裂走向追索，在地形地貌上反映不明显，表明该断裂段向东没有延伸。

沿该断裂段走向向东的延长线为东固义镇，该镇东侧有一近500m长的南北向砖厂，该剖面南侧第四纪黏土等以不整合直接覆盖于二叠纪紫褐色砂岩之上，向北在砖厂开挖揭露约3m深的连续剖面中，第四纪覆盖层没有断裂迹象，表明南山村出露的地表破裂带向东没有延伸到东固义镇附近，与以往的研究成果一致（江娃利等，1994，1996，1997；陈国星等，1997）。

2. 磁县断裂主段

该断裂段自峰峰矿区石桥镇以北—留旺变电站，向南东东方向延伸，经路村营、西田井、东武仕水库南、张家店村南，延入磁县城区，总体呈北西西向，倾向北北东。在张家店以西，该断裂地貌特征明显，其中石桥镇以北—留旺变电站、路村营—西田井—东武仕水库南为磁县断裂中段地貌特征最为明显的区段，表现为南高北低的地貌特征。

在石桥镇—留旺变电站附近，地貌陡坎呈北西西向沿二叠系基岩露头区的北侧展布，延伸长1km以上，地貌上总体构成阶梯状向北降低的地貌特征。在石桥镇的新清流村附近，在1:2000大比例尺地形图上以及现场考察可见9个向北降低的地貌陡坎位于延伸长1km以上的主地貌陡坎以南。

在东武仕水库南侧，沿圣水洼谷地，由南向北可见剖面中第四纪沉积层呈缓倾角向北倾，由剖面南部底部为红色黏土、其上为较薄砾石层沉积推测，该底部地层为新近纪和早第四纪沉积，其上为中晚第四纪，整个剖面地层连续，未见断裂发育。

在磁县东武仕水库大坝东南断裂可能通过的位置，地貌上形成近东西向和近南北向河谷，被河流所切的第四纪砂砾石层、黄色黏土层呈近水平，没有受到可能断裂的扰动。滏阳河及其两岸3级阶地也没有发现变形迹象，推测断裂未断错晚第四纪地层。

（三）磁县断裂西段

近年来磁县断裂西段的研究程度较高，被确认为1830年磁县地震的地表破裂带（江娃利等，1994，1996，1997；陈国星等，1997）。前期邯郸市活断层探测与地震危险性评价项目对该段也开展了较详细的考察，进一步确认了1830年磁县地震地表破裂带的空间展布。

磁县西部的南山村—岔口断裂为磁县断裂的西段，走向北西西，倾向北，倾角较陡，全长35km，又可再分为岔口断裂与南山村断裂东西两段。南山村断裂，地表出露约5km，横切北北东向鼓山山脉。岔口断裂总长16km，东端始于陶泉盆地西侧，向西连续延伸经北王庄，在涉县甘泉村以西，断裂断续展布延至清漳河西岸席家村南山。岔口断裂与南山村断裂之间有14km地段活动构造形迹不清。全新世时期该断层有多次活动，活动方式以具左旋性质的正倾滑为主。

1. 南山村断裂段

该断裂段在磁县西峰峰矿区南山村附近，断错基岩山体，形成一个近东西方向延伸、南高北低、高差约100m的断层陡崖，并切割了该处的北北东向断裂，水平位移300~400m，垂直位移40~60m。断裂显示左旋走滑和正断性质，活动时期在北北东向断裂构造形成之后。

鼓山以西的山区一带还存在近东西向、长约5km的基岩陡崖和线形黄土陡坡。在鼓山东西两侧的山间盆地内，存在许多条阶梯状、南高北低、北东东向延伸的黄土陡坎，在河床中存在全新世地层的陡坎，地层中有扰动变形现象（陈国星等，1997）。

2. 岔口断裂段

岔口乡地处太行山区，东距磁县县城37km，海拔高程600~1000m，山区岩层由寒武纪至奥陶纪灰岩组成，岩层产状平缓。

岔口最新地表破裂带分为南北两支，相距1km，均呈近东西方向展布。南支长约7km，东至海家乡韩庆西南隘口处，向西经花驻村北，至甘泉村东2km，呈右阶方式排列；北支长约2km，展布于北王庄南东方向。该断裂的断崖地貌清晰，垂直落差几十米，显示出晚第四纪时期的多次活动（江娃利等，1994）。

位于岔口近东西向活动断裂上，地表沟槽、反坡向小陡坎、断崖处高角度坡角的形成、粉末状断裂破碎带中大量坚硬灰岩岩块的存在以及断层碎石压盖在古腐殖土之上等现象都说明在数百年内，岔口断裂曾活动过，形成近东西向、长约7km的地表破裂带。这次事件的最大垂直落差约7~10m。结合史料记载分析，近2000年来，该区只发生1830年磁县7½级地震。故岔口最新地表破裂带应系1830年磁县地震产生。

第九节 主要结论

（1）工作区位于华北地块的东南部，构造演化大致经历了三个阶段：太古代至早元古代地台结晶基底的形成、变形和固结阶段；中、晚元古代至古生代稳定地台盖层发育阶段；中、新生代地台解体、陆相地台盖层形成阶段。

（2）第四纪时期地壳运动继承了新近纪时期的大面积下陷，范围不断扩大，并向山区边缘超覆，但沉降幅度不太大，厚度一般为 $400\sim500m$，受断裂活动控制形成数个沉降中心。由于第四纪时间较短，古气候（冰期与间冰期）变化频繁，陆相成因的沉积物复杂，发育上更新统和全新统，中更新统发育较少，分布不稳定。

（3）综述分析工作区第四纪地层的研究成果，将第四系划分为更新统和全新统，更新统进一步划分为上更新统（Qp_3，底界 $0.128Ma$）、中更新统（Qp_2，底界 $0.73Ma$）和下更新统（Qp_1，底界 $2.48Ma$）。

（4）根据新构造变形、沉积建造和地震活动等，以太行山山前断裂为界划分为 2 个一级构造单元，太行山山前断裂以西为太行山隆起区，可再分为太行山强烈隆起区和太行山山前隆起区 2 个二级构造单元。断裂以东为华北平原坳陷区，又以隆尧断裂、磁县断裂和汤东断裂为界划分成 4 个二级构造单元，分别是邢衡隆起、临清坳陷、内黄隆起和汤阴地堑，邯郸市位于临清坳陷内。

（5）太行山山前断裂位于太行山重力梯度带的东缘，该重力梯度带对应地壳厚度剧变带，虽然太行山山前断裂两侧地壳厚度有显著变化，但壳内各界面和莫霍面均无断错现象；下地壳和岩石圈地幔的厚度向太行山区显著增大；中地壳一般存在低速层（体）和（或）高导层（体）。强震带展布方向与区域北北东向磁异常方向完全一致，以正磁异常为主，变化剧烈。

（6）1474~1804 年地震活跃期强震主要受北东向断裂组控制；1805 年以来强震主要受北西向断裂组控制。1970 年以来，5 级以下地震活动主要受北东向断裂组控制；6 级以上强震主要发生在北东向和北西向断裂组交会区内。公元前 23 世纪至公元 2021 年工作区内共发生 6 级以上地震 6 次，震源深度集中分布在 $5\sim24km$，属浅源构造地震。

（7）工作区横跨太行山隆起区与华北平原坳陷区两大构造单元，在区域构造应力场作用下，主要发育北北东向和北西—北西西向两个方向的断裂构造，在地质历史时期表现出不同的活动性，工作区断裂构造控制了地质构造的基本格局、地貌演化、新构造运动和地震活动。

第二章 主要隐伏断裂浅层人工地震勘探

第一节 浅层人工地震勘探方法概述

邯东断裂位于邯郸市东郊，为隐伏断裂，表层被松散层覆盖，因此选择正确的探测手段尤为关键。《活动断层探测》（GB/T 36072—2018）提出浅层地震勘探是隐伏活动断层探测和定位行之有效的地球物理勘探方法，同时，大量的实践也证明，在具有数百米厚沉积层的地区，浅层人工地震勘探是最佳手段。

一、探测区地震地质条件

探测区地势相对平坦，所有地震测线布设的位置，地表全部被较厚的第四纪地层覆盖。根据区域地质志，邯郸市从西部山前到东部平原坳陷区第四系厚度逐渐增大，并存在若干个沉积中心。邯郸市区厚度约为 100~200m，向东到肥乡县一带厚度达到 450~500m 左右（图2.1），可以看出在跨区域范围内第四系北浅南深，但是在探测区范围内厚度相对渐变，具有相对的稳定性，地层主要由河流、湖泊相沉积物组成，地震波阻抗界面较为丰富。探测区潜水位较浅，埋深 10~20m，有利于地震波的接收和激发。

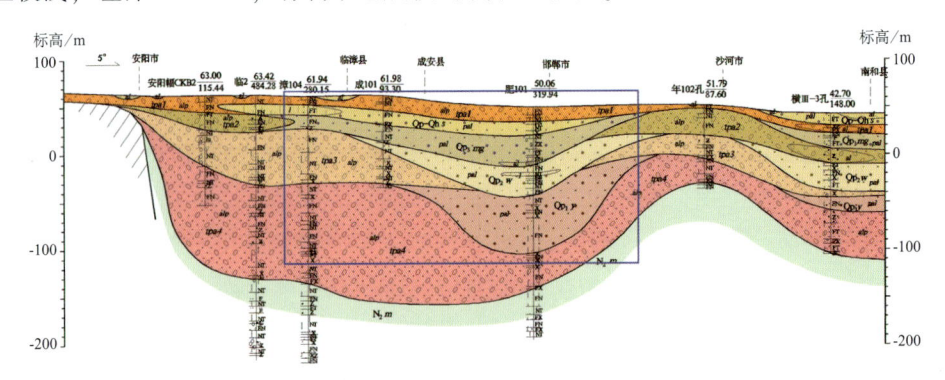

图 2.1 穿过探测区近 NS 向的第四纪地层结构剖面图（河北省地质调查院，2014）

华北石油局在邯郸地区开展过大量的地震勘探工作。石油地震剖面显示，探测区内新生界底界面是一个非常好的反射面，且新生界和下伏地层之间为角度不整合接触，根据收集的穿过邯东断裂的石油地震剖面显示，该界面埋深 1300~1800m，该界面之上和地表之下深度范围内，还存在多个可横向追踪的反射界面，但反射能量和连续性不是太好，可能与石油勘探所需的深度区间和所选用的观测系统参数有关。但是石油地震剖面距地表 200m 深度范围内，断层的位置不清楚。因此，为了获得断层在近地表甚至地表的精确位置和探测区清楚的地层反射界面，本次地震勘探通过现场试验，选取了适合探测区工作条件和地震探测深度要求的野外地震数据采集方法和施工参数。另外，由于地震测线布设所在区域大多位于城区主干道路或穿过外界干扰背景较强的城区，为了压制各种人为活动和机动车辆的严重干扰，获得较高信噪比的地震资料，探测中采用了抗干扰高分辨率地震勘探技术。

根据测区钻孔资料和波速测试资料表明，在第四系覆盖层的内部，各地层界面之间的波阻抗差异较小，当界面比较稳定，采用的地震探测方法技术合适时，可形成较强的地震反射响应，反之，则形成弱反射。

二、浅层人工地震勘探方法及仪器设备

(一) 探测方法

地震勘探方法是探测地下地质构造的有效手段，对隐伏断层的定位目前主要采用反射法地震勘探方法。采用这种方法不但有利于利用多次覆盖技术压制干扰、提高地震资料的信噪比，而且反射剖面上丰富的反射地震响应和反射剖面图像能直观形象地反映地下构造特点，有助于判定断层的存在与形态。因此，本次浅层地震探测采用了多次覆盖反射法勘探方法。

反射波法研究的是地震波在不同弹性介质分界面上按一定规律产生反射的原理，通过对反射波时距关系（即反射波几何地震学研究反射波在反射过程中波前面的空间位置与其传播时间的关系）的研究，可获得目的层及主要构造的埋深等信息。如图 2.2 所示，从激发点 O 传播的波经 A 点反射，到达地表接收点 S，若水平反射界面 R 的深度为 H，可得时距曲线式（2.1）：

$$t = \frac{OA + AS}{V} = \frac{O*S}{V} = \frac{1}{V}\sqrt{4H^2 + x^2} \qquad (2.1)$$

其中 $x = OS$ 为炮检距。显然，这是个双曲线方程，曲线对称于时间轴。渐近线是 $t = x/V$

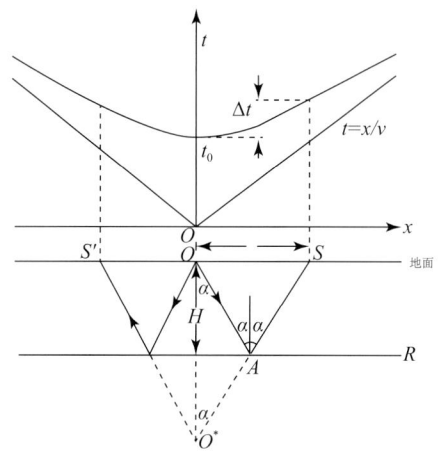

图 2.2 水平界面的反射波时距关系示意图

(直达波时距曲线)。当 $x=0$ 时，$t_0 = 2H/V$ 为自激自收的反射时间，可确定反射层的埋深 H：$H = \frac{1}{2}Vt_0$。

地震勘探是一个系统工程，需要采集、处理和解释三个环节的密切配合。野外数据采集是基础，其采集技术目标应该主要集中于尽可能满足地质解释要求的地震资料"三高"即高信噪比、高分辨率、高保真度的采集方法和保障技术。

1. 信噪比

要取得高质量的地震解释资料，野外原始地震数据的信噪比必须大于 2.0，才有可能保证成果资料的信噪比大于 8.0。

2. 分辨率

地震资料分辨率的高低直接关系到地质解释的精度，目前基本上以 $\lambda/4$ 视波长作为定量估算垂向分辨率的标准。对于水平分辨率，则以 Frenel 半径作为衡量水平叠加剖面的标准，在高精度的二维偏移数据体中，最佳水平分辨率式为 (2.2)。

$$\Delta r = v/(4f_c) \tag{2.2}$$

式中，v 为反射波的平均速度；f_c 为零相位子波的中心频率。

由此可见，地震资料分辨率与地震波的频率成正比，频率越高，分辨率越高。从地震资料的分辨率上讲，因为水平叠加本身具有"低通效应"，所以尽量要求野外采集资料的主频高、频带宽、噪声小，以便为后续高分辨率处理奠定基础。

3. 高保真度

为了提高保真度，要求数据采集尽可能保证激发与接收条件的一致性，减少信号畸变以及非地质因素造成的反射波动力学特征损失，同时按照"小道距、小炮距、小组合"的工作方法来进行，以便从采集阶段保持地震资料的动力学特征。

在野外采用多次覆盖的观测方法，在室内资料处理时，将野外观测的多次覆盖原始记录经过抽取共中心点 (CMP) 或共反射点 (CRP) 道集记录、速度分析、动静校正、水平叠加等一系列处理的工作过程，最终得到能基本反映地下地质形态的水平叠加剖面或响应的数据体，这一整套工作为共反射点叠加法，或简称水平叠加技术。通过水平叠加技术可获得能够解释构造和地层的地震叠加时间剖面。

(二) 地震仪

据上所述，浅层高分辨率地震勘探要求所采用的地震仪应满足"三高"要求和大的动态范围。在实践中，影响地震记录信噪比的主要因素有：仪器本身的噪声、环境噪声（震动、声音等）、地下工程带来的噪声（地下掩埋的管线）。其中，有些噪声可以通过人为因素和后期的数据处理来改善和消除，然而，仪器本身的噪声只能通过先进的技术准备来改善。采用遥测数字地震仪是压制噪声的一种有效手段，数字信号的传输可有利于避开外界的干扰，不会引进噪声，能够保证信噪比。

本次浅层地震试验工作采用加拿大产 ARIES 数字地震仪（图 2.3），能满足野外采集"三高"的要求，其大动态范围和能对可控震源信号进行实时相关处理，同时也具备一定的噪声监控功能，另外该仪器灵活多变的排列监控、数据质量监控和各种测试功能，能使野外原始监视记录和设备工作状态随时可控，从而保证了数据采集的高质量和可靠性。

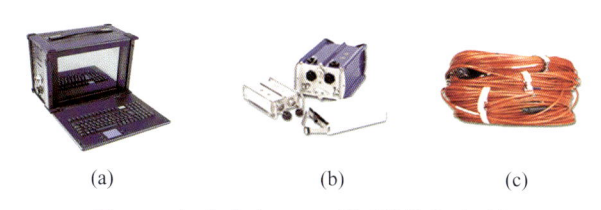

(a)　　　　　　　(b)　　　　　　　(c)

图 2.3　加拿大产 Arise 型遥测数字地震仪

(a) 地震仪器主机；(b) 采集站；(c) 数据传输电缆

(三) 地震波激发震源

如何激发出频带较宽、能量强的高频反射信息是获得高信噪比和高分辨率地震资料的重要前提。在浅层地震勘探中，目前主要的激发地震波的震源有：炸药震源、锤击震源、气枪震源、夯源及可控震源。其中，锤击震源、气枪震源、夯源的激发能量有限，实践表明：锤击震源的探测深度通常为数十米，夯源和气枪震源的适用条件受限，探测深度一般小于 300~400m，因此要获得深度大于 200m 的有效地层反射，与炸药震源相比，可控震源有如下几个方面的突出特点：

首先，不产生地层不传播的振动频率，从而节约能量。当炸药爆炸时，在炸药附近产生的是一个尖脉冲，它的频带很宽。这个脉冲向下传播时，高频成分的地震波被地层吸收，而只有一部分频率的地震波得到比较顺利的传播。可控震源则可以根据地层特性选择损耗最少、最适合地层传播的频带作为扫描频带，使得震源的能量便能够发挥最大的效果。

其次，不破坏岩石，不消耗能量于岩石的破碎上。用炸药震源时，在炸药附近一定范围内是岩石的破碎圈，所以炸药的很大一部分能量被消耗了。可控震源冲击地面的吨位一般是 5~15t，大部分的能量用于产生弹性波，可控震源车及记录见图 2.4。

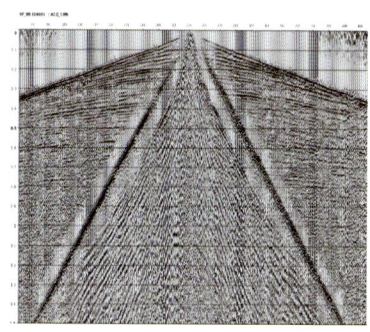

图 2.4　可控震源及其野外单炮记录

另外，探测区主要位于邯郸市城区和郊区，均为居民区，无法使用炸药震源，且在外界干扰背景大或城市硬化道路上工作，最宜采用可控震源。

综上所述，从探测目标和现场施工条件以及探测区第四系盖层厚度的特点、压制干扰和提高地震资料信噪比和分辨率的角度出发，浅震地震勘探采用大吨位的可控震源来激发地震波。

（四）地震检波器

地震检波器是地震仪器设备的重要组成部分。在浅层地震反射勘探中，总希望获得频带宽、主频高的地震信号，因此，在数据采集时应采用既可压制低频干扰，又可拓宽记录高频上限的地震检波器。然而，检波器的灵敏度又与检波器的幅频特性有关，通常，固有频率高的检波器其灵敏度要低于固有频率低的检波器。结合以上分析及针对目标层深度 200～600m，使用了固有频率 60Hz 的检波器。

三、浅层人工地震勘探的野外工作

虽然野外地震资料采集所用的设备（如仪器型号、道数、检波器数）会对决策产生很大的影响，但选择合适的观测系统参数是探测成功的前提，一般来说，观测系统参数的选取应遵循以下基本原则和基本依据。

（一）观测系统参数的确定

1. 最小偏移距

这是激发点与排列中最近一道间的距离，它应该不小于最浅目的层的埋深。对浅层地震勘探来讲，最关心浅层反射波的覆盖次数，因此，最小偏移距尽可能地小。但如果太小，近炮点道会受到震源干扰波的影响。

2. 最大偏移距

这是激发点与排列中最远一道间的距离，最大炮检距的选择应重点考虑的因素有：主要目的层的深度；动校拉伸率；速度分析的精度；保证反射系数稳定；不被直达波和折射波所干涉。

1）目的层深度

最大偏移距大致等于最深目的层的埋深，满足这个条件可以使正常时差足够大，便于区分一次反射波和多次波或其他相关噪声。

2）动校正拉伸对最大偏移距的要求

地震数据处理时，动校正使波形发生畸变，尤其在大偏移距处，因此设计排列长度时要考虑浅层、中层有效波动校拉伸情况，要使有效波畸变限制在一定的范围内。设计时应考虑这种不利影响，最大偏移距也不能太大，使动校正拉伸对信号频率影响较小。

3）满足速度分析精度要求

均方根速度和叠加速度都与正常时差有关，只有当正常时差有较大的数值时才能保证速度分析的精度。正常时差随偏移距的增大而增大，即保证有足够的排列长度也能保证高密度的速度分析资料。

4）反射系数稳定对最大炮检距的要求

地震波的入射角接近或等于临界角时，会出现极不稳定的异常极值，即反射系数不稳定，其变化情况比较复杂。为了保证反射系数稳定，要求入射角小于临界角（生产实践表明，水平界面最大入射角一般限定为 40°），从而对最大炮检距提出了要求。

3. 道间距

道间距定义为相邻 2 个中心道之间的距离，通常不应该超过设计的水平分辨率的 2 倍，避免空间假频，满足空间采样定理。道间距也决定了面元的大小，对于二维地震测线，道间距为面元的 2 倍。面元的大小决定了道间距的大小，面元大小要有利于提高资料的横向分辨率，落实构造及断裂细节特征；同时，面元的大小必须保证各面元叠加时的反射信息具有真实代表性。鉴于以上考虑，面元大小应满足以下三个方面：

1) 横向分辨率

根据经验法则，每个优势频率的波长至少保证取 3 个采样点，这样才能得到良好横向分辨率。面元边长经验公式为（2.3）。

$$b = \frac{V_{\text{int}}}{2 \times F_{\text{dom}}} \tag{2.3}$$

式中，b 为面元尺寸；F_{dom} 为目的层的最高主频；V_{int} 为目的层的上一层层速度。

2) 最高无混叠频率

保证最高无混叠频率经验公式为（2.4）。

$$b \leq \frac{V_{\text{rms}}}{4 \times F_{\text{max}} \times \sin\theta} \tag{2.4}$$

式中，b 为面元边长；V_{rms} 为均方根速度；F_{max} 为最高无混叠频率（最高频率的 1.2 倍）；θ 为目的层地层倾角。

3) 考虑断点绕射收敛

浅层地震勘探主要是对断层的精确定位，要使断层成像清晰，需要在偏移时使断点的绕射波得到充分收敛。一般在地层倾角<5°，选择面元尺寸不大于 10m 可满足反射信息正确成像。另外，要考虑断点绕射的充分收敛，则面元尺寸也不宜太大。

综上所述，为了提高地震资料的分辨率，一般应采用较小的道间距。

4. 炮间距

一般情况下，炮间距取决于覆盖次数和排列长度的要求。在排列长度一定的条件下，为提高覆盖次数，则需要采用小炮距。小炮距、小道距高覆盖次数可大大提高地震资料的信噪比，能有效压制多次波；但是由于覆盖次数的低通特性，从提高地震资料分辨率的角度出发，覆盖次数不宜太高，尤其在地下界面起伏变化较大和构造复杂时，要慎重选择覆盖次数。另外，炮间距太小时工作效率太低，且增加成本。因此，在满足资料信噪比的条件下，应尽可能采用大一些的炮间距。

（二）地震勘探试验工作

理论上确定的观测系统和参数需要地震勘探试验来进一步的验证和修正，以期获得最适合本区的观测系统和参数等。

1. 试验目的

(1) 调查区内主要目的层的反射信息以及噪声的发育情况和特征参数，分析拟定方法的可行性；

(2) 进行激发参数试验，改善激发效果，确保原始资料品质；

(3) 进行仪器、接收参数试验，经过对比，寻求适合勘探区的接收参数。

2. 试验原则

(1) 严格按照单一因素变化的原则确定试验方案，同时以节约试验工作量为准则，以较少的工作量，获得最佳的试验结论；

(2) 选择有代表性的地段进行试验。首先在激发条件有利、信噪比较高的地段进行，保证获得可靠、有效的试验结论；

(3) 试验从简单到复杂，从已知到未知，循序渐进地进行，有利于分析研究的不断深入。

3. 试验位置选择

(1) 试验点处的地震地质条件具有代表性；

(2) 试验点尽量避开大的断裂构造，所得目的层齐全、连续，便于试验资料的对比分析；

(3) 尽量选在已知钻孔附近。

4. 试验内容

野外试验工作包括检波器一致性试验、噪声分析、可控震源激发参数选择、接收条件选择、观测系统参数的确定等。

1) 噪声分析

通过放空炮的方式分析背景噪声。

2) 检波器一致性试验

本次检波器一致性试验分组交叉进行，一组 24 道进行测试，下一组测试时保留上一组检波器的一半数量作为参考，测试其振幅、相位的一致性。经过筛选，生产使用的检波器振幅、相位和波形一致性良好，满足地震勘探生产要求。

3) 震源激发参数试验

控制性探测阶段选择 M-26 型可控震源（图 2.5），详细性探测阶段选用 KZ-28 型可控震源车（图 2.6），吨位均为 28t。震源参数的试验主要包括扫描频率、震动次数、扫描长度、驱动电平及震源组合等试验，可控震源采用线性升频扫描方式，扫描频率满足起始频率和终止频率之比≥2.5 个倍频程。

(1) 扫描频带范围选择试验。

在扫描长度 12s、震动 8 次情况下分别选取了 10~100、10~110、10~120、15~120、15~110、15~120Hz 等不同扫描频带宽度进行试验，试验结果显示不同频带范围扫描差别不大。为了尽可能确保接收浅部高频信号，同时又尽可能较好获取中、深层的中低频信号，在兼顾震源波形畸变不失真的情况下，最终选择了扫描频带范围为 10~110Hz。

图 2.5　M-26 型可控震源车　　　　　图 2.6　KZ-28 型可控震源车

(2) 震动次数选择试验。

在扫描长度 12s、扫描频带范围 10~110Hz 情况下选择了震动 2、4、6、8 和 10 次进行试验，试验结果表明，震动 8 次的单炮记录反射波丰富，信噪比较高，可以很好地满足生产的需要。

(3) 扫描长度试验。

在扫描频带范围 10~110Hz、震动 8 次情况下选择了扫描时间长度 8、10 和 12s 进行试验，试验结果表明，8~12s 记录差别较小，均能够较好地满足生产的要求。为了确保不同激发频率的能量充分释放，最终选择了 12s 扫描长度。

(4) 驱动电平试验。

根据前面试验结论得到的扫描频带范围 10~110Hz、扫描长度 12s、震动 8 次的参数，对震源驱动电平幅度 55%、65% 和 75% 进行对比试验。从试验单炮可以看出，驱动电平幅度变化对主要反射波的连续性影响差异较小，但震源驱动电平越大能量越高，远道的初至更加清晰，压制噪声效果更好。因此选择驱动电平 75% 进行施工，在特殊障碍物附近时可降低震源出力。

(5) 震源组合试验。

为了确保地震数据采集质量，保证激发能量充足，特准备了两台大型可控震源，分别进行了单台激发和组合激发对比试验。从试验单炮记录可以看出，两台震源得到的单炮记录折射波和反射波能量相对较强，单台震源在浅部的反射波频率明显较高。因此在 CK3、CK5 和 CK7 三条长测线采用两台震源进行数据采集，以获取中深部的地震资料，利于分析断层的下部特征，而 CK1、CK2、CK4 以及 CK6 测线以及详细探测阶段的测线（XK1~XK9）均采用了单台震源进行地震数据采集，以提高浅部分辨率，助于解释确定断层在近地表的精确位置。

(6) 扩展排列试验。

扩展排列试验是获得反射波勘探"最佳接收窗口"的重要依据。为了获取适合目的层深度的工作参数，进行了道间距 3m 的扩展排列试验。

采用道间距 3m、360 道接收，从试验单炮可以看出，可使 600ms 以上的有效地层反射保持有足够的正常时差，有利于地震资料处理时的速度分析，同时也可提高对地下界面的空间采样密度,进而提高地震资料的分辨率,此时,可达到的探测深度范围为30~1000m。

单边240道范围内主要反射界面清晰,反射波组丰富,连续性好,能够在确保采集目的层深度的同时,满足地震资料精细速度分析处理需求。

此次浅层地震勘探分为控制性勘探和详细性勘探两个阶段,两个阶段在不同地震测线上采用的探测参数见表2.1。

表 2.1 浅层地震测线的工作参数一览表

控制性勘探浅层地震测线工作参数

测线名称	观测系统参数				震源参数			仪器采集参数	
	道间距(m)	炮间距(m)	接收道数	覆盖次数	频带(Hz)	扫描长度(s)	震次	采样间隔(ms)	记录长度(ms)
CK1	3	12	360	45	10~110	12	8	0.5	2048
CK2	3	12	360	45		12	8	0.5	2048
CK3	5	15	480	80		12	8	0.5	2048
CK4	3	12	360	45		12	8	0.5	2048
CK5	5	15	480	80		12	8	0.5	2048
CK6	3	12	360	45		12	8	0.5	2048
CK7	5	15	480	80		12	8	0.5	2048
JM5	2	8	360	60		12	6	0.5	1536

详细勘探浅层地震测线工作参数

测线名称	观测系统参数				震源参数			仪器采集参数	
	道间距(m)	炮间距(m)	接收道数	覆盖次数	频带(Hz)	扫描长度(s)	震次	采样间隔(ms)	记录长度(ms)
XK1	3	12	400	50	10~110	12	8	0.5	1536
XK2	3	12	400	50		12	8	0.5	1536
XK3	3	12	436	54		12	8	0.5	1536
XK4	3	12	436	54		12	8	0.5	1536
XK5	3	12	458	57		12	8	0.5	1536
XK6	3	12	460	57		12	8	0.5	1536
XK7	3	12	492	61		12	8	0.5	1536
XK8	3	12	335	41		12	8	0.5	1536
XK9	3	12	400	50		12	8	0.5	1536

四、主要地震数据处理方法

(一) 处理目标及流程

反射地震勘探是由野外数据采集、地震数据处理及数据解释组成的系统工程,三个环节相互配合,才能获取能够用于地质解释的反射地震时间剖面。其中,数据处理是重要的环节。数据处理建立在充分地分析野外原始资料的基础上,针对资料特点确定高信噪比、高分辨率、高保真度的"三高"处理原则,有针对性地制定处理流程并选择了合适的处理参数,对每一个处理环节都进行了质量监控,确保了最终处理成果的质量。

在活断层探测的浅层地震勘探中,主要是尽可能保护和恢复地震记录中的有效高频成分,提高资料的分辨率,以便精确确定断点的位置;另外,有效压制各种干扰波,提高资料的信噪比,使各种构造形变形象能够在剖面上清晰地显现,也是浅层高分辨率地震数据处理的关键。

在资料处理过程中着重强调了以下几点:

(1) 认真检查野外炮点、检波点位置参数,保证准确无误;

(2) 为补偿振幅损失、增强弱反射,进行了球面扩散校正和增益控制处理;

(3) 针对个别测线上单炮记录出现的异常波,通过模拟等手段,认清异常波的具体含义;

(4) 施工区内地震测线地形起伏不大但低速带厚度存在差异,在处理过程中要做好静校正分析工作,确保最终剖面上波组特征明显、地质现象清楚;

(5) 数据处理过程中,在保证反射波组可连续追踪的前提下,尽可能拓宽地震信号的有效带宽,增强对地质构造的分辨能力;

(6) 在数据处理中尽量保持地震信号振幅的真实性和反映构造特征的动力学特点,便于后期资料对反射层位及断层特征的解释。

本研究针对邯东断裂的浅层地震勘探共完成 17 条地震测线,部分测线有一定的弯曲和弧度,总体上地表高差不大。从本区典型单炮可以看出,主要的干扰波为随机噪声、面波、声波和线性干扰,视速度范围在 200~1800m/s,高能干扰主要是面波和声波。地层主要界面反射波信号较强,反射层位较丰富,有效波频率范围在 30~100Hz,主频在 60Hz 左右 (图 2.7)。

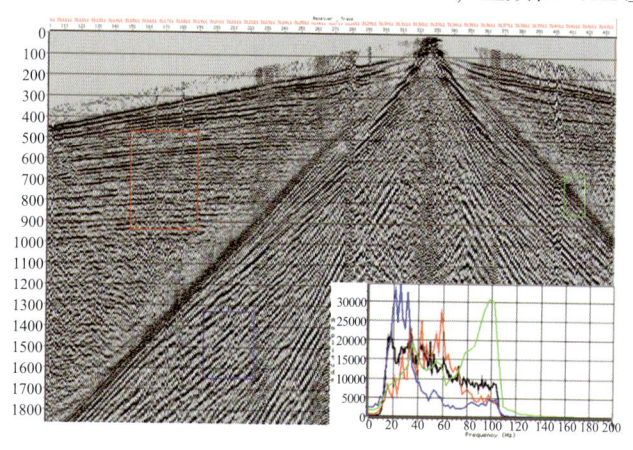

图 2.7 原始记录波场及频谱分析

针对探测区地震资料实际情况，在高保真度要求的基础上选取了适当模块进行处理，对所选用的方法和处理模块进行了充分测试，以选取适合本勘探区资料特点的最佳处理方法和模块，达到资料处理效果最佳。通过对各种数据处理模块的反复测试和处理参数的比，最终确定了适合探测区特点的处理流程，见图2.8。

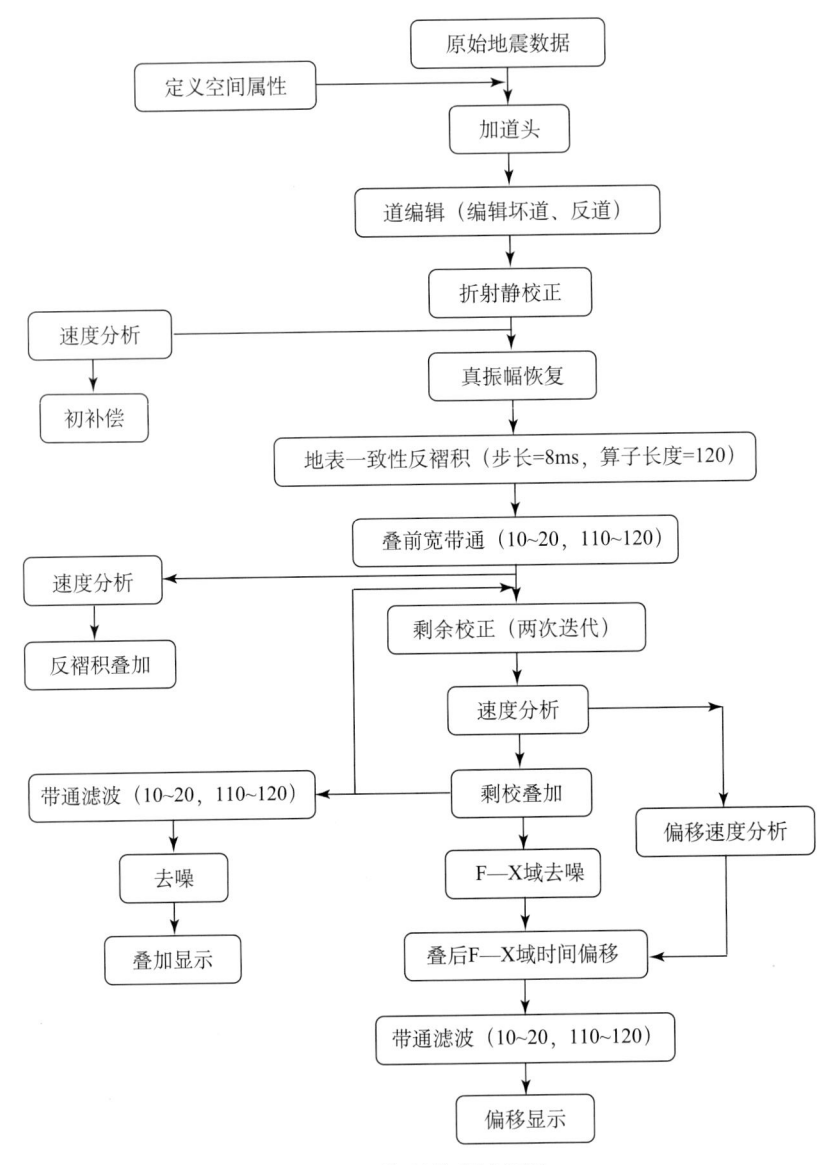

图 2.8 资料处理流程图

（二）主要数据处理方法

1. 二维数据空间属性定义

检波点和炮点的位置准确与否，是能否获得高精度处理结果的基础。在空间属性定义之前，利用原始数据记录信息检查并校正接收排列。空间属性定义好以后，利用多种监控手段确保野外观测系统定义正确，主要通过线性动校正进行检查。首先根据原始班报记录进行检查，对炮集进行校正，根据情况分别进行修正或剔除。观测系统的检查方法和步骤如下：

（1）采用线性动校方法，把初至拉平，在假设排列正确的情况下，准确判别炮点的错误并校正；

（2）在覆盖次数异常的位置仔细检查观测系统，进行精细判别；

（3）在折射静校正后，通过极小点判断炮点位置的准确性。

2. 人机交互式道编辑

人机交互式道编辑是地震资料数字处理中的基础工作，通过大量的人工编辑，剔除原始单张记录中的坏道、坏炮，记录中的野值等不利于地震资料处理的干扰因素，提高资料成像效果。

3. 振幅一致性补偿

振幅补偿主要在两个方面进行，时间方向由球面扩散补偿，横向上由地表一致性振幅补偿，尽量恢复球面扩散及地表因素产生的反射振幅变化，使能量得到合理的补偿。为实现这一目标，处理中采用几何排列补偿技术等多个处理技术对反射振幅进行了补偿。另外，振幅补偿要根据干扰波的衰减情况分阶段进行，以确保补偿的是有效反射信号，使有效信号的振幅在时间和空间方向上趋于一致。振幅一致性补偿后，能量在横向和球面扩散上均得到了补偿，原始记录能够更好地反映真实的地质构造情况。

4. 初至折射静校正

由于地表高程及地表低速带厚度、速度存在横向变化，使得由此产生的地震波旅行时差会对信号的叠加效果产生一定的不利影响，致使反射波同相轴信噪比下降、频率降低，应用合适的静校正处理措施可以消除这种时差。

本次地震勘探施工区内地表起伏不大，低速带厚度变化明显，导致观测到的时距曲线不是一条双曲线，而是一条畸变了的曲线，这就不能正确地反映地下的构造形态。因此必须设法把激发和接收时的地表条件变化所引起的时差找出来，再对其进行校正，使畸变了的时距曲线恢复成双曲线，以便动校后能实现同相叠加。根据原始资料特点，选择固定基准面初至折射静校正进行处理。经过静校正处理后，原始单炮记录初至和反射双曲线光滑、连续，资料的信噪比得到了一定的提高。

5. 叠前去噪

叠前道集的净化处理对叠加成像有较大影响，认真分析干扰波并合理压制对处理结果很关键。根据干扰波的振幅、频率、视速度等属性，以及在不同的处理阶段所表现的不同特征，采用多道统计、单道压制等多种方法分阶段以循序渐进的方式对干扰波进行衰减，原则是去噪要适度，不能损失有效弱信号。本次叠前去噪的主要任务是消除面波、声波、线性干扰等异常干扰波对记录的影响。通过处理，具有不同特征的单张剖面在去噪后，干扰波均得到了较好的压制，有效波层次更加清楚，资料的信噪比得到提高。

6. 地表一致性反褶积

反褶积处理在资料处理中起着压缩子波、提高分辨率、消除地表因素对振幅频率的影响等作用。本次处理中根据实际情况采用了地表一致性反褶积中的预测反褶积处理方法。该反褶积可以从共炮点、共检波点、共偏移距、共CMP道集四个分量进行统计，消除了炮点、检波点、CDP点和炮检距几个方向上滤波器的混合效应，求出的反褶积因子比较平稳，反褶积后地震记录的子波振幅、频率、相位的一致性较好，便于统计子波更好地压缩地震子波。地表一致性预测反褶积方法是在去噪后的单炮上进行的，该反褶积方法有效提高了单炮记录的分辨率，拓宽了频带范围，取得了较好的处理效果。

7. 剩余静校正

自动剩余静校正是数据处理常规程序之一，属于反射波剩余静校正方法。自动剩余静校正是基于地表一致性假设的，它是实现叠加的一项重要的基础工作，直接影响叠加效果，决定叠加剖面的信噪比和纵向分辨率，同时又影响叠加速度分析的质量，而且能够消除由于静校正量不足导致的地质构造假象。剩余静校正是在长波长静校正解决后解决小的剩余静校正量。本次剩余静校正采用了"速度分析—地表一致性剩余静校正"多次迭代技术，消除地表一致性的剩余静校正量。经过剩余静校正处理后，同相轴的连续性有明显改善，剖面品质进一步提高，信噪比得到了明显增强。

8. 速度分析

速度分析工作是地震资料处理中的一个重要环节，只有速度求准了，处理和解释的质量才有可靠的保证。速度分析选择常速扫描，该方法求取叠加速度的步骤是由小到大，按间隔给定速度值，做每一个速度值的叠加剖面并按一定顺序排列起来，比较分析某一速度的叠加剖面来求取速度。该方法的优点是根据叠加同相轴的横向连续性直观地反映有效波同相轴叠加成像效果，此方法处理工作量大，但精度高，常速扫描法可更准确地拾取到叠加速度值。

在速度分析试处理工作中，先按60m的间隔来拾取速度，进行初叠加，然后根据叠加剖面的效果和构造形态增设速度分析点。叠加速度与剩余静校正的求取是相辅相成的，精确的速度有利于正确地求解剩余静校正量。因此在完成一次剩余静校正后，进一步做速度分析，反复迭代直至得到较准确的速度信息和满意的叠加剖面。

9. 叠后偏移

偏移的目的是使倾斜界面反射归位到地下真实位置、绕射波收敛和波的干涉现象分解，从而正确地反应地下构造形态及其变化情况。目前偏移测试有很多方法，如F—XY域叠后时间偏移、Kirchhoff积分偏移和Stolt FK偏移等，经过对比本研究最终采用F—X域叠后有限差分偏移。偏移的效果主要决定于偏移速度，处理过程中选用叠加速度经过转换建立偏移速度模型，并进行了反复测试和调整。经过偏移后，时间剖面分辨率高，能量强，归位准确。

五、地震资料解释

野外原始地震记录经过室内资料处理后，便可得到反映地下不同地质结构特征的地震反射时间剖面和速度分析结果图，这些图件从不同的方面反映了地下地层结构的物性特征。浅层地震探测的资料解释工作主要包括：地震反射波叠加时间剖面分析与对比、时间剖面深度转换、绘制深度解释剖面图以及断层判定、断层的平面展布。

资料解释工作是在专用地震解释工作站上进行。使用工作站解释系统时，以人工解释为基础、以工作站人机联作解释为工具，按照由粗到细、由剖面到平面的顺序逐步进行资料解释。

(一) 反射波层位的标定

如何将浅层地震勘探获得反射地震时间剖面和实际地层关联起来尤为关键，只有赋予地质属性的地震反射波组才对断层时代的判定有意义，才能真实地反应地下构造特征和地层形态。

本研究中浅层地震资料的第四纪地层解释主要是依据邻区内已有钻孔资料来展开，根据反射波的强弱关系以及连续性，对各条地震测线上主要反射层进行了标定（图 2.9 至图 2.11）。而对前第四纪地层的标定是参考区内石油地震时间剖面并结合各条地震测线上综合地震反射波（组）特征来进行标定的。

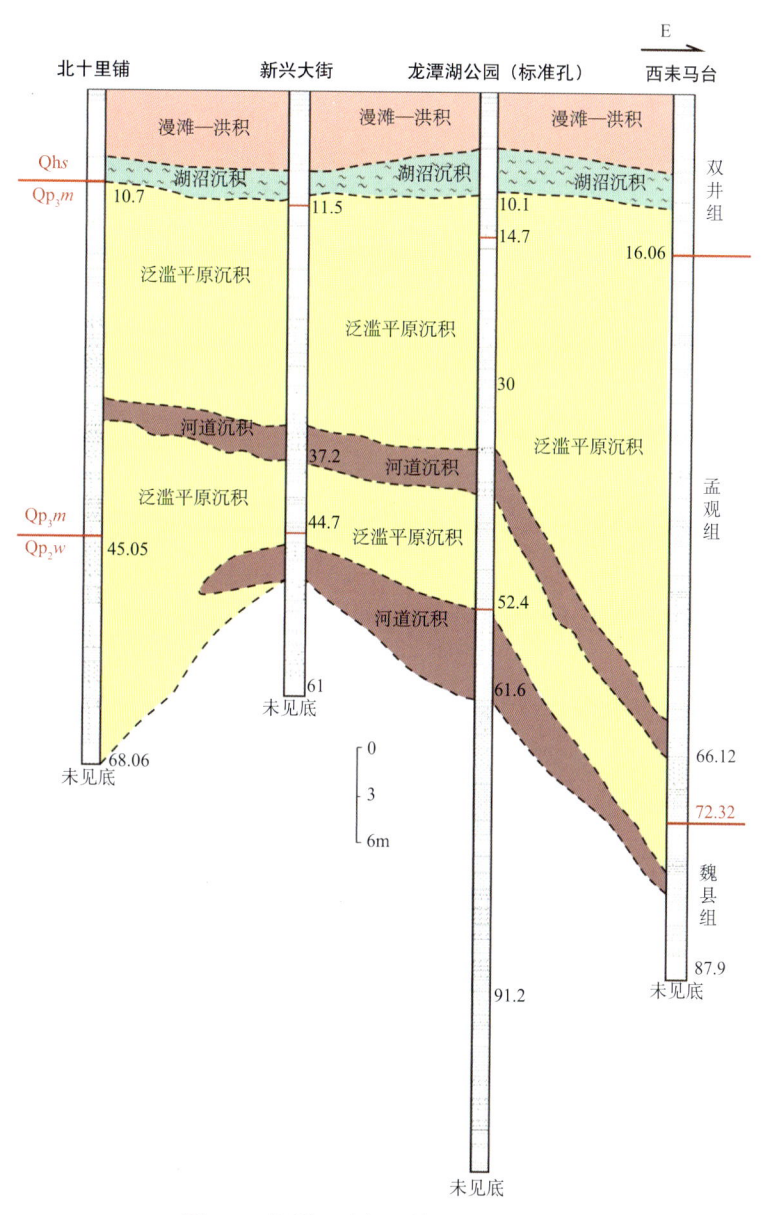

图 2.9 探测区及邻区钻孔联合剖面图

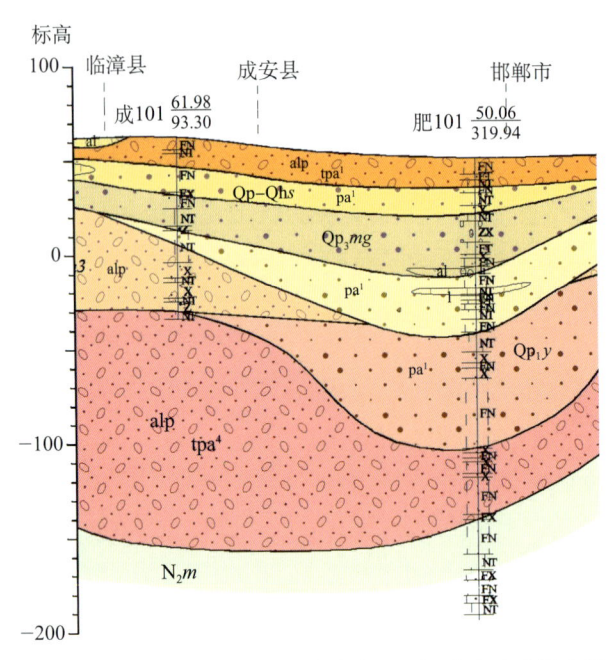

图 2.10　第四纪地层结构剖面图（邯郸市幅）（河北省地质调查院，2014）

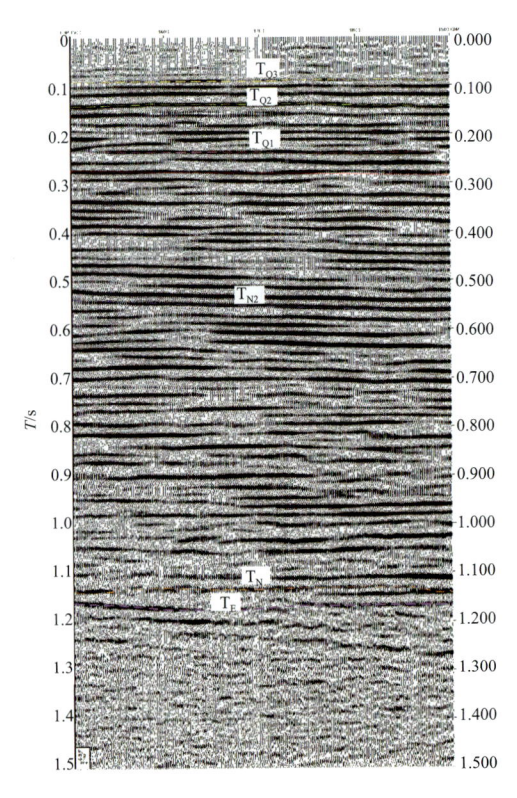

图 2.11　本研究中浅层地震资料标准反射波标定

本区共标定第四系内部反射波组 3 层（T_{Q3}、T_{Q2} 和 T_{Q1}），标定前第四纪地层反射波组 3 个：新近系内部反射层 T_{N2}、新近系底界反射层 T_N 和古近系内部反射层 T_E。

（二）反射波对比原则

地震资料解释首先是进行波的对比，以地震时间剖面为基础，根据相邻地震道反射波形的相似性、同相性、连续性、振幅、频率特征及波组间的相互关系等多种参数进行对比追踪，对不能在全剖面连续追踪的反射波组进行局部对比。在有已知地质资料和钻探资料时可大大提高对比的可靠性。

（三）断层的判别及解释

断层解释首先要在已经获得的地震时间剖面上进行断点的判别。在地震时间剖面上，解释断点的依据为反射波（波组）同相轴的错断、分叉合并、扭曲及同相轴产状突变等。

1. 反射波同相轴错断

这一般是大、中型断点在时间剖面上的基本表现形式，具体表现为某一标准反射波的错断或一组反射波组的错断，而且断点两侧波组关系稳定。

2. 同相轴形状突变、反射凌乱或出现空白带

通常是大型断点在时间剖面上的主要表现形式，这是由于断层的出现引起断层两侧地层产状受力的作用产状突变，同时由于大断层一般伴随着较宽的断层破碎带以致造成地层反射波能量的减弱甚至出现空白带；另一方面，由于断层面地层结构的变化所产生的能量屏蔽和射线畸变作用，从而出现反射的凌乱现象。

3. 反射波同相轴强相位转换

这一般是中、小断层的反映。它表现为全区稳定的一组强相位在追踪过程中突然消失，随后是相位的上窜或下移，并且保持稳定。

4. 反射波同相轴发生扭曲、分叉或合并等现象

这是小断层的典型表现特征，由于小断层断距小，错断特征不明显，导致反射波同相轴发生扭曲、分叉或合并等现象。

（四）断层上断点分析

断层上断点的发育特征是判断其活动地质年代的重要依据之一。在地震时间剖面上解释断层上断点的最新活动年代，主要是根据断层切割的浅部地震反射波所代表的地质层位来进行分析的。断层上断点的发育特征及切割层位常常受区域表、浅层地震地质条件的影响，如表层震源激发点位置处的介质、浅部地层的松散程度等，会影响激发能量和浅部地层反射波的频率，导致上断点越靠近浅部越难识别。另外，受制于纵波速度较快、激发能量大、表浅部地质层位波阻抗差异小等因素，导致表浅部难以获得有效反射波，因此当断层上断点越浅时，对上断点的位置判别会越困难。也就是说，当断层埋深很浅时，由于地震勘探方法得到的上断点埋深有可能大于实际的断层上断点深度。

（五）构造相关性分析

本次浅层地震勘探工作主要控制的断层为邯郸东裂，该断裂为区域性断裂，沉积构造边界，具有同生长特点，断裂的断距在深部比较大，在浅部较小，断层两盘差异明显，因此在

地震时间剖面上的特征较明显，不同地震测线上的同一断裂易于相关并组合。一般情况下，区域性大规模的断层通常是经过长时间以及多期次构造运动作用下形成的，在不同区域位置切割的地层也有所差异，所以同一条断层在不同地震时间剖面上的构造特征也可能会有所差别。另外，区域性断层通常都是以断层带的形式出现，一条较大的主断裂附近可能有多条相似的伴生断裂。所以对断层在时间剖面上构造特征的相关性进行分析，对断层的准确判断和组合有重要意义。

（六）速度分析与深度剖面图编制

在地震勘探工作中，常用穿过地震测线的钻孔资料结合地震反射时间来求取地层的平均速度。在没有钻孔资料时，速度分析工作充分利用了地震处理过程中的层析速度、叠加速度和均方根速度。

为了更广泛地获取本区地层横向变化的速度资料，在地震资料处理中进行了大量的速度扫描，速度谱点的密度为60m，获取了大量丰富的速度分析资料。利用DIX公式，将叠加速度转换为层速度，进而求取平均速度，进行速度拟合，得出能够反映地震测线上速度变化规律的速度图。本节给出了6条测线的场点平均速度图，见图2.12至图2.17，从图中可以看出由浅部地层向深部地层中的速度变化梯度，以及速度在横向上的变化。地震波速度的变化，在某种程度上反映的是地层介质的变化，因此也可以用来辅助判别构造。利用求取的平均速度，根据地震波运动学原理，由地震波传播不同深度处的时间 $t/2$ 与平均速度 v 乘积之和即可完成时深转换，从而获得深度剖面图。

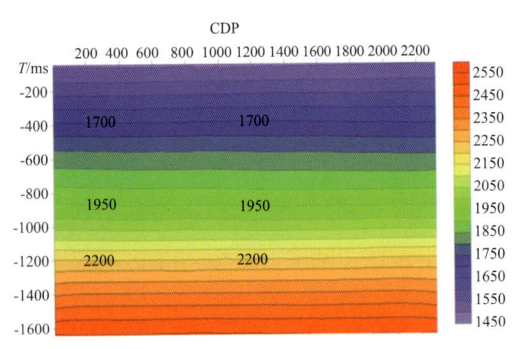

图2.12　CK1线平均速度图板

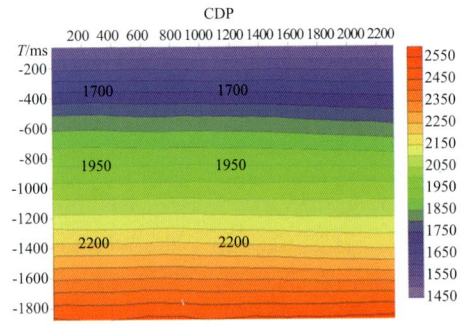

图2.13　CK2线平均速度图板

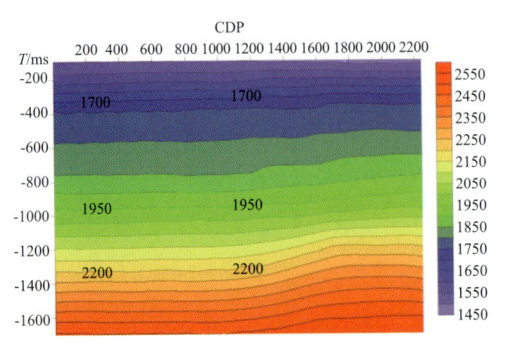

图2.14　CK3线平均速度图板

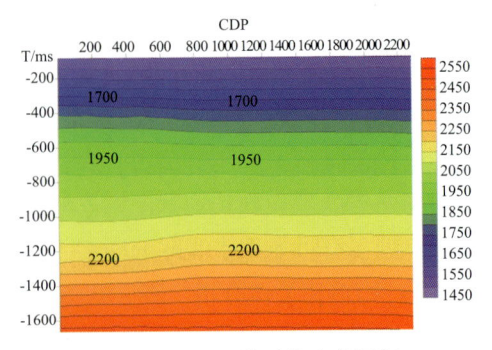

图2.15　CK5线平均速度图板

图 2.16　XK3 测线平均速度图板　　　　　图 2.17　XK4 测线平均速度图板

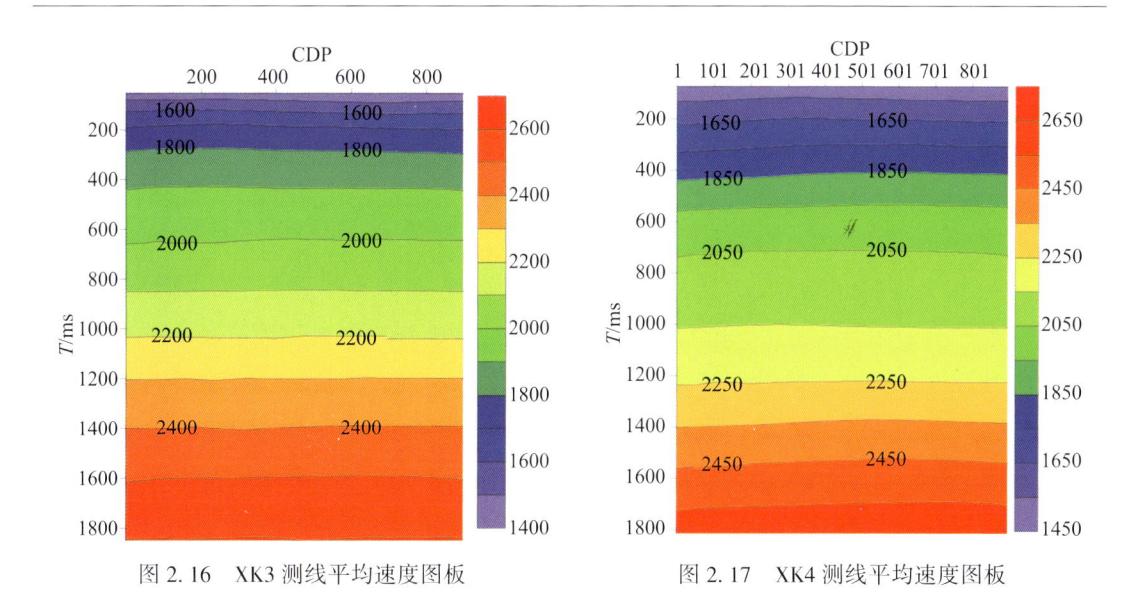

第二节　控制性浅层人工地震勘探

一、浅层人工地震勘探测线布设依据和原则

测区位于邯郸市东部郊区，在石油地震勘探过程中，华北石油勘探局有 7 条测线通过邯东断裂（图 2.18），根据石油地震剖面分别绘制了邯东断裂平面分布图，作为本次控制性浅层地震勘探测线的依据。石油地震测线给出了错断 K+J 和 Q+N 底界的断层，其中石油地震剖面中穿越测区南部的 QX00—R—137 和中部的 QX00—363 两条测线具有代表性（图 2.19、图 2.20），但是断层在石油剖面的浅部信息不明显，因此，亟需浅层人工地震勘探测线给出断点的准确位置。

测线间距以《中国地震活动断层探测技术系统技术规程》（JSGC—04）要求为前提，以邯东断裂为目标，测线的布设基本分为三个步骤进行：首先在控制性浅层地震勘探阶段布置了 4 条长测线，对邯东断裂在整个探测区的展布进行了基本的控制后，再根据控勘长测线确定的邯东断裂的位置，进行密度稍大的控勘测线加密，前两步基本控制了邯东断裂在探测区内的展布；最后根据控勘阶段的成果，根据存在的问题和详勘测线的密度要求，布置详勘测线。在以上原则布设浅层地震勘探测线后，对每条测线都进行了野外现场踏勘，根据现场条件对每条测线都做了调整。

华北石油勘探局给出的邯东断裂为西倾的正断层，且新生界底界错动明显，测区内新生界底界比较平整，而下伏地层产状变化剧烈。

浅层地震勘探分为控制性勘探和详细勘探两个阶段。

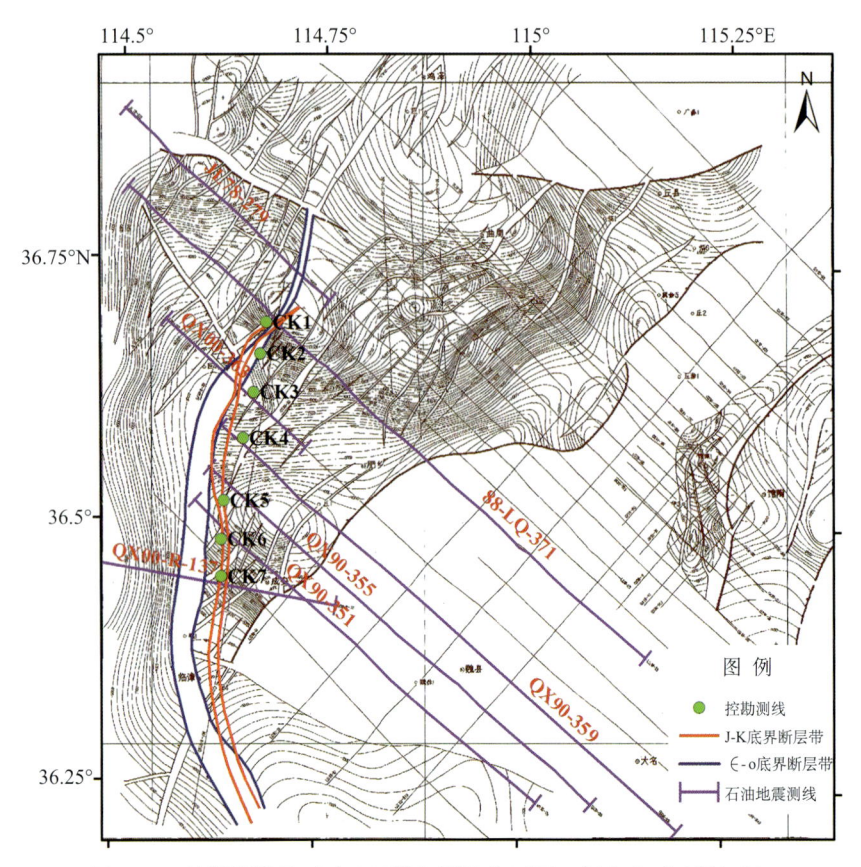

图 2.18 控勘测线及石油地震勘探测线位置图（据华北石油勘探局）

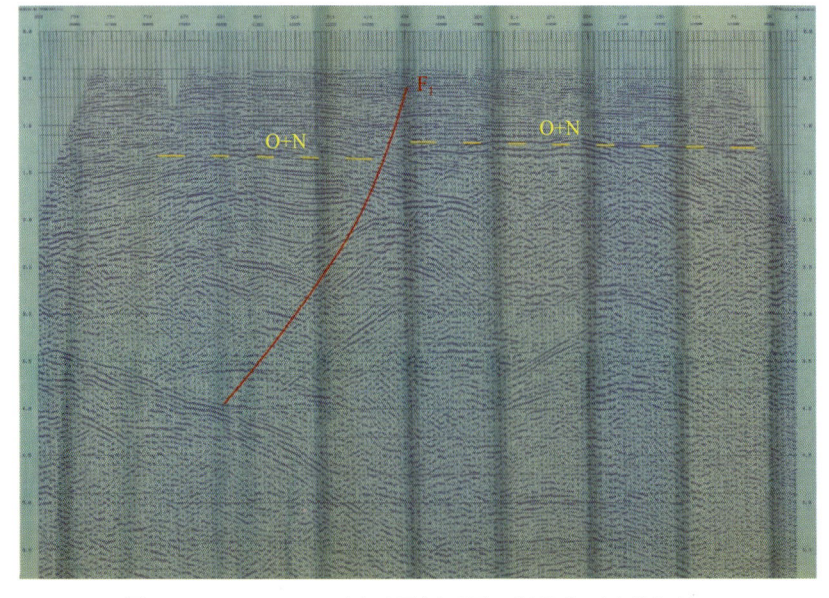

图 2.19 QX90-363 石油地震剖面图（据华北石油勘探局）

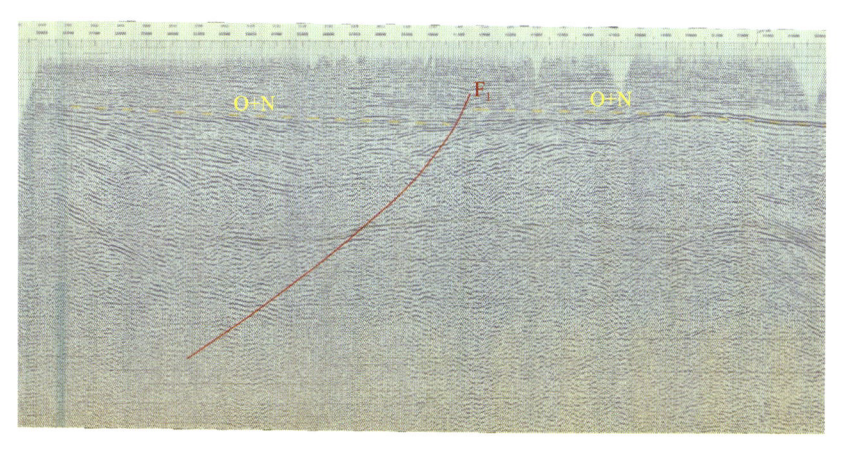

图 2.20　88-LQ-371 石油地震剖面图（据华北石油勘探局）

二、控制性浅层人工地震勘探剖面

控制性勘探完成了 7 条地震测线和 1 条加密道距的试验测线。其中长测线为 CK3、CK5 和 CK7，CK1、CK2、CK4、CK6 为短测线，而 JM5 测线为试验测线。测线走向均与已知断层走向近垂直，由北向南覆盖整个探测区（图 2.21）。目标断层为邯东断裂，剖面中邯东断裂命名为 F_1。现按照长剖面和短剖面的顺序将各条地震测线地震时间剖面解释如下。

（一）CK3 地震测线

该测线为长测线，图 2.22 为 CK3 测线的地震时间剖面和地质解释图。剖面显示，第四系以及新近系内部岩层产状整体比较平缓，新近系与上覆地层呈平行不整合接触，其内部沉积稳定，反射界面比较丰富；新近系下伏地层反射信息较弱，古近系岩层变形强烈，断层上盘古近系较厚，断层下盘古近系与新近系呈角度不整合接触。该时间剖面上解释了 6 个主要反射界面（T_{Q3}、T_{Q2}、T_{Q1}、T_{N2}、T_N 和 T_E），解释了一个断点 F_1，正断层，倾向西，由于测线与断层迹线呈斜交，因此视倾角相对较缓，约 50°~60°，可分辨上断点埋深约 166m。时间剖面显示该断层浅部错断了 T_{Q1} 界面，T_{Q1} 界面断距约 11m，T_{Q2} 界面未见明显错断，断层下部错断了古近系内部界面 T_E。断层具有典型的同沉积特点，其上盘相同地层厚度明显大于下盘。可分辨上断点错断了第四系内部界面 T_{Q1}，推测认为该断裂应为一条第四纪断裂。

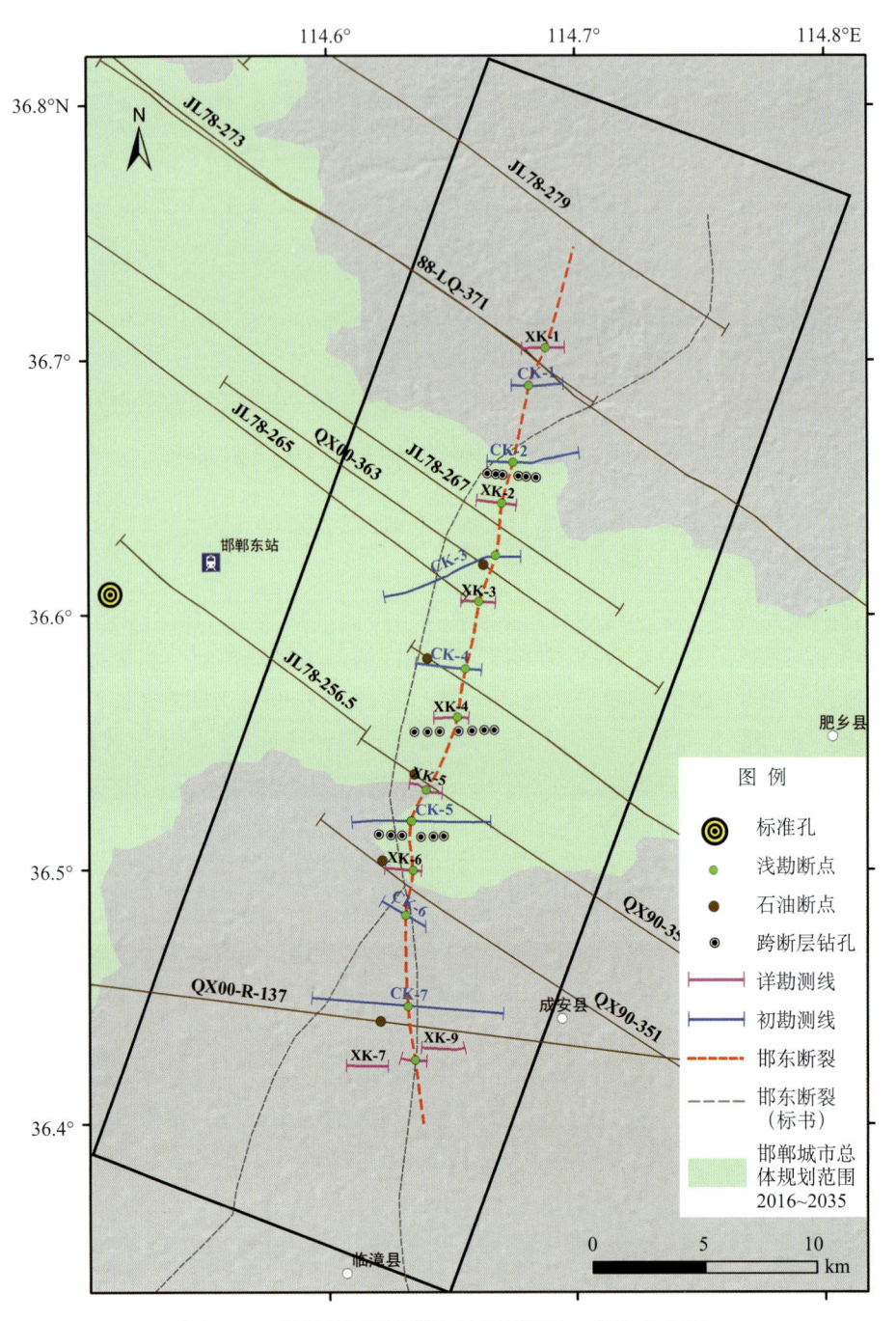

图 2.21 控制性探测和详细性探测测线、断点分布图

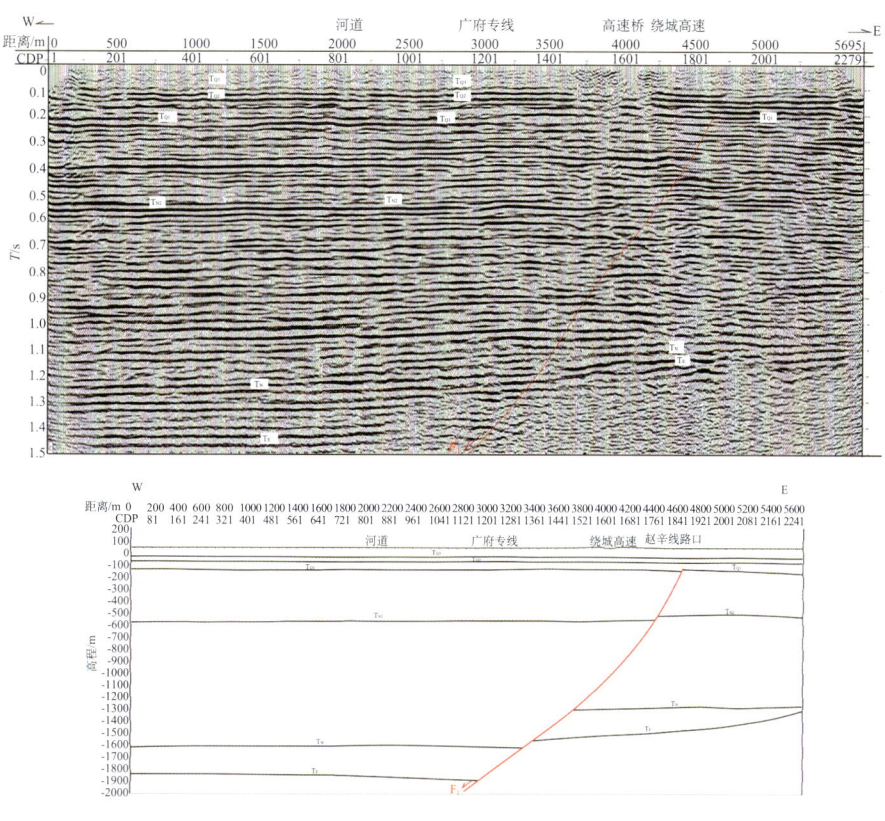

图 2.22　CK3 线浅层地震反射时间剖面和地质解释剖面图

(二) CK5 地震测线

该测线为长测线，图 2.23 为 CK5 测线资料处理得到的时间剖面图和深度解释剖面图。该时间剖面上解释了 6 个主要反射界面（T_{Q3}、T_{Q2}、T_{Q1}、T_{N2}、T_N 和 T_E），解释了一个断点 F_1，高角度正断层，倾向西，视倾角 65°~75°，可分辨上断点埋深约 105m。时间剖面显示该断层浅部错断了 T_{Q2} 界面，T_{Q2} 界面断距约 4m，断层下部错断了新近系底界面 T_N。断层具有典型的同沉积特点，其上盘相同地层厚度明显大于下盘。可分辨上断点错断了第四系内部界面 T_{Q2}，推测认为该断裂应为一条第四纪断裂。

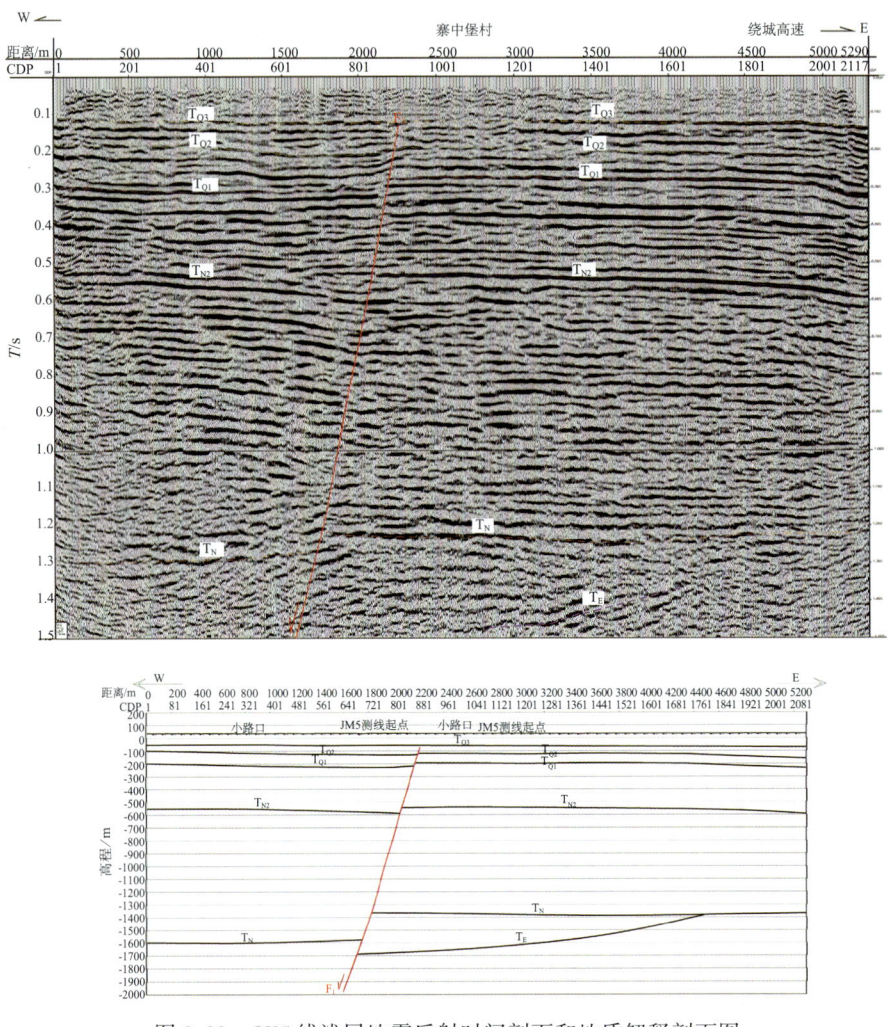

图 2.23　CK5 线浅层地震反射时间剖面和地质解释剖面图

(三) CK7 地震测线

该测线为长测线，其布设和解释主要参考 QX00-R-137 石油地震剖面，剖面显示新近系底界清晰连续，邯郸断裂深部构造清晰，且向上延伸至新近系底界附近未见有明显分支（图 2.24）。

图 2.25 分别为 CK7 测线资料处理得到的时间剖面图和深度解释剖面图。剖面上解释了 5 个主要反射界面（T_{Q3}、T_{Q2}、T_{Q1}、T_{N2} 和 T_N），解释了一个断点 F_1，高角度正断层，倾向西，视倾角 50°~65°，可分辨上断点埋深约 110m。时间剖面显示该断层浅部错断了 T_{Q2} 界面，T_{Q2} 界面断距约 6m，断层下部错断了新近系底界面 T_N。断层具有典型的同沉积特点，其上盘相同地层厚度明显大于下盘。可分辨上断点错断了第四系内部界面 T_{Q2}，推测认为该断裂应为一条第四纪断裂。

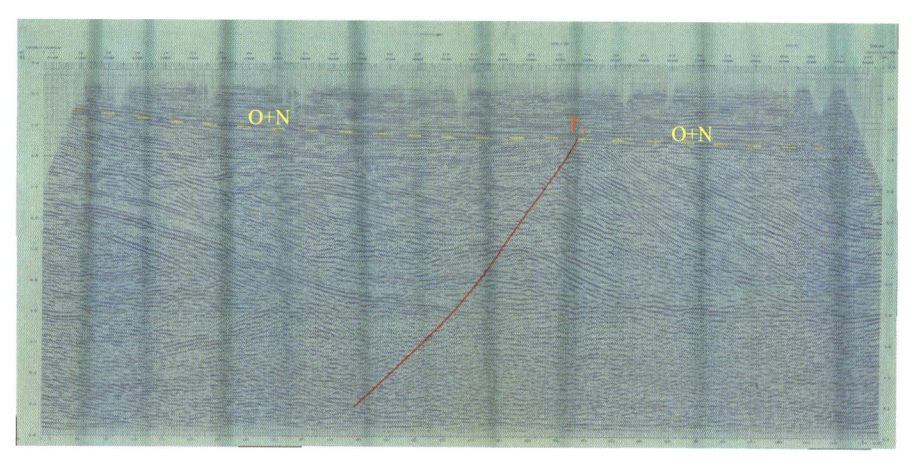

图 2.24 QX00-R-137 石油地震剖面

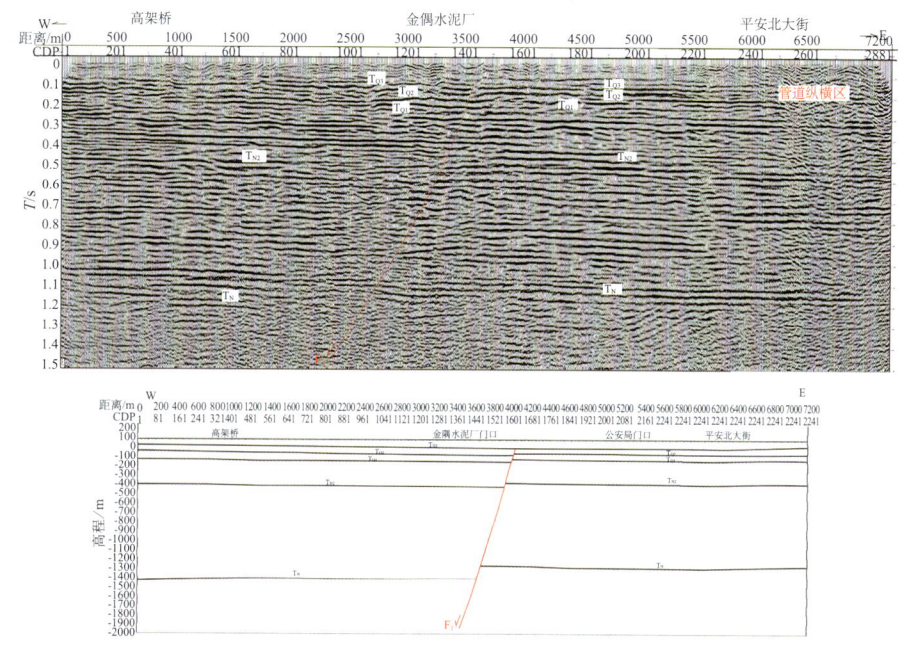

图 2.25 CK7 线浅层地震反射时间剖面和地质解释剖面图

（四）CK1 地震测线

该测线为短测线，图 2.26 为 CK1 测线资料处理得到的时间剖面图和深度解释剖面图。测线剖面显示，第四系以及新近系内部岩层产状整体比较平缓，新近系下伏地层反射信息较弱，古近系岩层变形强烈，其与新近系呈角度不整合接触，靠近断层面厚度大。该时间剖面上解释了 6 个主要反射界面（T_{Q3}、T_{Q2}、T_{Q1}、T_{N2}、T_N 和 T_E），解释了一个断点 F_1，高角度正断层，倾向西，视倾角 60°~70°，可分辨上断点埋深约 190m。T_{Q1} 界面断距约 17m，T_{Q2} 界面未见明显错断。断层下部错断了新近系底界面 T_N。根据可分辨上断点错断了第四系内部界面 T_{Q1}，推测认为该断裂应为一条第四纪断裂。

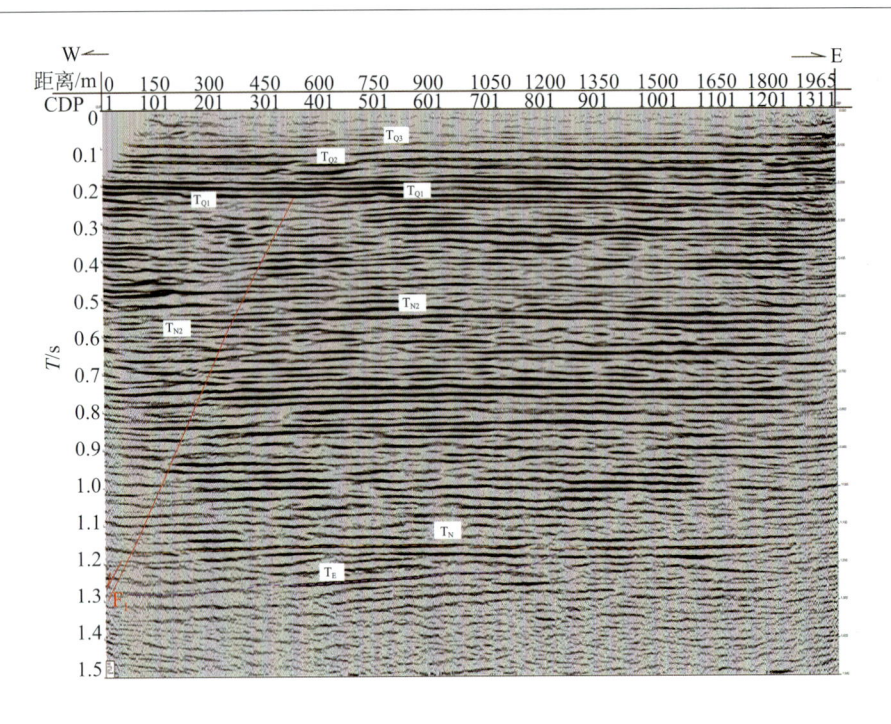

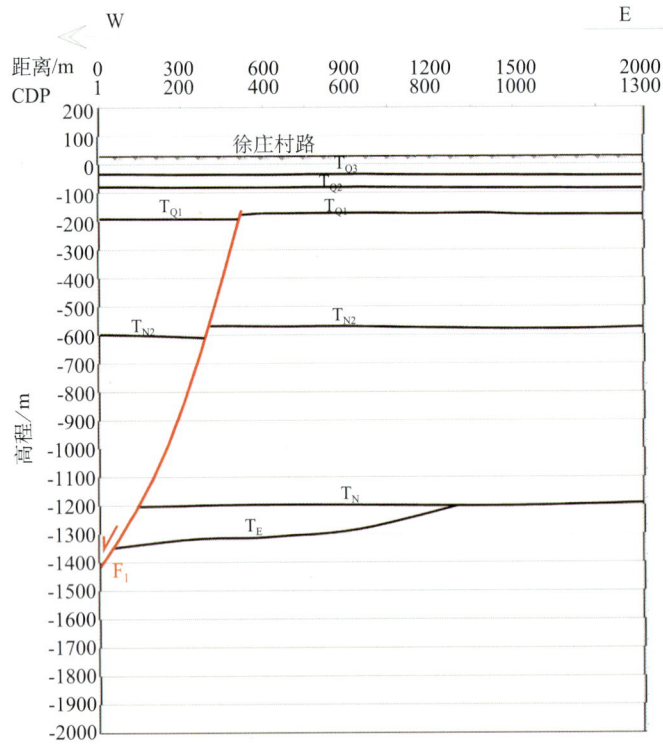

图 2.26 CK1 线浅层地震反射时间剖面和地质解释剖面图

（五）CK2 地震测线

该测线为短测线，图 2.27 为 CK2 测线资料处理得到的时间剖面图和深度解释剖面图。该时间剖面上解释了 6 个主要反射界面（T_{Q3}、T_{Q2}、T_{Q1}、T_{N2}、T_N 和 T_E），解释了一个断点 F_1，高角度正断层，倾向西，视倾角 $60°\sim75°$，可分辨上断点埋深约 107m。时间剖面显示该断层浅部错断了 T_{Q2} 界面，T_{Q2} 界面断距约 3m，T_{Q3} 界面错断不明显。断层下部错断了新近系底界面 T_N。断层具有典型的同沉积特点，其上盘相同地层厚度明显大于下盘。可分辨上断点错断了第四系内部界面 T_{Q2}，推测该断裂应为一条第四纪断裂。

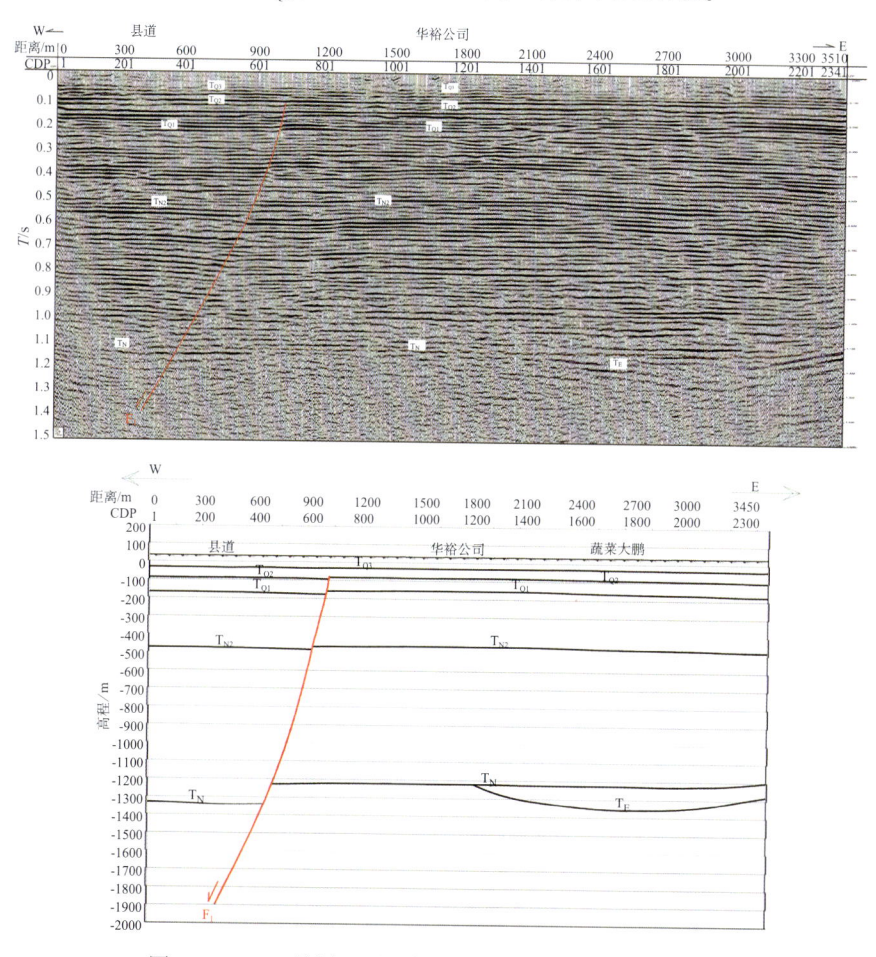

图 2.27　CK2 浅层地震反射时间剖面和地质解释剖面图

（六）CK4 地震测线

该测线为短测线，图 2.28 为 CK4 测线资料处理得到的时间剖面图和深度解释剖面图。第四系内部岩层产状整体比较平缓。该时间剖面上解释了 4 个主要反射界面（T_{Q3}、T_{Q2}、T_{Q1} 和 T_{N2}），解释了一个断点 F_1，高角度正断层，倾向西，视倾角 $65°\sim75°$，可分辨上断点埋深约 270m，断层浅部错断了 T_{N2} 界面，T_{N2} 界面断距约 25m，T_{N2} 界面以上地层连续性较好，未见明显错断。可分辨上断点错断了新近系内部界面 T_{N2}，推测认为该断点活动性较弱。

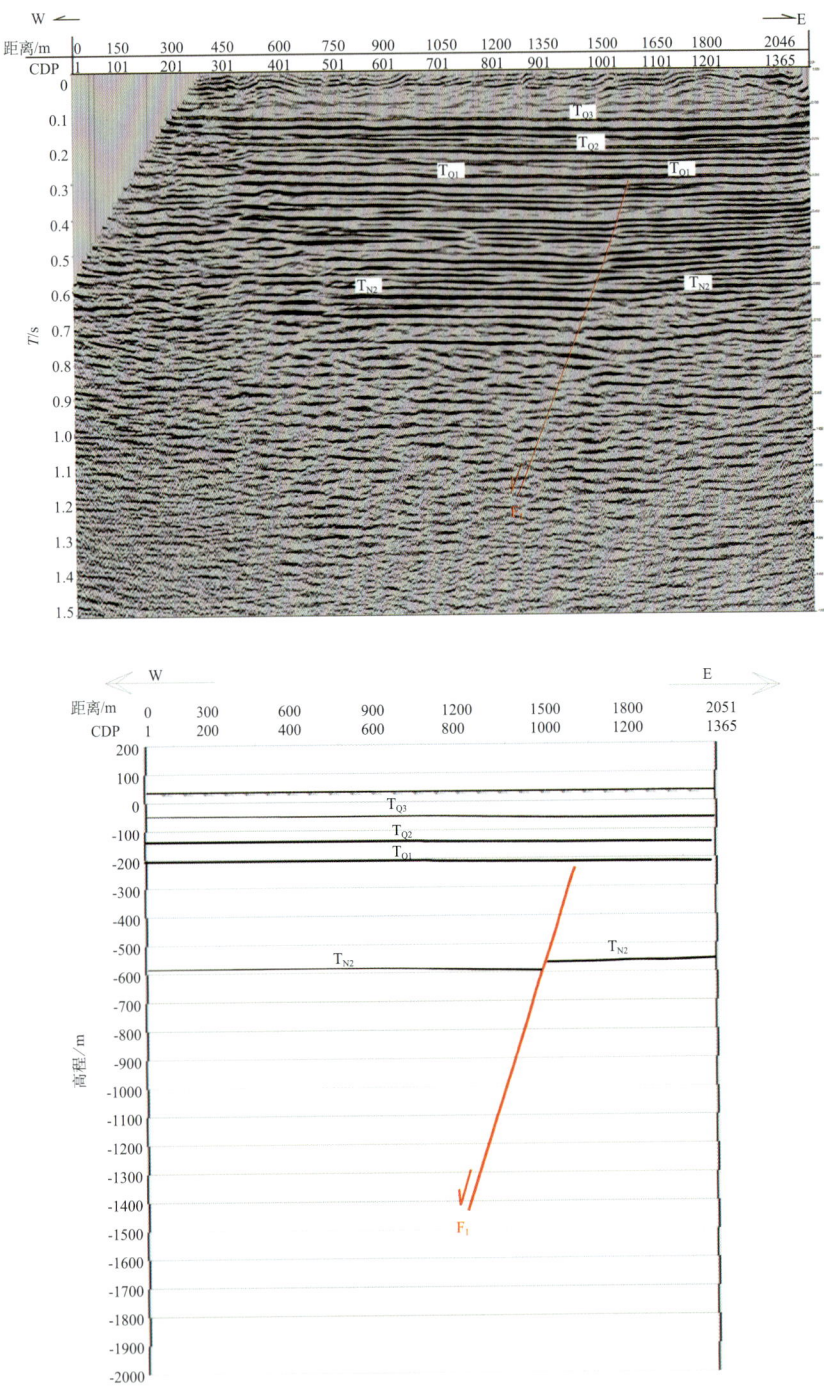

图 2.28 CK4 浅层地震反射时间剖面和地质解释剖面图

（七）CK6 地震测线

该测线为短测线，图 2.29 为 CK6 测线资料处理得到的时间剖面图和深度解释剖面图。

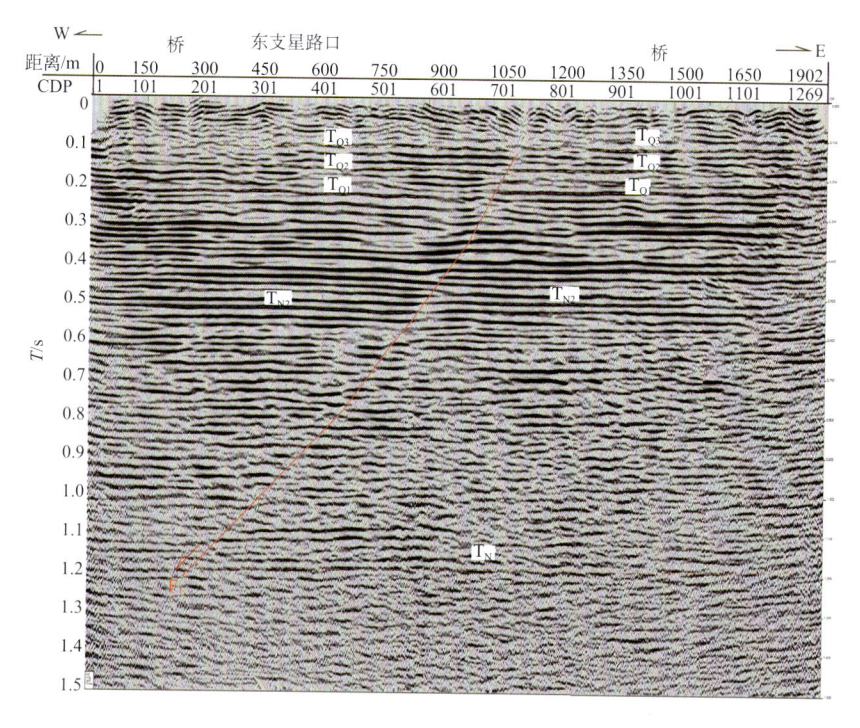

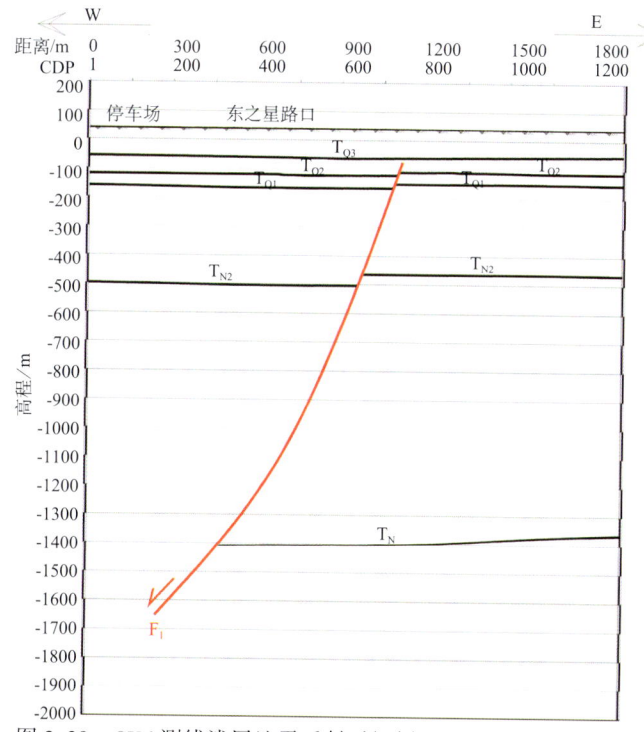

图 2.29　CK6 测线浅层地震反射时间剖面和地质解释剖面图

该时间剖面上解释了 5 个主要反射界面（T_{Q3}、T_{Q2}、T_{Q1}、T_{N2} 和 T_N），解释了一个断点 F_1，正断层，倾向西，视倾角约 50°~65°，可分辨上断点埋深约 100m。时间剖面显示该断层浅部错断了 T_{Q2} 界面，T_{Q2} 界面断距约 8m。可分辨上断点错断了第四系内部界面 T_{Q2}，推测认为该断裂应为一条第四纪断裂。

（八）JM5 试验地震测线

在长测线 CK5 测线中部、跨断层布设了 JM5 试验地震测线，该测线和 CK5 测线 CDP702-1084 重合，JM5 试验地震测线采用道间距 2m，炮间距 5m，图 2.30 为 JM5 测线的

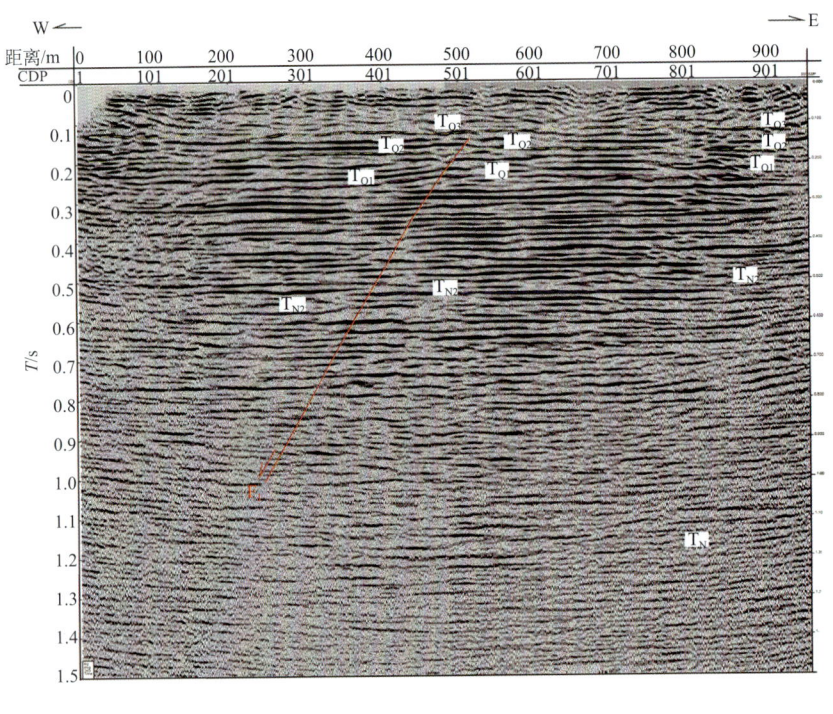

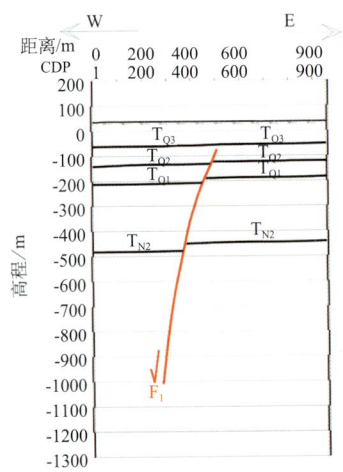

图 2.30　JM5 测线浅层地震反射时间剖面和地质解释剖面图

地震时间剖面图和深度解释剖面图。从反射时间剖面可以看出，道间距 2m 的时间剖面所反映的剖面浅部细节要比道间距 5m 的探测清楚很多，特别是 150ms 以上地层反射的分辨率明显提高，这有利于判定断层的上断点的位置。

三、控制性浅层人工地震勘探结果

调查测线控制范围内有无隐伏断层的存在和断层的位置是浅层地震勘探的主要目的。本次跨邯东断裂共设计了 8 条地震测线，根据剖面所揭示的地层反射波组特征，邯东断裂在测线上的特征是非常清楚的，在这 8 条测线的地震反射时间剖面上共解释了 8 个错断特征明显的断点，表 2.2 给出了它们在相应剖面上的位置、上断点深度及断距等参数。

由跨邯东断裂的地震反射时间剖面上来看，测线所经过地段的地层界面反射是非常丰富。在一些激发和接收条件较好的浅层地震测线上，都能在剖面双程时 90~120ms 看到深度约 80m 的 T_{Q3} 反射面，既确定断层的位置又为后面的钻探获取活动性提供了基础资料。

表 2.2 横跨邯东断裂的浅层地震剖面断点参数表

测线名称	断点编号	性质	断点位置（CDP/桩号）	视倾向	视倾角	断距	可分辨的上断点埋深（m）	可靠性
CK1	F_1	正	347/1219	W	60°~70°	17m（T_{Q1}）	190	可靠
CK2	F_1	正	676/1353	W	60°~75°	3m（T_{Q2}）	107	可靠
CK3	F_1	正	1853/1957	W	50°~60°	11m（T_{Q1}）	166	可靠
CK4	F_1	正	1030/1650	W	65°~75°	25m（T_{N2}）	270	可靠
CK5	F_1	正	903/1472	W	65°~75°	4m（T_{Q2}）	105	可靠
CK6	F_1	正	736/1388	W	50°~65°	8m（T_{Q2}）	100	可靠
CK7	F_1	正	1433/1737	W	50°~65°	6m（T_{Q2}）	110	可靠
JM5	F_1	正	517/1284	W	70°~75°	4m（T_{Q2}）	106	可靠

图 2.21 为控制性勘探得到的邯东断裂的分布图。图中蓝色测线为控勘阶段完成的地震测线，紫色测线为根据控勘结果设计并经过实际踏勘布设的详勘测线。控勘阶段 8 条测线均揭示了邯东断裂的存在，均为邯东断裂的主断点，说明邯东断裂为一条主断裂构成的边界断裂，综合分析认为邯东断裂是一条西倾，走向近北北东的高角度正断裂。可分辨上断点均延伸至第四系内部，南边较北边埋藏浅，邯东断裂应是一条第四纪断裂。但是控勘阶段的 CK7 测线地震时间剖面上，对断裂的解释存在异议，CK7 为最南部的测线，该断点的确定决定了邯东断裂在南部的分布，这是详勘阶段需要解决的问题。

第三节　详勘阶段浅层人工地震勘探

一、详勘阶段浅层人工地震勘探测线布设

第二节给出了控制性勘探阶段成果，也给出了断裂的活动性初步鉴定结果，邯东断裂浅部错断了 T_{Q3} 界面，因此，详勘阶段的探测与评价主要集中在断层的活动性上。从图 2.21 上可以看出，控制性勘探阶段得到的断层分布有如下不足之处，需要详勘阶段解决：①浅层地震勘探测线密度未达到《活动断层探测》（GB/T 36072—2018）要求；②邯东断裂在探测区南部向南如何延伸；③邯东断裂在探测区北部向北如何延伸；④钻孔联合剖面探测之前，需要布设小道间距浅层地震勘探，以便为选址提供依据。

为解决以上问题，沿控制性勘探得到的邯东断裂的展布，布设了 9 条浅层地震勘探测线（图 2.21），其中，沿邯东断裂布设的 XK2、XK3、XK4、XK5、XK6，主要目的是加密测线，以满足《活动断层探测》（GB/T 36072—2018）要求；XK7 测线布设在探测区南部，原本设计布设一条长测线，解决邯东断裂在探测区南部向南如何延伸的问题，但限于现场条件的限制，只能布设成三条短线即 XK7、XK8、XK9。XK1 测线布设在探测区北部，解决邯东断裂在探测区北部向北如何延伸的问题。此外，根据需要和实际情况选定钻孔联合剖面位置，做小道间距浅层地震勘探。

二、详勘阶段浅层人工地震勘探剖面

根据控勘阶段的试验结果，为提高地震资料的信噪比，详勘阶段采用了 3m 道间距、12m 炮间距的观测系统，具体参数见表 2.1。探测结果表明：采用上述工作参数不但可保证剖面反射波的信噪比和分辨率，而且也有利于提高目的层深度以上反射波的速度提取精度。当采用道间距过大、排列长度较长时，将会降低地震资料的分辨率，特别是降低剖面浅部反射波的信噪比。当采用的道间距过小、排列长度较短时，在相同的激发和接收条件下，尽管可保证地震剖面的信噪比，但利用获得的资料求取叠加速度时精度降低。

当地震测线沿公路或在市区外界干扰较强的地段上工作时，采用了抗干扰的地震方法。在这种情况下，为了保证可控震源有足够的激发能量和较宽的激发频率，采用了较宽的扫描频带和 28t 的震源出力。

地震数据处理在地震勘探中占有十分重要的位置。在本次浅层地震勘探的室内资料处理中，结合不同测线上所获得原始地震记录情况，在地震数据处理中利用处理集群能量强大的特点，取得了良好的效果。

三、详勘阶段浅层人工地震勘探结果

详勘阶段跨邯东断裂完成了 9 条浅层地震勘探测线，根据剖面所揭示的地层反射波组特征，在这 9 条测线的地震反射时间剖面上共解释了 7 个错断特征明显的断点。表 2.3 给出了他们在相应剖面上的位置、上断点深度和断距参数。

表 2.3 横跨邯东断裂的浅层地震剖面断点参数表

测线名称	断点编号	性质	断点位置（CDP/桩号）	视倾向	视倾角	断距	可分辨的上断点埋深（m）	可靠性
XK1	F_1	正	651/1328	W	62°	3m（T_{Q1}）	188	可靠
XK2	F_1	正	626/1314	W	73°	16m（T_{Q1}）	174	可靠
XK3	F_1	正	452/1226	W	65°～70°	19m（T_{N2}）	230	可靠
XK4	F_1	正	581/1292	W	65°	4m（T_{Q2}）	132	可靠
XK5	F_1	正	488/1246	W	71°	5m（T_{Q2}）	112	可靠
XK6	F_1	正	688/1345	W	56°～65°	9m（T_{Q1}）	127	可靠
XK8	F_1	正	368/1184	W	53°～69°	3m（T_{Q1}）	144	可靠

邯东断裂在获取的地震反射剖面上特征非常清楚。断裂在地震剖面上的特征和剖面所揭示的地下地层分布形态非常相似，大部分测线的偏移时间剖面上，反射波组错断特征很清楚，且地层产状在断层北侧大都呈近水平展布，而在断层的南部，几乎所有的地层反射面均发生了一定程度的变形。图 2.31 至图 2.39 为详勘阶段得到的测线反射波偏移时间剖面。

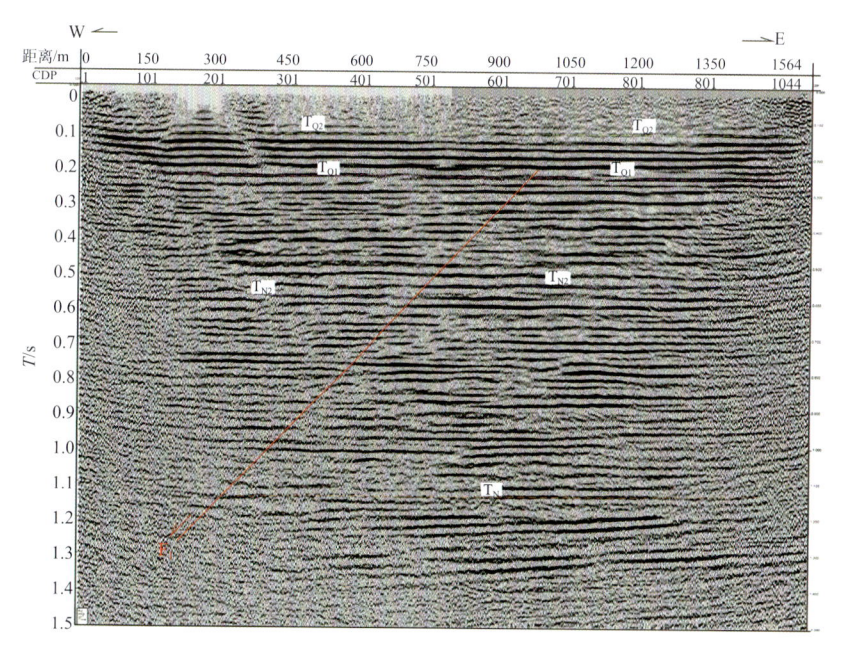

图 2.31 XK1 测线反射波偏移时间剖面图

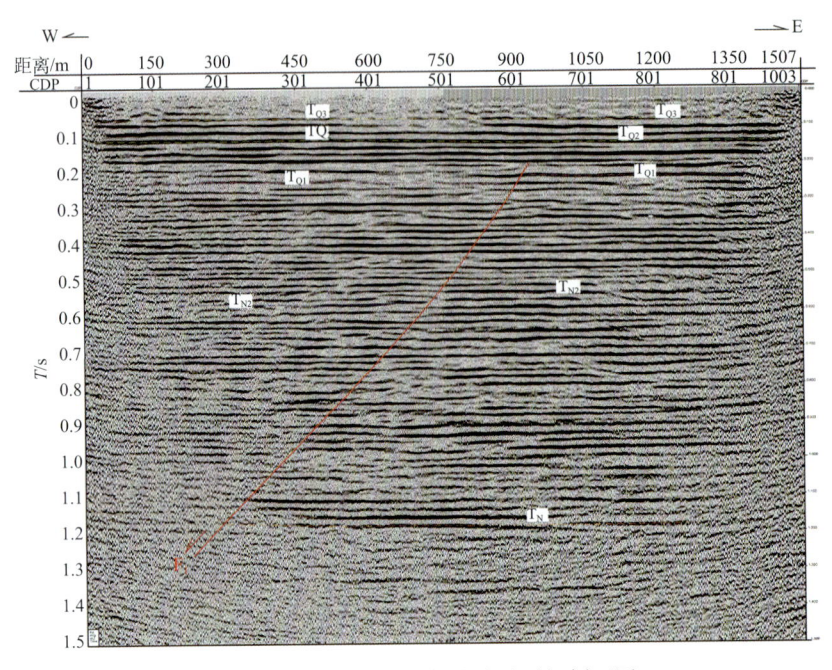

图 2.32 XK2 测线反射波偏移时间剖面图

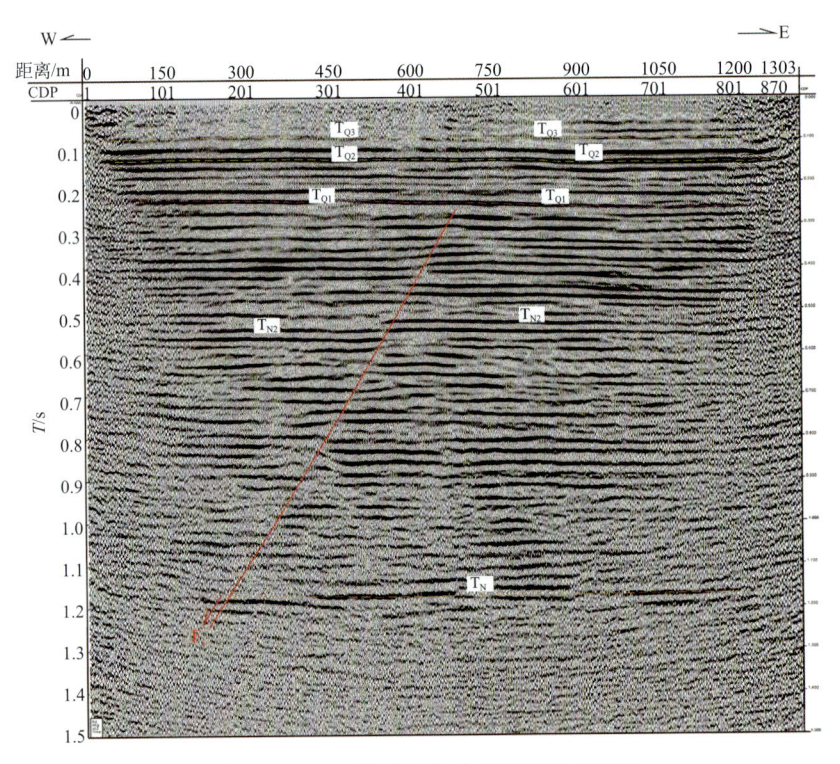

图 2.33 XK3 测线反射波偏移时间剖面图

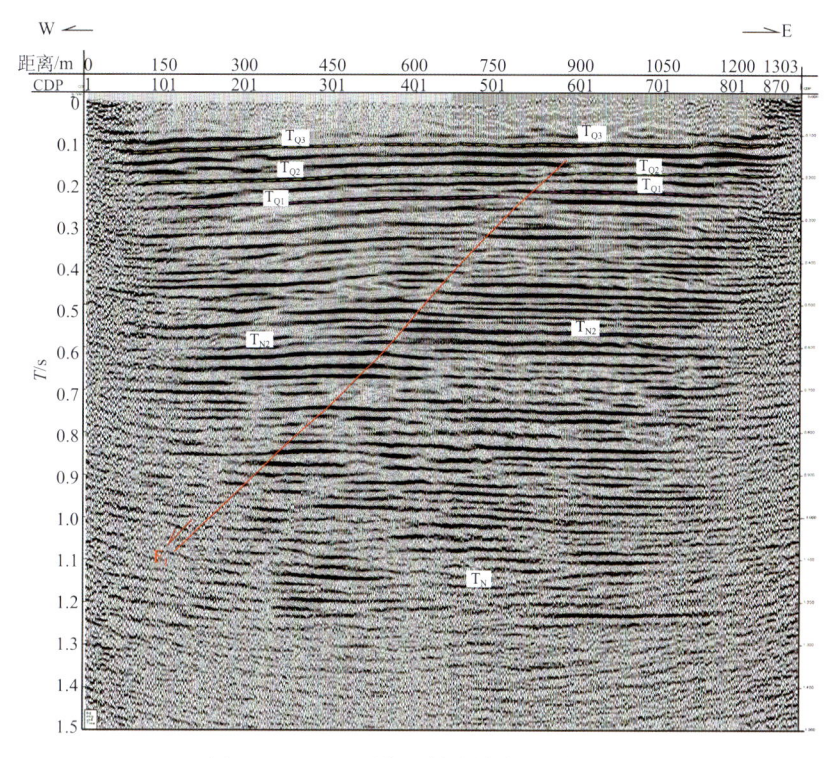

图 2.34 XK4 测线反射波偏移时间剖面图

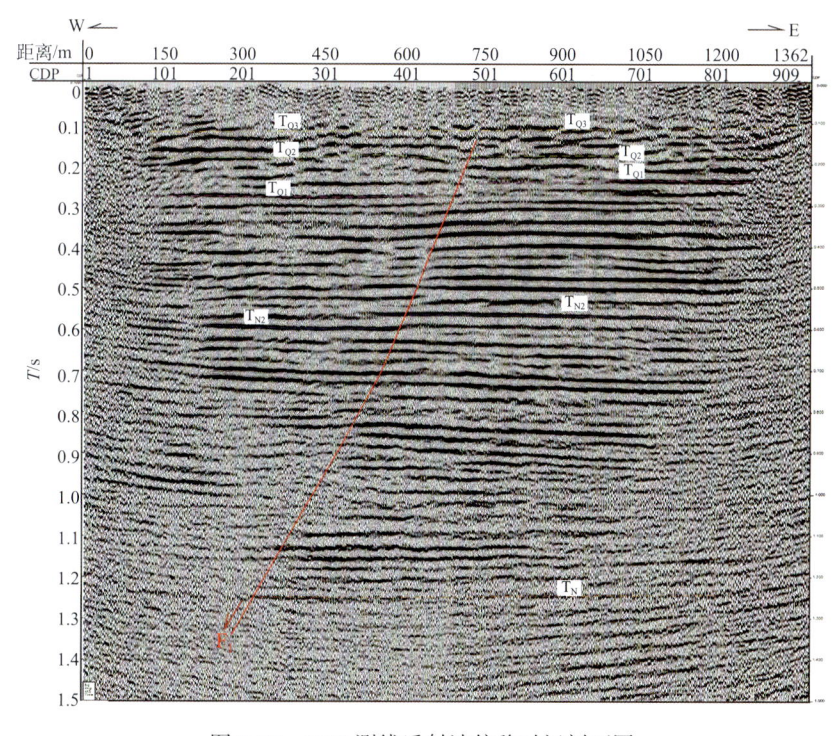

图 2.35 XK5 测线反射波偏移时间剖面图

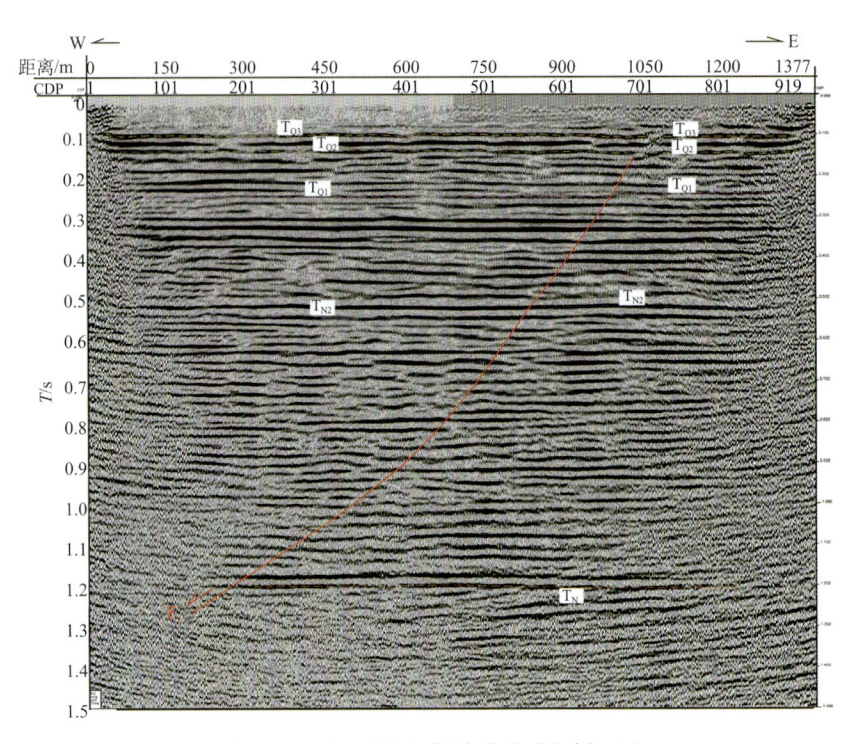

图 2.36 XK6 测线反射波偏移时间剖面图

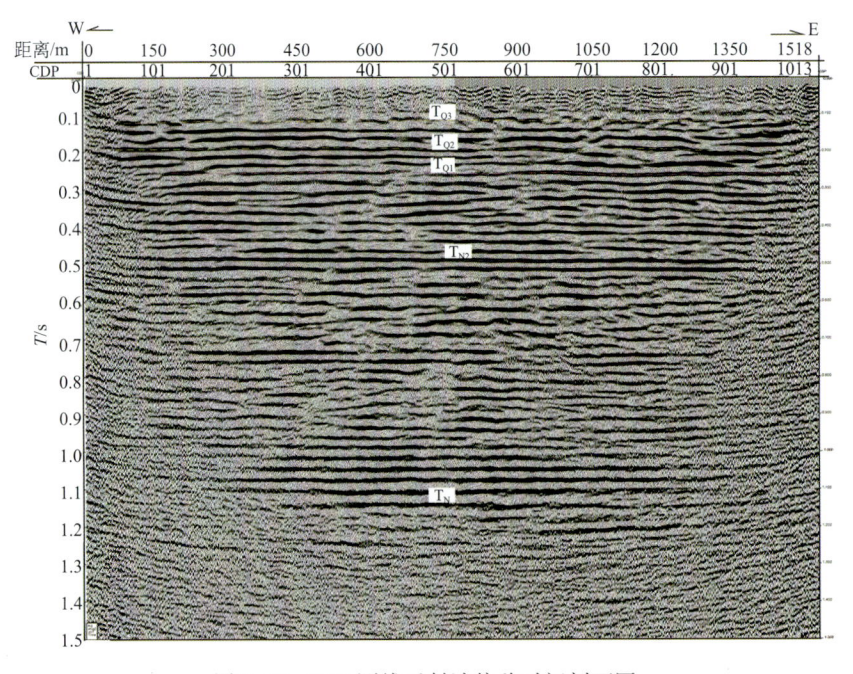

图 2.37 XK7 测线反射波偏移时间剖面图

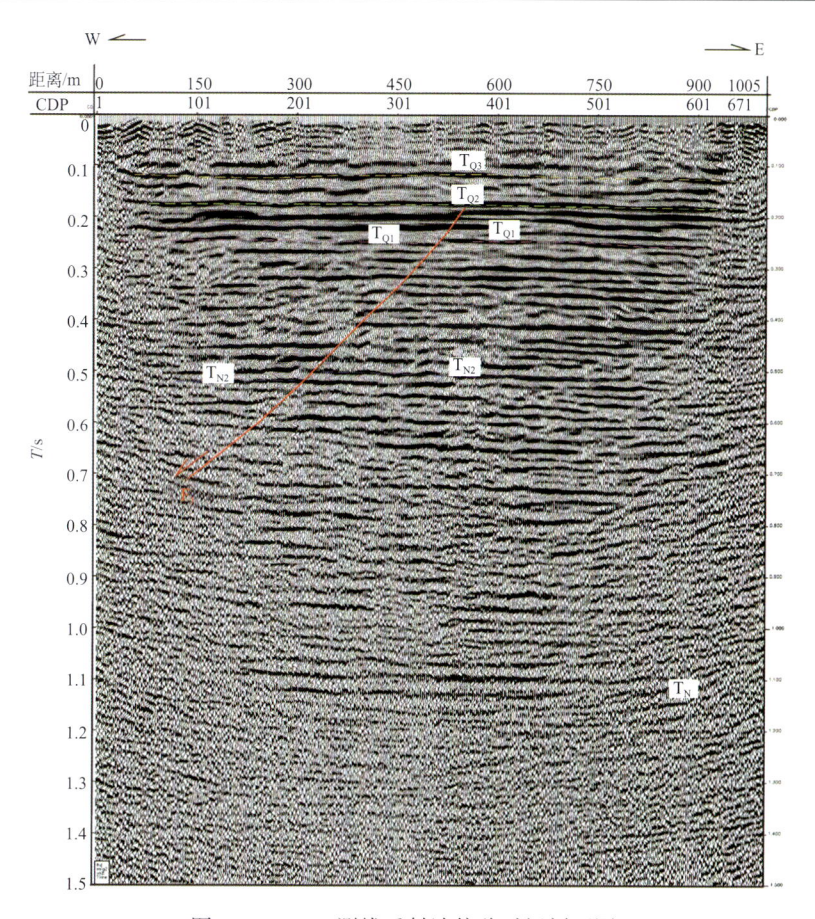

图 2.38　XK8 测线反射波偏移时间剖面图

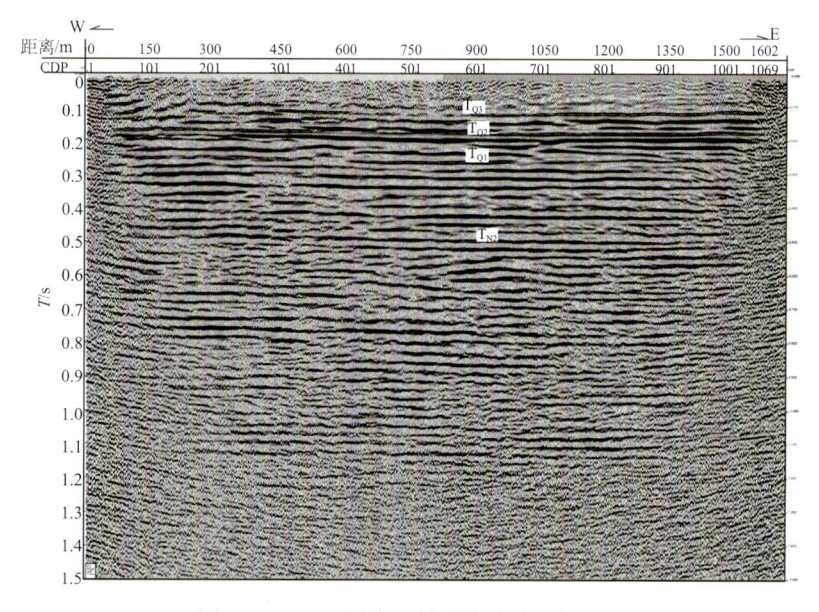

图 2.39　XK9 测线反射波偏移时间剖面图

需要说明的是，在地震反射剖面上根据断层向第四纪覆盖层内部的延伸情况，可初步确定断层的活动性。通常情况下，断层在剖面的深部断距较大，而在剖面的浅部断距较小。当断层的断距小于地震资料的横向分辨率时，在地震剖面上就不能分辨断层的存在，也就是说，当断层埋深很浅时，由于地震勘探方法得到的上断点埋深有可能大于实际的断层上断点深度。

第四节　主 要 结 论

（1）邯东断裂为邯郸凹陷的东部边界断裂。邯郸凹陷走向北北东，新生代期间发生强烈的断陷作用，新生代沉积厚度达到5000m。其中，古近纪时，邯郸凹陷的东边界—邯东断裂强烈活动，成为该凹陷的主体活动带，使邯郸凹陷表现为东断西超的形态，进入新近纪以来，其活动趋向减弱。

（2）本次浅层人工地震勘探共完成测线17条，共解释构造断点15个，断裂可分辨上断点均延伸至第四系内部，断点在各地震测线剖面上的特征见图2.40至图2.43，南边较北边埋藏浅，综合分析认为邯东断裂是一条西倾，走向近北北东的高角度正断层，活动时代初步判定为第四纪（图2.21）。

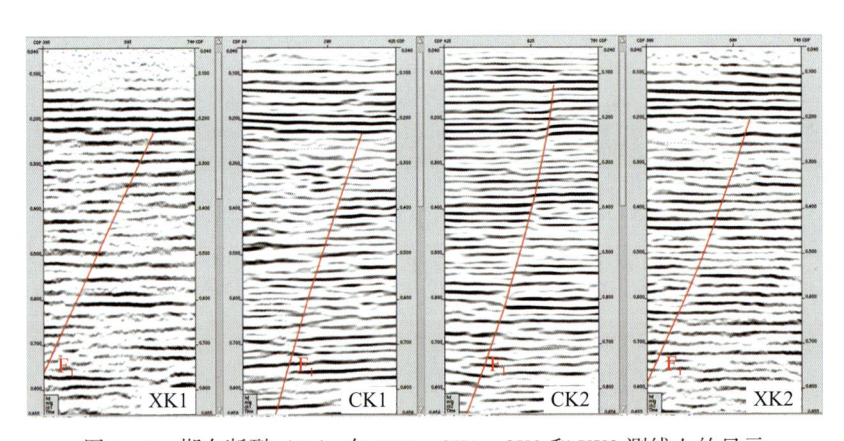

图2.40　邯东断裂（F_1）在XK1、CK1、CK2和XK2测线上的显示

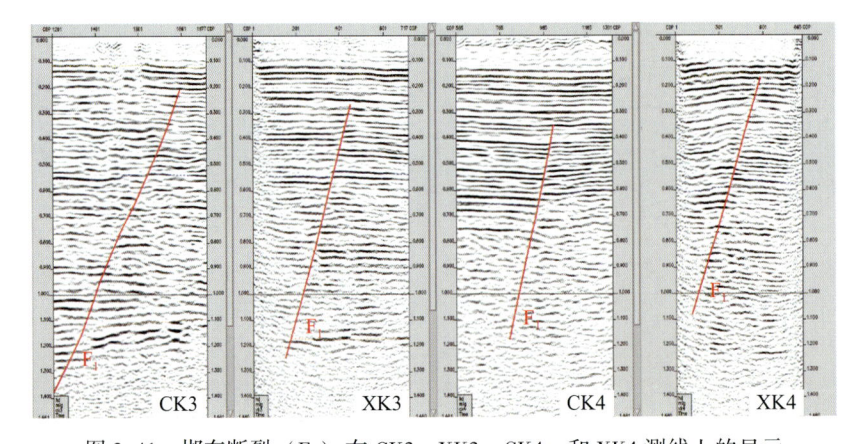

图2.41　邯东断裂（F_1）在CK3、XK3、CK4、和XK4测线上的显示

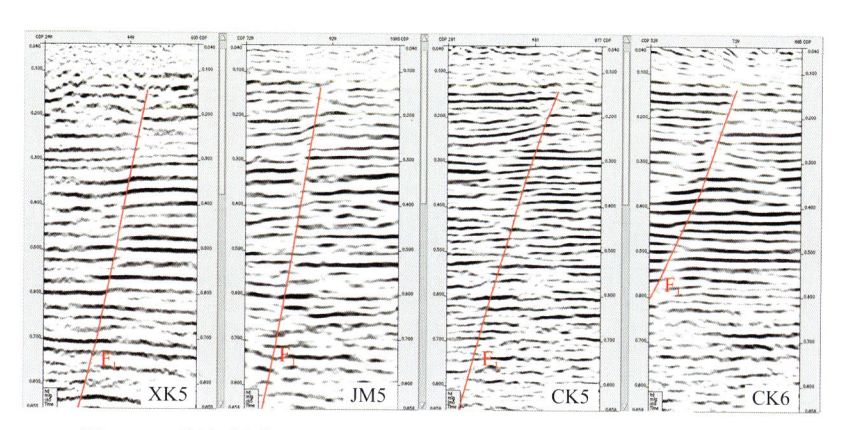

图 2.42　邯东断裂（F_1）在 XK5、JM5、CK5 和 CK6 测线上的显示

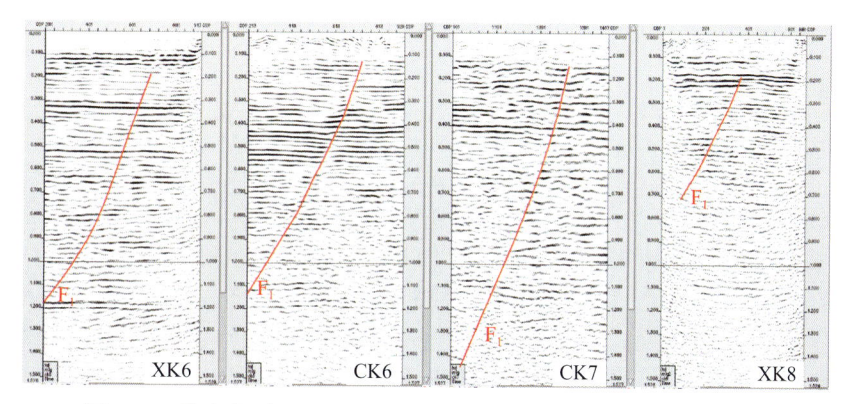

图 2.43　邯东断裂（F_1）在 XK6、CK6、CK7 和 XK8 测线上的显示

第三章 钻孔联合地质剖面探测与活动性评价

钻孔联合地质剖面是探测隐伏断层的一种行之有效的手段（向宏发等，2000；徐锡伟等，2000，2002；江娃利等，2001；邓起东等，2003；朱金芳等，2005；柴炽章等，2006；杨晓平等，2007；雷启云等，2008；宋键等，2017），相对于地球物理勘探，钻孔探测可以根据岩芯揭示断层两侧地层岩性变化，甚至有可能揭示出断层破碎带或断层面（柴炽章等，2006；张世民等，2007；雷启云等，2008）。通过小间距的钻孔联合地质剖面探测所获取的岩芯综合对比分析，可以对隐伏断层进行精确定位，准确地控制上断点埋深或埋深区间。结合钻孔岩芯样品的年代学测试，能够鉴定隐伏断层晚第四纪活动性。本章着重介绍钻孔联合地质剖面探测方面所取得的成果。

第一节 钻孔联合地质剖面探测方法概述

钻孔联合地质剖面探测是通过对比钻孔间标志性地层的埋深差异来实现对隐伏断层的探测。这些所谓的标志性地层层厚稳定，与上下地层在岩性、颜色和结构等方面具有显著差异，在钻孔岩芯中容易区分，因而能够成为判别断层存在与否的主要依据。但并非所有地层层位的埋深差异皆由断层所致，一些倾斜沉积层或冲刷界面也可能表现出在不同钻孔间的埋深差异。因此，根据标志性地层埋深差异判断断层是否存在需要综合考虑多方面信息。

一、钻孔布设原则

在浅层地震探测工作的基础上，对浅层人工地震探测剖面上反射层发育、断错现象明显的地段布设钻孔，即主要选取跨邯东断裂的浅层人工地震探测所揭示的错断第四纪地层、断层规模大、断层活动位错大的测线上布设钻孔。

二、孔斜测量、校正孔深、封孔

按照技术规范要求，每次场地钻孔施工前对场地条件进行平整，钻机到位后，用水平尺架机座，在机台水平的情况下用罗盘调整钻机主动钻杆与机台呈90°，以确保钻机和钻具垂直钻进，避免孔斜。钻进过程中由于地层淤泥、粗砂、细砂和砾石的密实度差异大，容易使钻孔产生偏斜，因此钻进几个回次后采用长钻具来校正孔斜，以保证钻孔垂直钻进。开孔采用锤击钻进或回转钻进，以孔位为中心，同时确保孔正。

三、钻探方法和探测测试参数

（一）护壁及冲洗介质

采用泥浆护壁，根据地层条件、地下水情况合理选择泥浆粉和调配泥浆。对于松软地层

（如填土、砂层、砾卵石等）采用套管护壁，并作好记录。

（二）岩芯

岩芯由当班记录员及时按上下顺序，以横排格式由左向右排放在岩芯场地或岩芯箱内，并填好岩芯牌。坚硬岩芯先冲洗干净后再进行排放。在钻探施工结束前保护好各钻孔的岩芯。

（三）现场编录

在现场用铅笔及时填写原始报表，做到真实、齐全、准确、整洁、字迹清楚。钻进过程中遇到涌水、漏水、涌砂、掉块、坍塌、缩径、逸气、裂隙、溶洞及钻具掉落等异常现象时，及时记录其深度，做到原始记录翔实、认真。分层（深度）误差≤10cm。下套管前和终孔后，都应校正孔深。

（四）定位

各钻孔用GPS进行坐标定位，用经纬仪测量出钻孔间的相对高程。

（五）波速测井

根据要求，对部分钻孔开展野外S波波速测试，并及时进行了数据处理分析以及完成测试报告。

四、钻孔取样

对钻孔岩芯逐层系统采集年龄样品，每个地层单元和每个事件层原则上至少取一个有效年龄值。采样原则：①能满足各时段地层划分的需要；②能确定断层最新一期活动的时代；③不漏掉垂直位移大于或等于1.5m以上的地表破裂型错动事件。一般而言，更新世晚期以来的深度层，或在活断层上断点以上2m和上断点以下3m内，采样间距≤1m，主要采集碳十四（^{14}C）样品、光释光（OSL）样品、电子自旋共振（ESR）样品、磁学样品、粒度分析样品等。

五、钻孔岩芯编录

钻孔岩芯地质编录随钻探进度及时进行，以便观测描述新鲜的钻孔岩芯，并认真检查核对钻探班报表。开钻后样品采集和岩芯编录工作有熟悉第四纪地层和构造地质专业人员全程陪同作业，以做到岩芯分层确切、数据准确、资料完整。按钻进回次详细地编录岩芯，绘制钻孔地层柱状图。钻孔岩芯编录主要包括颜色、岩性、粒度、层厚、化石或结核等，特别注意钻孔揭露的古河道、标志地层、风化壳在断层两侧可能存在的变化，注意相同地层在断层两侧层差异和层厚变化。

第二节　邯东断裂钻孔联合地质剖面探测

一、野外钻孔探测工作量和技术指标

(一) 完成的钻探场地、钻孔、进尺数

共计完成3个场地19个钻孔的施工，其中CK2场地6个钻孔，CK5场地6个钻孔，XK4场地7个钻孔，孔间距4~38m，3个场地平均孔间距分别为14.8、17.2、18.1m（表3.1）。

表3.1　场地钻孔孔间距统计表

编号	名称	孔间距/m	平均孔间距/m	孔间距和/m
CK2	田寨	25.2、5.2、6.3、12.8、24.6	14.8	74.1
CK5	寨中堡	38.0、9.0、8.0、21.0、10.0	17.2	86.0
XK4	柳庄	40.0、19.5、4.0、6.8、7.4、31.0	18.1	108.7

(二) 回次进尺与取芯率

施工取芯率最大99%，最小94%，平均取芯率97%，回次进尺最大2m，最小1.0m，平均约1.8m。

(三) 野外样品采集及样品测试

根据工作要求，对所钻探的19个钻孔进行了系统的样品采集，共计6597件。样品包括OSL样品210件、^{14}C样品4件、ESR样品73件、粒度分析样品3155件，磁学样品3155件。

经筛选共计对5174件样品进行了测试，其中OSL样品74件、ESR测年样品23件、^{14}C测年样品3件、粒度分析样品2551件、磁学分析样品2522件。

(四) 野外钻孔波速测试

测试采用的仪器设备为XG-I型悬挂式波速测井仪，测试点距1.0m，采样点数2048，检波器为悬挂式井中检波器，固有频率60Hz，电压灵敏度30V·S/m，外形尺寸：φ70mm。

二、钻孔布设

本项钻孔联合地质剖面工作针对邯东断裂，完成了3个场地3个断点的分析和解译结果（图2.21、表3.2）。分析表明，邯东断裂总体走向北东，倾向北西，为一正断层。

(一) CK2场地

CK2场地所在浅勘测线编号为CK2，该测线地震时间剖面解释出6个反射界面（图3.1），第四系以及新近系内部岩层产状整体比较平缓，新近系下伏地层反射信息较弱，古近纪岩层变形强烈，仅测线东段部分残留，其与新近系呈角度不整合接触，靠近断层面厚度较大（图3.2）。

表 3.2 邯东断裂跨断层钻孔探测钻探场地断裂位置属性表

测线名称	断点CDP	断点桩号	视倾向	视倾角（°）	物探测线分辨断距（m）	物探测线上断点埋深（m）	上断点地表投影 经度（°）	上断点地表投影 纬度（°）	钻孔探测上断点埋深（m）	钻孔探测最大断距（m）	上断点层位
CK2	676	1353	W	60~75	45	135	114.675	36.660	95.0~101.5	3.9	Qp_2
CK5	903	1472	W	65~75	17	105	114.633	36.519	86.8~87.6	4.4	Qp_2
JM5	533	1293	W	70~75	17	95	114.633	36.519			Qp_2
XK4	581	1292	W	65	23	132	114.652	36.560	83.6~89.4	4.0	Qp_2

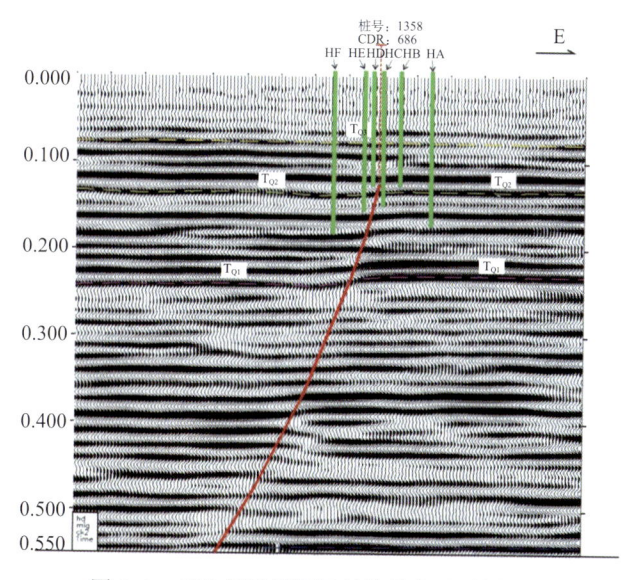

图 3.1 CK2 场地跨断层钻孔分布地震剖面图

该测线解释断点 1 个（图 3.1），即邯东断裂，倾向西，高角度正断层，视倾角 60°~75°，上断点位于桩号处 676（CDP 1353）（114.675°E，36.660°N），埋深约 107m。时间剖面显示该断层浅部错断了 T_{Q2} 界面，断距约 3m，下部错断了新近系底界面 T_N。断层具有典型的同沉积特点，其上盘相同地层厚度明显大于下盘。可分辨上断点错断了第四系内部界面 T_{Q2}，推测该断裂为一条第四纪断裂。

测线位于田寨村东侧乡村村道上，本工程场地钻孔布设在田寨村东乡村道路北侧田地内，共布设 6 个钻孔，钻孔布设在地震剖面上的位置见图 3.1，钻孔分布见图 3.2，钻孔顺序和孔间距自西向东 HF←25.2m→HE←5.2m→HD←6.3m→HC←12.8m→HB←24.6m→HA。

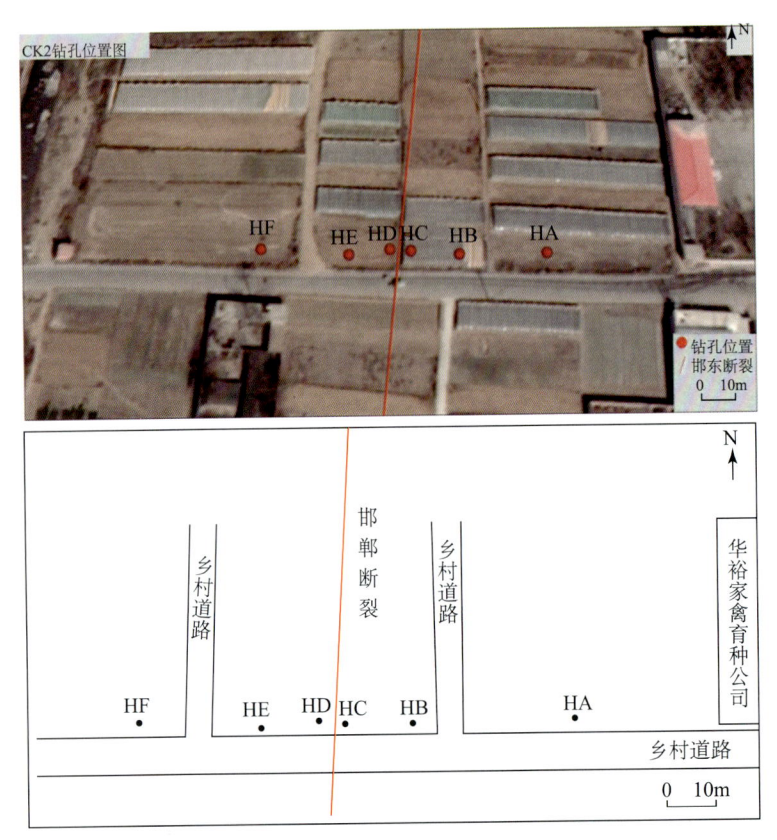

图 3.2　CK2 场地钻孔分布图

HA：HDZKA 钻孔；HB：HDZKB 钻孔；HC：HDZKC 钻孔；HD：HDZKD 钻孔；
HE：HDZKE 钻孔；HF：HDZKF 钻孔

（二）CK5 场地

CK5 场地所在测线号为 CK5 和 JM5，该测线地震时间剖面解释了 6 个反射界面（图 3.3），第四纪内部岩层产状整体比较平缓，新近系与上覆地层呈平行不整合接触，其内部沉积稳定，反射界面比较丰富；新近系下伏地层反射信息较弱，古近纪岩层变形强烈，断层上盘古近系较厚，断层下盘古近系与新近系呈角度不整合接触（图 3.4）。

该测线解释断点 1 个（图 3.3），即邯东断裂，倾向西，高角度正断层，视倾角 65°~75°，上断点位于桩号 1472（CDP903）处（114.633°E，36.519°N），埋深约 105m。时间剖面显示该断层浅部错断了 T_{Q2} 界面，断距约 4m，断层下部错断了新近系底界面 T_N。断层具有典型的同沉积特点，其上盘相同地层厚度明显大于下盘。可分辨上断点错断了第四系内部界面 T_{Q2}，推测该断裂为一条第四纪断裂。

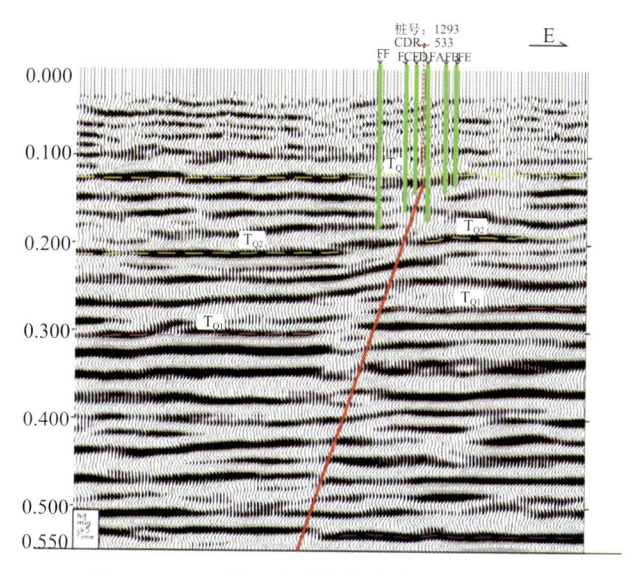

图 3.3　CK5 场地跨断层钻孔分布地震剖面图

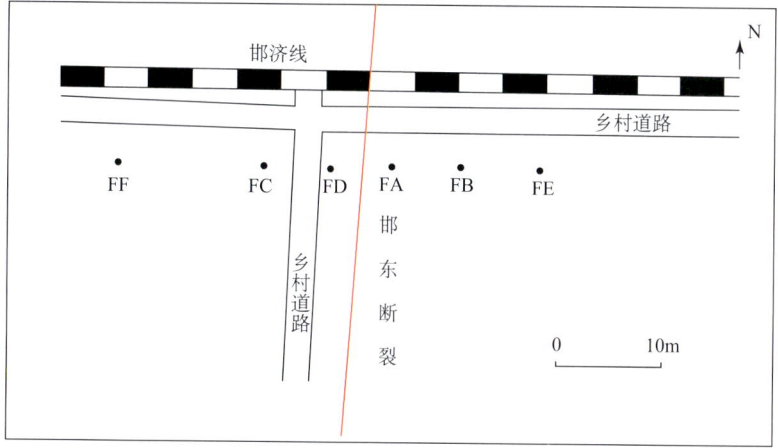

图 3.4　CK5 场地钻孔分布图

FA：FXZKA 钻孔；FB：FXZKB 钻孔；FC：FXZKC 钻孔；FD：FXZKD 钻孔；FE：FEZKE 钻孔；FF：FXZKF 钻孔

测线位于邯郸市肥乡寨中堡村后铁路线旁边村道上，在乡村道路南侧田地内共布设6个钻孔，钻孔布设在地震剖面上的位置见图3.3，钻孔分布见图3.4，钻孔顺序和孔间距自西向东 FF←38m→FC←9m→FD←8m→FA←21m→FB←10m→FE。

（三）XK4 剖面

XK4场地所在测线号为XK4，该测线地震时间剖面解释了4个主要反射界面（图3.5），解释了1个断点 F_1，为正断层，断面清晰，断层面较陡，视倾向西，视倾角约65°。断层浅部错断了 T_{Q2} 界面未切穿 T_{Q3} 界面，T_{Q2} 界面以下断层两盘受断层影响明显，且上盘比下盘变形明显。物探资料表明可分辨上断点位于测线桩号1292（CDP581）处，上断点地表投影为（114.652°E，36.560°N），上断点埋深约132m，T_{Q2} 界面断距4m。断层具有典型的同沉积特点，其上盘相同地层厚度明显大于下盘。

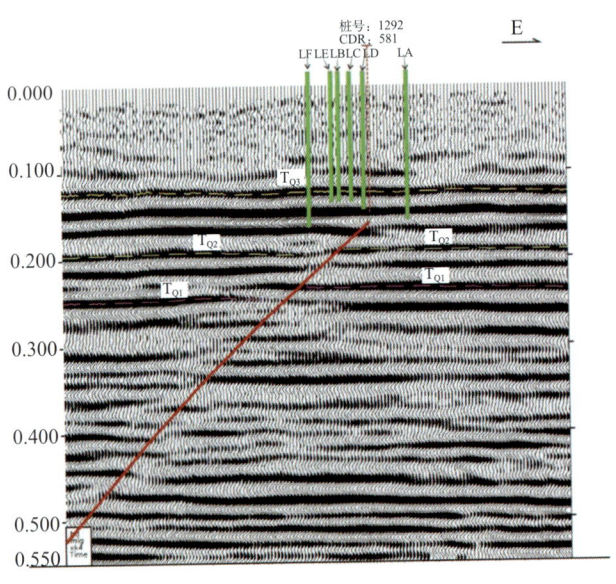

图 3.5 XK4场地跨断层钻孔分布地震剖面图

测线位于邯郸市肥乡区柳庄村北侧振兴路上，沿振兴路东西向展布，共布设7个钻孔，钻孔布设在地震剖面上的位置见图3.6，钻孔分布见图3.6，钻孔顺序和孔间距自西向东 LB′←40m→LF←19.5m→LE←4m→LB←6.8m→LC←7.4m→LD←31m→LA。

三、钻孔剖面第四纪地层特征

（一）CK2 剖面第四纪地层特征

CK2场地钻孔揭露第四纪地层发育有全新统、上更新统、中更新统、下更新统，各层主要由湖相、冲洪积相组成，沉积物主要为黏土、粉砂质黏土、黏土质粉砂、砂等，各孔地层厚度见表3.3。

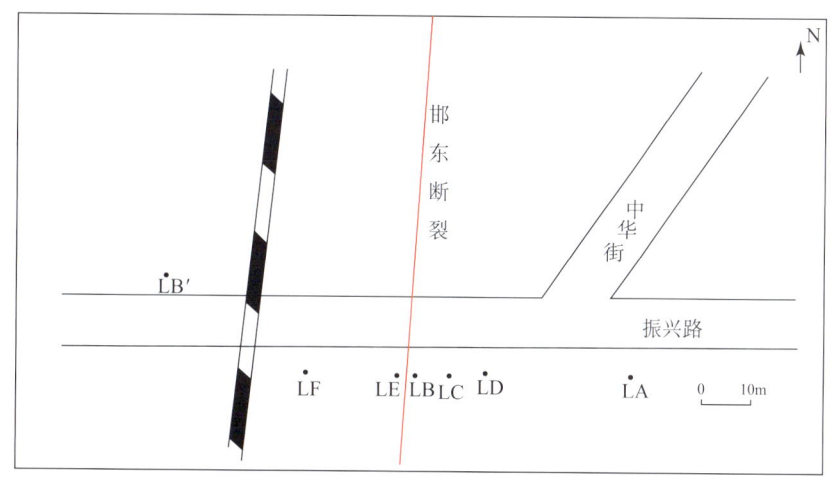

图 3.6 XK4 场地钻孔分布图

LA：LZZKA 钻孔；LB：LZZKB 钻孔；LC：LZZKC 钻孔；LD：LZZKD 钻孔；
LE：LZZKE 钻孔；LF：LZZKF 钻孔；LB′：LZZKB′钻孔

表 3.3 CK2 场地各地层厚度统计表（m）

地层单位\钻孔	HDZKA	HDZKB	HDZKC	HDZKD	HDZKE	HDZKF
全新统	25.20	25.60	25.10	24.50	25.40	25.90
上更新统孟观组	43.30	42.60	43.40	43.90	43.20	42.75
中更新统魏县组	38.60	41.35	40.80	43.50	44.40	44.70
下更新统杨柳青（未钻穿）	42.90	15.00	22.10	7.60	35.70	41.80

该场地最深钻孔为 155.20m，钻孔钻透了上更新统，但场地内钻孔并未钻穿第四系。场地内全新统双井组（Qp—Qhs）平均厚度为 25.25m，上更新统孟观组（Qp$_3$$mg$）平均厚度为 43.20m，钻遇中更新统魏县组（Qp$_2$$w$）平均厚度为 42.20m，钻遇下更新统杨柳青组

（Qp_1y）最大厚度为42.90m。各地层特征如下：

（1）全新统双井组主要为耕植土、灰色粉砂质黏土及黏土质粉砂、棕黄色粉砂质黏土及黏土质粉砂、粉砂等。此层底界埋深为24.60~25.60m，平均厚度为25.23m，与下伏地层为整合接触，沉积物可以分为2个大的沉积旋回，每个大沉积旋回内又可细分为2个小沉积旋回。

（2）上更新统孟关组主要为棕黄色粉砂质黏土及黏土质粉砂，浅黄色细砂、中砂，棕红色黏土等，黏土层及粉砂质黏土层颜色偏红，硬度大。此层底界埋深为68.20~68.73m，平均厚度为43.20m，与下伏地层为整合接触，沉积物可以分为2个大沉积旋回，上部大沉积旋回由2个小沉积旋回组成，下部沉积旋回由3个小沉积旋回组成。

（3）中更新统魏县组主要为棕色黏土、粉砂质黏土、含黏土粉砂、黄色粉砂、灰黄色中粗砂等。此层底界埋深为107.14~113.10m，平均厚度为42.00m。沉积物可以划分为8个沉积旋回，每个大沉积旋回内又可分为2~3个小沉积旋回。

（4）下更新统杨柳青组未被钻透，钻进最大厚度42.90m，平均钻进厚度为27.40m。沉积物主要以棕红色黏土、棕红色粉砂质黏土、棕黄色含黏土粉砂、黄色粉砂、灰黄色中粗砂为主，黏土层及粉砂质黏土层中胶结较好，钙核及钙结块较发育。HF和HC孔钻进下更新统，HF孔较深，可以划分为5个沉积旋回，HC孔较HF孔浅，可以区分出4个沉积旋回，每个沉积旋回内又可以区分出2~4个小沉积旋回。

（二）CK5剖面第四纪地层特征

CK5场地钻孔揭露第四纪地层有全新统、上更新统、中更新统，各层主要由河流相、冲洪积相组成，沉积物主要为黏土、粉砂质黏土、黏土质粉砂、砂等，各孔地层厚度见表3.4。

该场地最深钻孔为123.31m，钻孔钻透了上更新统，部分钻孔钻进下更新统，但场地内钻孔并未钻穿第四系。场地内全新统双井组（Qp—Qhs）平均厚度为24.88m，钻遇的上更新统孟观组（Qp_3mg）平均厚度为40.55m，钻遇的中更新统魏县组（Qp_2w）平均厚度为54.27m，钻遇的下更新统杨柳青组（Qp_1y）最大厚度为3.52m。各地层特征如表3.4。

表3.4 CK5场地各地层厚度统计表（m）

地层单位 \ 钻孔	FXZKA	FXZKB	FXZKC	FXZKD	FXZKE	FXZKF
全新统双井组	25.15	25.35	25.22	24.90	24.30	24.35
上更新统孟观组	40.20	40.00	40.90	40.35	41.30	40.60
中更新统魏县组	52.25	—	—	—	—	56.30
下更新统杨柳青组（未钻穿）	3.52	—	—	—	—	2.10

（1）全新统双井组主要为耕植土、灰色粉砂质黏土及黏土质粉砂、棕黄色粉砂质黏土及黏土质粉砂、粉砂等，黏土层及粉砂质黏土层颜色相对偏淡，较松散。全新统底界埋深为24.70~25.75m，平均厚度为24.80m，与下伏地层为整合接触。沉积物可以区分出2个沉积

旋回，上部沉积旋回内可以区分出 2 个小沉积旋回，下部沉积旋回内可以区分出 4 个小沉积旋回。

（2）上更新统孟关组主要为棕黄色粉砂质黏土及黏土质粉砂、浅黄色细砂、中砂、棕红色黏土等，黏土层及粉砂质黏土层颜色偏棕，刀切较硬。此层底界埋深为 65.05~66.0m，最大厚度 41.30m，平均厚度为 40.55m，与下伏地层为整合接触。沉积物可以分为 2 个大沉积旋回，上部沉积旋回内可以区分出 2 个小沉积旋回，下部沉积旋回内可以区分出 4 个小沉积旋回。

（3）中更新统魏县组主要为棕色黏土、粉砂质黏土、含黏土粉砂、黄色粉砂、灰黄色中粗砂等，黏土层及粉砂质黏土层颜色偏红，硬度大。此层底界埋深为 117.63~122.03m，场地内钻遇该地层最大厚度为 56.30m，平均厚度 54.27m。沉积物可以分为 6 个沉积旋回，每个沉积旋回内又可以区分出 2~4 个小沉积旋回。

（4）下更新统杨柳青组未被钻透，钻进最大厚度 3.52m，平均钻进厚度为 2.80m。沉积物主要以棕红色黏土、棕红色粉砂质黏土、棕黄色含黏土粉砂、黄色粉砂、灰黄色中粗砂为主，黏土层及粉砂质黏土层中胶结较好，钙核及钙结块较发育。

（三）XK4 剖面第四纪地层特征

XK4 场地第四纪地层发育有全新统、上更新统、中更新统、下更新统，各层主要由河流相、冲洪积相组成，沉积物主要为黏土、粉砂质黏土、黏土质粉砂、砂等，各孔地层厚度见表 3.5。

表 3.5 XK4 场地各地层厚度统计表（m）

地层单位 \ 钻孔	LZZKA	LZZKB	LZZKC	LZZKD	LZZKE	LZZKF	LZZKB′
全新统双井组	26.90	27.00	26.42	27.09	26.50	27.00	26.30
上更新统孟观组	39.10	39.20	39.70	39.30	39.50	38.35	38.70
中更新统魏县组	68.60	53.84	53.25	67.40	54.55	72.45	70.60
下更新统杨柳青组（未钻穿）	17.80	—	—	1.60	—	14.73	—

该场地最深钻孔为 152.53m，钻孔钻透了上更新统，但场地内钻孔并未钻穿第四系。场地内全新统双井组（Qp—Qhs）平均厚度为 26.70m，钻遇的上更新统孟观组（Qp$_3$$mg$）平均厚度为 39.10m，钻遇的中更新统魏县组（Qp$_2$$w$）最大厚度为 72.45m，钻遇的下更新统杨柳青组（Qp$_1$$y$）最大厚度为 17.80m。各地层特征如下：

（1）全新统双井组主要为耕植土、灰色粉砂质黏土及黏土质粉砂、棕黄色粉砂质黏土及黏土质粉砂、粉砂等，黏土层及粉砂质黏土层颜色相对偏淡，较松散。此层底界埋深为 26.42~27.09m，平均厚度为 26.70m，与下伏地层为整合接触，沉积物可以区分出 2 大沉积旋回，每个大沉积旋回内又可以区分出 2 个小沉积旋回。

（2）上更新统孟关组主要为棕黄色粉砂质黏土及黏土质粉砂、浅黄色细砂、中砂、棕红色黏土等，黏土层及粉砂质黏土层颜色偏棕色，刀切较硬。此层底界埋深为 66.03~

66.40m，最大厚度39.70m，平均厚度为39.10m，与下伏地层为整合接触。此段可以区分出2大沉积旋回，每个大的沉积旋回又可以区分出3个小的沉积旋回。

（3）场地内仅有LD和LF孔穿透了中更新统，中更新统主要为棕色黏土、粉砂质黏土、含黏土粉砂、黄色粉砂、灰黄色中粗砂等，黏土层及粉砂质黏土层颜色偏红，硬度大。此层底界埋深为133.80（LD孔）~137.80m（LF孔），场地内钻遇该地层最大厚度为72.45m，平均厚度69.48m。沉积物此段可以区分出6个沉积旋回，每个大沉积旋回又可以区分出2~3个小沉积旋回。

（4）场地内下更新统杨柳青组未被穿透，钻进最大厚度17.80m，平均钻进厚度为11.37m。沉积物主要以棕红色黏土、棕红色粉砂质黏土、棕黄色含黏土粉砂、黄色粉砂、灰黄色中粗砂为主，黏土层及粉砂质黏土层中胶结较好，钙核及钙结块较发育。

第三节　邯东断裂活动性综合评价

一、CK2场地断层活动性分析

（一）CK2场地断层定位及断层活动性鉴定

CK2场地位于邯郸市丛台区田寨村东侧菜地内，所在测线号为CK2，断点位置桩号为1353，CDP号为676，上断点地表投影为（114.675°E，36.661°N），断层走向北东，倾向北西。年代学和地层学分析表明，全新世及晚更新世地层在场地内均匀连续分布，见图3.7。地层对比性好，未见断错迹象。早、中更新世地层中存在明显的断错迹象，邯东断裂断错了101.52~102.53m处（断层下盘）的棕红色黏土层，其上93.50~95.00m处的棕黄色含黏土粉砂层没有明显断错现象，上断点埋深位于95.00~101.52m。具体分析如下：

1. 中更新统断错层段

场地内中更新统存在较为明显的断错现象，按可对比的层段分析，可识别出1个断错界面，断距为1.10m，具体表现为：

场地内中更新统在101.21~103.52m（相对埋深）深度处分布棕红色黏土层，含大量铁锰斑点，与上部胶结层和下部棕色含黏土粉砂层界限明显，可对比性强。此套地层受断层影响明显，被断层断错约1.10m。

2. 下更新统断错层段

场地内下更新统存在较为明显的断错现象，按可对比的层段分析，可识别出2个断错界面，自上而下断距分别为2.40m、3.90m，具体表现为：

（1）场地内中更新统在126.43~129.10m（相对埋深）深度处存在一套棕红色黏土层与棕红色中细砂层，中细砂层的厚度各异，这套地层在场地内钻透此层的钻孔均有出现，以棕红色黏土层底界作为界限进行对比，可对比性强，这套棕红色黏土层底界受断层影响明显，断距约2.40m。

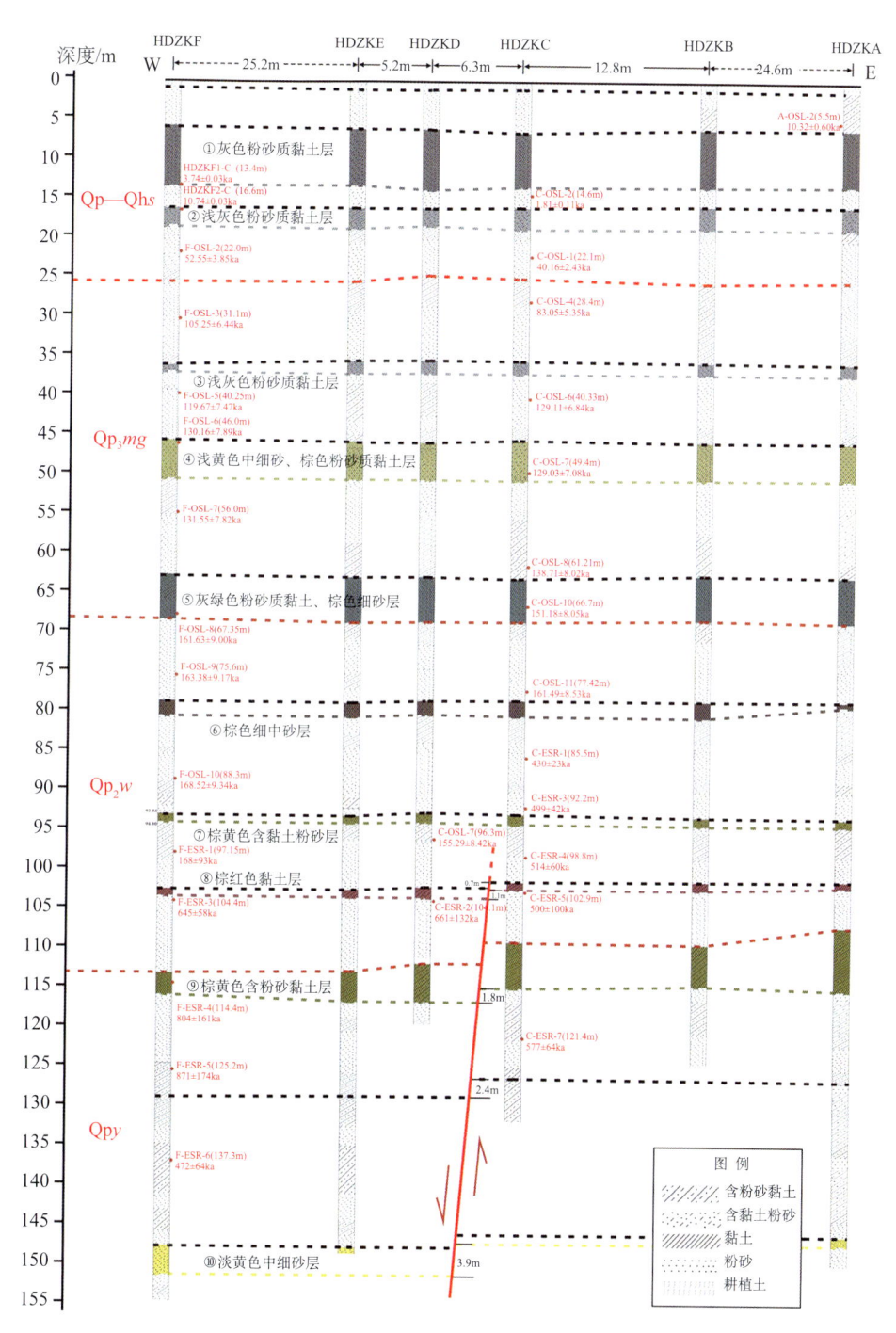

图 3.7 CK2 场地钻孔联合地质剖面图

(2) 场地内下更新统在 146.30~151.78m（相对埋深）深度处存在一套淡黄色中细砂层，这套中细砂层上下均为胶结层，特征明显，场地内仅有 HDZKA 和 HDZKF 2 个钻孔钻到此地层深度，这两个钻孔均揭露出这套地层，可对比性比较强，地层受断层影响明显，断距约 3.90m。

（二）断层运动速率计算

CK2 场地断层上断点位于 101.52m 处的棕红色黏土层（标志层⑧，位于断层下盘），其上的棕黄色含黏土粉砂层（标志层⑦）没有明显的断错现象。此棕红色黏土层被错断 1.10m，此层下部黏土质粉砂层有 3 个测年样品，分别为 F-ESR-3（104.4m）、D-ESR-2（104.1m）和 C-ESR-5（102.90m），测年数据分别为 645±58ka、661±132ka 和 500±100ka，645±58ka 和 661±132ka 这两组数据可能更可靠，取其平均值为 653ka。

标志层⑨棕黄色含粉砂黏土层为下更新统顶部，其与中更新统整合接触，这套棕红色含粉砂黏土层断距 1.80m，考虑到其上标志层⑧断距 1.10m，表明这两套标志层之间的地层在 780ka~653ka 这段时间被断错 0.70m，断层运动速率大约为 0.55cm/ka。

标志层⑨中部测年样品 F-ESR-4（114.40m）测年数据为 804±161ka，表明标志层⑨上半部在 804~780ka 这段时间断错距离不大于 0.35m，在这段时间断层运动速率不大于 1.45cm/ka。

二、CK5 场地断层活动性分析

（一）CK5 场地断层定位及断层活动性鉴定

CK5 场地位于邯郸市肥乡寨中堡村后铁路线边，所在测线号为 CK5 和 JM5，断点位置桩号为 1472，CDP 号为 903，上断点地表投影为 (114.633°E，36.519°N)，断层走向近南北向，倾向西。根据年代学和地层学的分析表明，全新世地层及晚更新世地层在场地内均匀连续分布，地层对比性好，未见断错迹象，见图 3.8。邯东断裂断错了 86.80~87.68m 处的棕红色黏土层，其上棕红色含粉砂黏土层没有明显断错现象，断层上断点埋深在 79.10~86.80m，早、中更新世地层中存在明显的断错迹象。

1. 中更新统断错层段

场地内共有 6 个钻孔钻遇中更新统，其中 FXZKA 孔和 FXZKF 孔钻透了中更新统。通过地层对比分析，中更新统存在较为明显的断错现象，即 3 个明显的断错界面，断距分别为 1.10、2.00 和 4.40m，具体表现为：

(1) 在场地内 86.80~89.00m 范围（相对埋深）分布一棕红色黏土层，上覆棕黄色细砂层，此套棕红色黏土层在场地内各个钻孔均有揭露（FXZKE 孔未钻至此层位），与上下地层界限明显，可对比性，受断层影响，这套棕红色地层被错断 1.10m。

(2) 场地内上更新统底部 96.14~100.20m 范围（相对埋深）分布一层棕黄色砂层，其上覆粉砂质黏土胶结层，其下为棕红色含钙质粉砂质黏土层，界线明显，钻遇此深度的钻孔均揭露了此套地层，此套地层可对比性强，受断层影响明显，断距约 2.00m 左右。

(3) 中更新统在 116.72~122.03m 范围（相对埋深）分布处分布一棕色中细砂层，这套砂层上覆地层胶结明显，地层可对比性强。场地内钻遇此深度的钻孔有 FXZKA 和 FXZKF

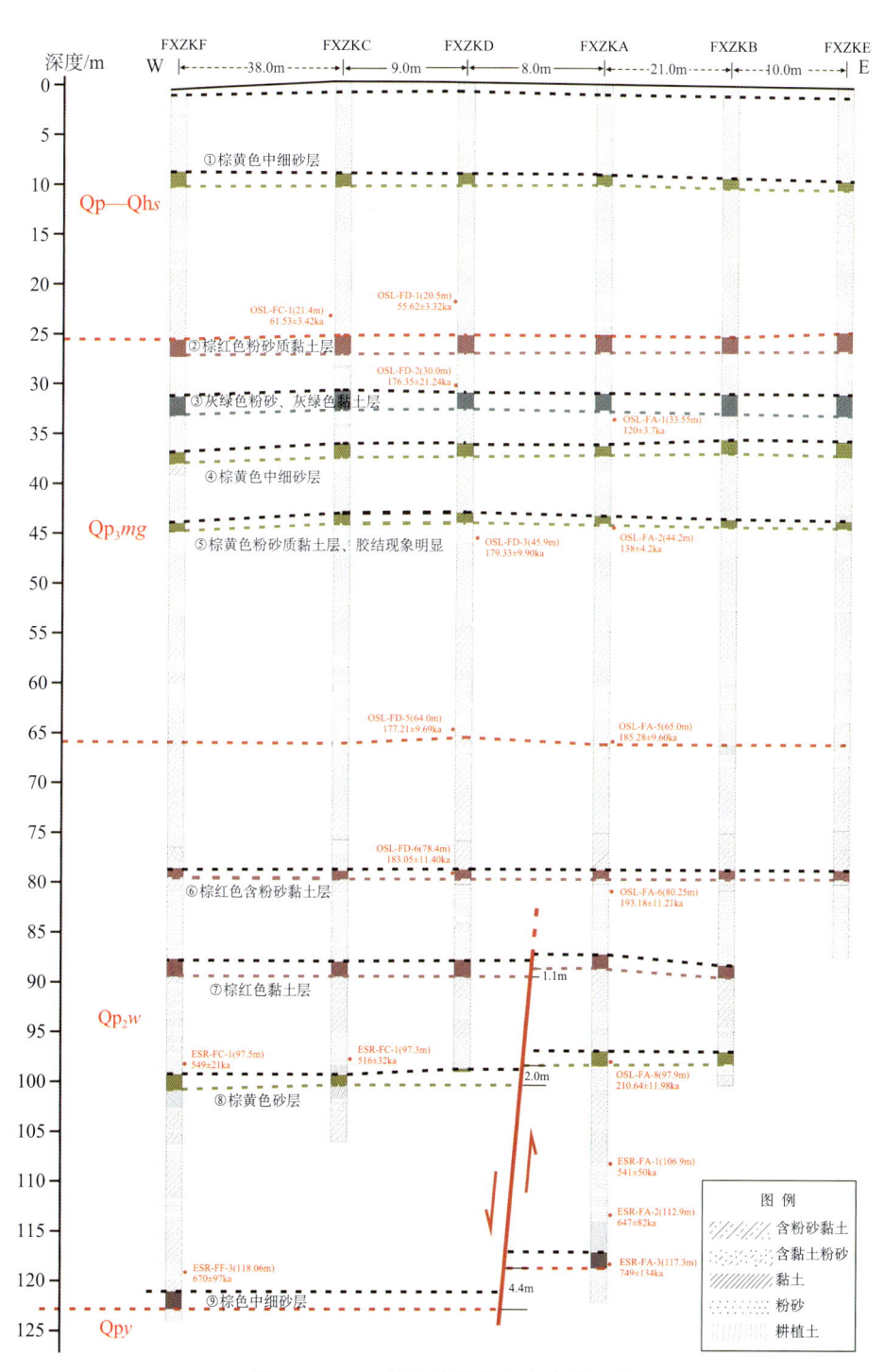

图 3.8　CK5 场地钻孔联合地质剖面图

两个钻孔，这两个钻孔均揭露了此套地层，地层受断层影响明显，断距最大达4.40m。

2. 下更新统断错层段

此场地钻孔最大深度在124.11m，中更新统底界122.00m，所揭露的上更新统厚度较小，没有明显的标志层。

（二）断层运动速率计算

CK5场地断层上断点位于86.80m处的棕红色黏土层（标志层⑦，位于断层下盘），其上的棕红色含粉砂黏土层（标志层⑥）没有明显的断层现象。此棕红色黏土层（标志层⑦）被错断0.50~1.10m。标志层⑧为一棕黄色砂层，其上有两个测年样品（均位于断层上盘），分别为ESR-FF-1（97.50m）和ESR-FC-1（97.30m），测年数据分别为549±21ka和516±32ka，取其均值为532ka。标志层⑧棕黄色砂层被错断约2.00m。

标志层⑨为棕色中细砂层，位于中更新统底部，其与下更新统整合接触，这套棕色中细砂层顶部和底部有两个测年样品，分别为ESR-FF-3（118.06m，断层上盘）和ESR-FA-3（117.30m，断层下盘），测年数据分别为670±97ka和749±134ka，这套棕色中细砂层上部断距约4.40m，考虑到其上标志层⑧断距2.00m，标志层⑦断距为1.10m，表明标志层⑨上部及标志层⑧这两套地层在670~532ka这段时间被断错1.20m，断层运动速率大约为1.70cm/ka。

根据标志层⑨上部ESR-FF-3和下部ESR-FA-3测年数据，表明标志层⑨在749~670ka这段时间断错距离不大于2.40m，在这段时间断层运动速率不大于2.00cm/ka。

三、XK4场地断层活动性分析

（一）XK4场地断层定位及断层活动性鉴定

场地所在测线号为XK4，断点位置桩号为1292，CDP号为581，上断点地表投影为（114.652°E，36.560°N），断层走向南东，倾向西。根据年代学和地层学的分析表明，全新世地层及晚更新世地层在场地内均匀连续分布，地层对比性好，未见断错迹象，见图3.9。邯东断裂断错了89.40~90.00m（断层下盘）处的灰绿色黏土层，其上82.00~83.60m处的浅灰色细砂透镜体没有明显的断错现象，断层上断点埋深在83.60~89.40m，早、中更新世地层中存在明显的断错迹象。

1. 中更新统断错层段

场地内中更新世地层存在较为明显的断错现象，按可对比的层段分析，可识别出5个断错界面，断距分别为0.70、1.30、1.50、1.60、2.40m，具体表现为：

（1）场地内地层在89.00~90.90m范围（相对埋深）分布一套灰绿色黏土层，此套地层在场地内除LZZKA孔外均有出露，与上覆棕红色黏土质粉砂层，下伏棕黄色胶结层岩性差异明显，易于区分。通过地层对比分析，此套地层受断层影响被错开，断距约0.70m。

（2）场地内地层在101.80~103.40m范围（相对埋深）分布一套浅灰绿色黏土层，此套地层在场地内除LZZKA孔外均有出露，与上覆棕红色黏土层，下伏棕黄色粉砂质黏土层岩性差异明显，易于区分。通过地层对比分析，此套地层受断层影响被错开，断距约1.30m。

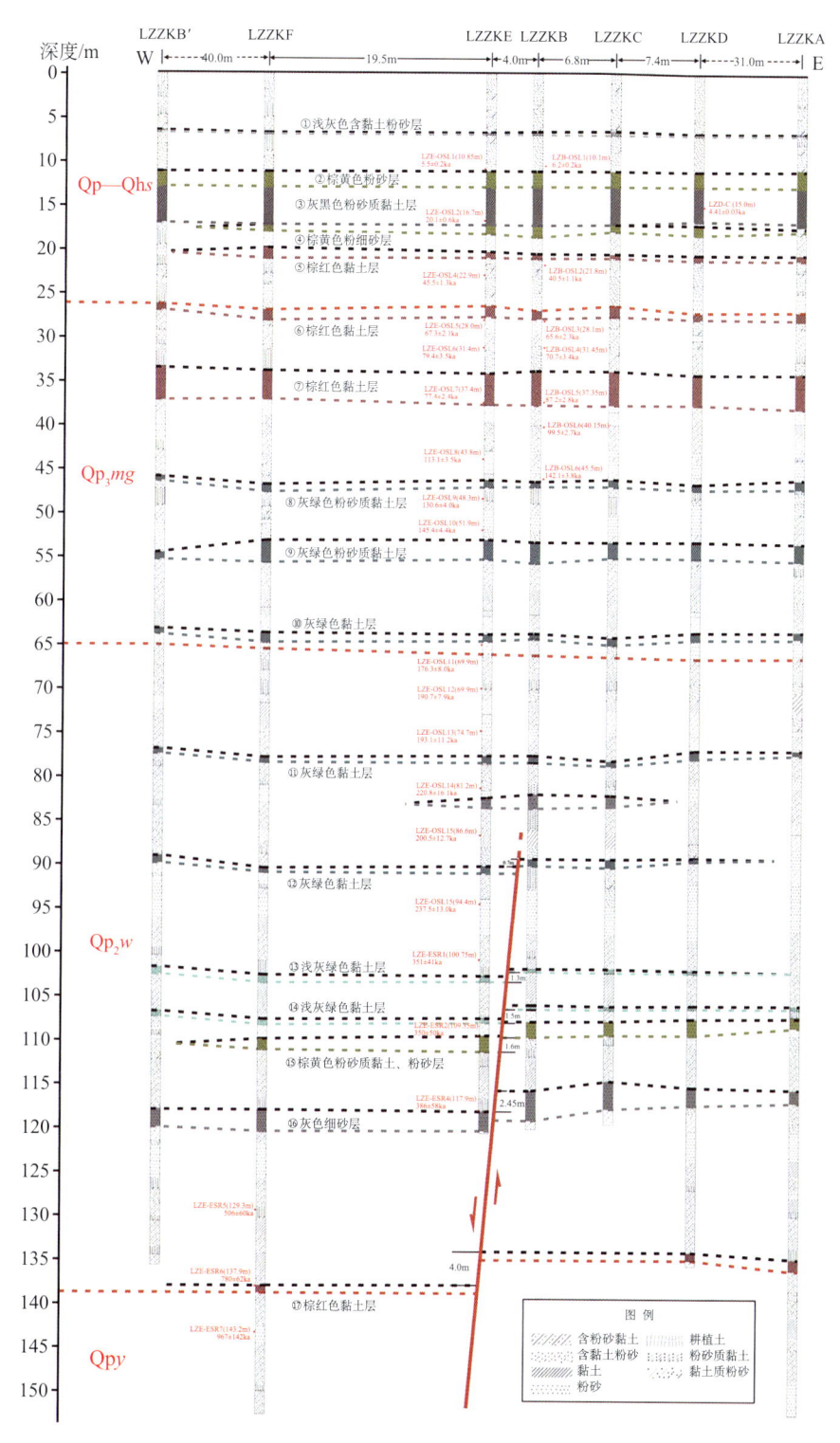

图 3.9 XK4 场地钻孔联合地质剖面图

（3）场地内地层在 105.60~107.95m 范围（相对埋深）分布一套浅灰绿色黏土层或浅灰绿色条带状黏土层，此套地层在场地内各孔均有出露，与上覆棕红色黏土层，下伏棕黄色胶结层岩性差异明显，易于区分。通过地层对比分析，此套地层受断层影响被错开，断距约 1.50m。

（4）场地内地层在 107.00~111.23m 范围（相对埋深）分布一套棕黄色粉砂质黏土及棕黄色粉砂层，此套地层在场地内各孔均有出露，与上覆棕黄色胶结层，下伏棕红色黏土层岩性差异明显，易于区分。通过地层对比分析，此套地层受断层影响被错开，断距约 1.60m。

（5）场地内地层在 114.60~120.45m 范围（相对埋深）分布一套灰色细砂层，此套地层在场地内各孔均有出露，与上覆棕黄色粉砂质黏土层，下伏棕色黏土层岩性差异明显，易于区分。通过地层对比分析，此套地层受断层影响被错开，断距约 2.40m。

2. 下更新统断错层段

场地内早更新世地层存在较为明显的断错现象，按可对比的层段分析，可识别出 1 个断错界面，断距为 4.00m，具体表现为：

场地内地层在 133.80~138.60m 范围（相对埋深）分布一套棕红黏土层，此套地层在场地内断层两侧各孔均有出露，与上覆棕黄色胶结层，下伏棕黄色粉砂质黏土层岩性差异明显，易于区分。通过地层对比分析，此套地层受断层影响被错开，断距约 4.00m。

（二）断层运动速率计算

XK4 场地断层上断点位于 89.00m 处的灰绿色黏土层（标志层⑫，位于断层下盘），其上的粉砂质黏土层及黏土质粉砂层（标志层⑪）没有明显的断层现象。在标志层⑪和⑫之间 82.00~83.60m 处，钻孔 B、C、E 中形成一个浅灰色细砂透镜体，该透镜体没有明显断错现象。标志层⑫灰绿色黏土层被错断 0.70m。标志层⑬为一浅灰绿色黏土层，此浅灰绿色黏土层被错断 1.30m；标志层⑭为一浅灰绿色黏土层，此浅灰绿色黏土层被错断 1.50m；标志层⑮为一棕黄色粉砂层，此浅棕黄色粉砂层被错断 1.60m，其上有一测年样品 LZE-ESR2（109.35m，位于断层上盘）测年结果为 350±50ka；标志层⑯为一灰色细砂层，此灰色细砂层被错断 2.45m，其上有一测年样品 LZE-ESR4（117.90m，位于断层上盘）测年结果为 386±58ka；标志层⑰为一棕红色黏土层，其为中更新统底界，此棕红色黏土层被错断 4.00m。

标志层⑮的棕色粉砂层被错断 1.60m，标志层⑯的灰色细砂层被错断 2.45m，表明断层在 386±58~350±50ka 期间位移约 0.85m，断层运动速率约 2.20cm/ka；标志层⑰棕红色黏土层位于中更新统底部，其与下更新统地层整合接触，这套地层被错断了 4.00m，表明断层在 780±62~386±50ka 期间滑动了 1.55m，断层滑动速率约 0.39cm/ka。

第四节 主 要 结 论

根据浅层人工地震勘探与钻孔联合地质剖面探测资料，通过对场地内钻孔岩芯分析，综合地层、测年数据、地震剖面等，取得了以下认识：

(1) 上断点埋深不同。

邯东断裂在各场地上断点位置不同，表明其活动时代的差异。3个场地内全新世和晚更新世以来的地层均没有断错迹象，揭示邯东断裂晚更新世以来不活动。CK2场地中邯东断裂断错了101.52~102.53m处（断层下盘）的棕红色黏土层，其上93.50~95.00m处的棕黄色含黏土粉砂层没有明显断错现象，上断点埋深位于95.00~101.52m；XK4场地中邯东断裂断错了89.40~90.00m（断层下盘）处的灰绿色黏土层，其上82.00~83.60m处的浅灰色细砂透镜体没有明显的断层现象，断层上断点埋深在83.60~89.40m；CK5场地中邯东断裂断错了86.80~87.68m处（断层下盘）的棕红色黏土层，其上78.60~79.10m处的棕红色含粉砂黏土层没有明显断错现象，断层上断点埋深在79.10~86.80m。

综合分析，邯东断裂晚更新世以来不活动，上断点埋深自北向南逐渐变浅。

(2) 断层活动时代差异。

通过钻孔岩芯分析，CK2场地中更新世地层存在1个明显的断错界面，断距为1.10m，早更新世地层存在2个明显的断错界面，断距分别为2.40、3.90m，表明该场地内断层活动时代为中更新世早中期，其499±42ka以来没有明显活动的迹象；CK5场地中更新世地层存在3个明显的断错界面，断距分别为1.10、2.00和4.40m，表明场地内断层活动时代为中更新世，最新活动时间不晚于183±11ka；XK4场地中更新世地层存在5个明显的断错界面，断距分别为0.70、1.30、1.50、1.60、2.45m，更新世早期地层存在1个明显的断错界面，断距为4.00m，表明场地内断层中更新世早中期活动，最新活动时间不晚于220±16ka。

综合分析，邯东断裂最新活动时代为中更新世晚期，最新活动时间不晚于183±11ka。

(3) 断错运动速率逐渐减弱。

综合断层位移数据、测年数据，CK2场地中更新世早期断层运动速率约为0.55cm/ka，早更新世晚期断层运动速率不大于1.45cm/ka；CK5场地中更新世早期断层运动速率约为1.70cm/ka，早更新世晚期断层运动速率不大于2.00cm/ka；XK4场地中更新世早期断层运动速率约为0.40cm/ka，早更新世晚期断层运动速率不大于2.00cm/ka。

综合分析，邯东断裂早中更新世断层运动速率不大于2.00cm/ka，活动速率自南向北逐渐减弱。

第四章 深浅部构造环境建模与分析

挑选典型的石油地震剖面对邯郸地区深部断裂进行构造解译，结合跨断层钻孔探测、浅层地震剖面、第四系钻孔资料、小震定位数据以及宽频带流动台阵数据、重力及磁力异常等值线图、邯郸凹陷的构造和速度模型，采用三维建模与可视化技术，进行深浅部构造的综合解释，建立区域深浅部断裂构造模型。

第一节 第四系三维建模与分析

收集整理探测区域的水文地质、金属矿产和城市建设等钻孔资料，采用层序地层和旋回地层分析进行钻孔数据的地层划分，综合浅勘剖面层位解释，利用地理信息软件开展三维地层—构造建模和可视化分析，建立探测区域地表至第四纪底部（0~250m）较为精细的现今空间结构、层序—构造格架和三维可视化模型，给出第四系各层序—构造分层的构造图和剖面图。在此基础上，结合前面章节中浅层地震探测和跨断层钻孔成果数据，对邯东断裂的空间展布和活动性进行分析和讨论。

一、钻孔数据收集整理与分析

对河北省地矿局第十一地质大队、河北省地质资料馆的水文地质勘查钻孔及金属矿产地质勘查钻孔进行收集整理与分析，选择其中有代表性的 30 个典型钻孔，并补充跨断层钻孔探测中新获取的 19 个钻孔进行数据标准化处理、空间匹配和层序分层等工作（图 4.1）。

（一）水文地质勘查钻孔

收集了 28 个典型水文地质勘查钻孔，作为建立第四系三维模型的框架数据，大部分钻孔深度超过 200m。

（二）金属矿产地质勘查钻孔

收集了 2 个典型金属矿产地质勘查钻孔，孔深均超过 1000m。

（三）跨断层钻孔探测获取的钻孔

丛台区田寨村 6 个钻孔进尺 829.0m、肥乡区寨中堡村 6 个钻孔进尺 634.3m，肥乡区柳庄村 7 个钻孔，进尺 935.9m。对上述 19 个钻孔进行了层序分层划分和空间匹配等工作。

对参与建模分析的 49 个钻孔进行了系统整理和分析，建立了钻孔层序分层数据库。各地层界面的埋深根据钻孔剖面的岩性分层以及前述地层划分方案和层位特征。综合分析，邯东断裂探测区域的 Qh、Qp_3、Qp_2、Qp_1 埋深在 10~30、30~90、50~130、120~370m。

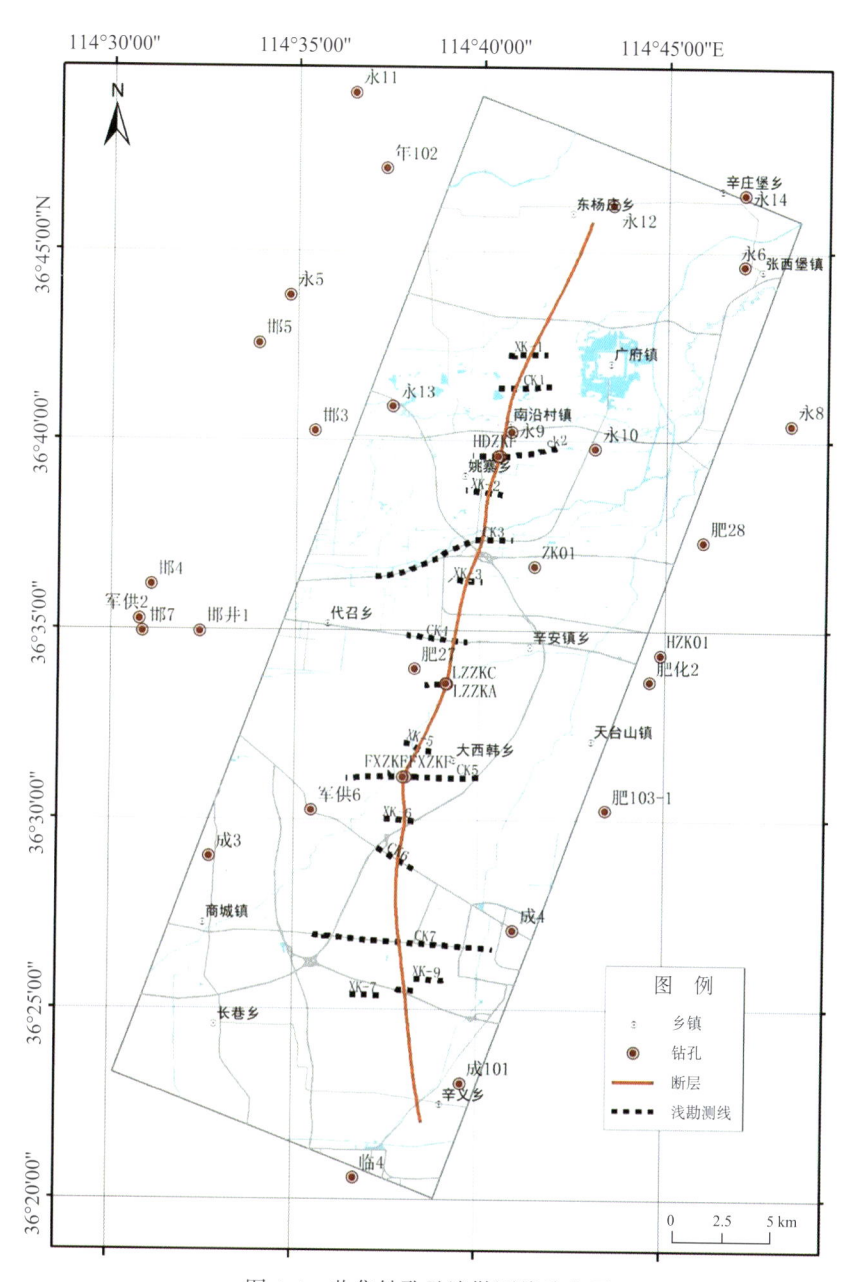

图 4.1 收集钻孔及浅勘测线分布图

二、浅层人工地震勘探数据处理

要探明地下结构，三维地震勘探是更为有效的手段，但是现阶段的经费投入不足以支持在活断层探测工作中开展三维地震勘探。将二维勘探数据转化为三维数据，并与钻孔数据进行联合三维建模是一种可行的技术思路，尤其是在浅勘测线密度较大的地区。本研究共布设了42.8km的浅层人工地震测线，为采用浅勘测线数据和钻探数据开展三维建模提供数据基础。研究团队尝试采用钻孔数据联合浅勘数据进行第四系底界面恢复及三维地质与构造建模。

（一）浅勘测线空间分布

本次地震勘探跨邯东断裂共布设了17条测线，测线位置见图4.1，其中控制性测线8条；在控制性探测工作的基础上，根据邯东断裂的走向，布设了详勘测线9条。

（二）浅勘测线数据处理

浅层人工地震勘探的时间剖面经数据处理、解释后得到深度剖面，深度剖面包含各层面埋深和断层的可能位置。对这些二维剖面的处理包括了数据预处理、格式转换、坐标系定义、模拟数据和三维层位界线数据生成、数据后处理等主要过程，总体流程如图4.2。

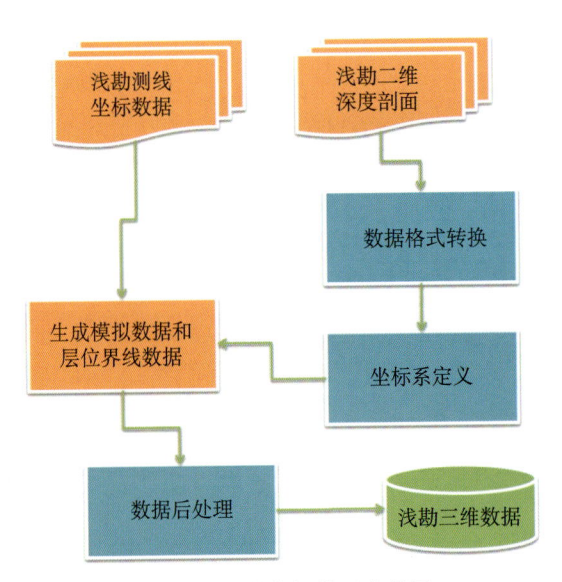

图4.2 浅勘数据处理流程图

1. 数据预处理

主要是对测线桩号和坐标数据的合并、简化和标准化。测线桩号和坐标数据是数据转化的主要参考数据，为数据由二维向三维转化提供了空间基础数据参考。

2. 数据格式转换

浅勘二维深度剖面的成果数据以AutoCAD DWG格式存储，需要在ArcGIS中导入并输出为Shape File格式。之后进行垂直坐标系定位并生成模拟钻孔数据和地层界面数据。

3. 坐标系定义

导入到 ArcGIS 中的二维剖面，需要对其坐标系定义，才能基于测线桩号和坐标数据进行三维转换，即根据测线的深度和起始桩号将其定义为沿测线横向延展和沿深度纵向延展的二维坐标系。定义后的剖面横坐标为桩号，纵坐标为深度。需要注意的一个问题是，对于桩号由大至小的剖面，仍从左至右定义，即将起始桩号左侧的桩号定义为负值。

4. 模拟数据和层位界线数据生成

为完成浅勘剖面数据由二维向三维的转化编制了数据转换程序。该程序可设定需转换的剖面、参考数据文件、采样间隔、输出数据文件名称等参数，并根据上述参数，自动完成数据的转换，生成基于浅勘剖面的钻孔层序界面模拟数据，以及各层位界线的节点数据。

5. 数据后处理

对生成的三维剖面数据需要进行后处理，主要是模拟数据的合并和层位界线数据的生成。合并后的模拟数据可以和钻孔数据进行三维联合建模，层位界线节点数据则可以转化为线数据，与时间剖面一起实现三维联合显示。

三、三维联合建模

（一）三维建模流程

基于 ArcgGIS 平台开展了三维地质建模与可视化分析。建模的基本流程包括基础资料处理、钻孔数据整合、浅勘剖面处理、三维建模数据体生成、二维成图与剖面生成、成果分析与输出等（图 4.3）。

图 4.3 三维地质建模与分析流程

三维建模分析基于钻孔层序分层数据和浅勘剖面处理后的模拟层序分层数据。钻孔数据的录入及层序分层在 Excel 中进行，钻孔位置标定、浅勘剖面模拟数据生成由 ArcMap 完成。将具有地理坐标的钻孔底图数据和层序分层数据进行连接，可形成具有地理坐标和钻孔基本属性参数的钻孔层序分层数据体。将 ArcMap 插值生成的地层界面结合和三维包围剖面，可在 ArcScene 中形成三维地质体、地层界面及剖面的显示，即模型的重构。此外，基于 ArcMap 还开展了二维钻孔分布图、剖面位置图和地层界面空间展布图的输出、二维层序—构造综合分析等。

（二）ArcGIS 建模与分析

ArcGIS 的传统优势在于二维地图的显示，但 ArcGIS10 版本中对三维功能的增强，实现了在 ArcScene 中构建接近于专业三维地质建模软件形成的三维模型。利用 ArcGIS 的扩展工具和本研究二次开发的功能模块，可以方便地进行二维、三维剖面切割，并将钻孔投影到二维剖面上，有利于基于建模成果数据开展第四纪地层—构造分析。

1. 数据的导入和插值界面的生成

在 ArcGIS 中，首先基于钻孔数据和模拟数据生成地层层序界面的 TIN 数据，用于三维显示，并将这些等值线数据转化为三维的点集，并进一步插值生成 GRID 格式的地层层序界面，用于二维地图的显示和输出，对个别层序界面仍存在的穿层现象也进行了处理。

2. 地质体包围界面和剖面的生成

在 ArcMap 中，采用 ArcGIS 扩展模块和专门研发的程序进行了地质体包围界面和剖面的生成。地质体包围界面和三维剖面的生成采用 Slice3D 插件完成，该插件提供了基于层序界面埋深数据和剖面位置生成二维和三维剖面的功能，本研究主要利用其中的三维剖面生成功能创建地质体包围界面和三维剖面。

此外，还利用 CrossSection 插件进行了扩展开发并用于二维剖面的生成，该插件生成的二维剖面可将钻孔投影到剖面上，更利于分析。由于该插件生成的剖面数据为线格式，因此又建立了将这些剖面线转化为填充剖面的模型。

3. ArcScene 中的三维地质模型显示

基于上述生成的地层界面、包围界面和剖面数据，在 ArcScene 中进行了探测区三维地质模型的构建，结合层序界面、剖面等进行了三维综合显示与分析（图 4.4）。三维显示环境的一个优势是可以将原来二维地图无法显示的浅勘剖面、钻孔柱状图等与层序界面、断层等进行三维综合显示，并基于综合显示对分析解释成果与原始数据进行对照，进一步论证分析结果的可靠性，并可能发现在二维显示环境下无法发现的问题。

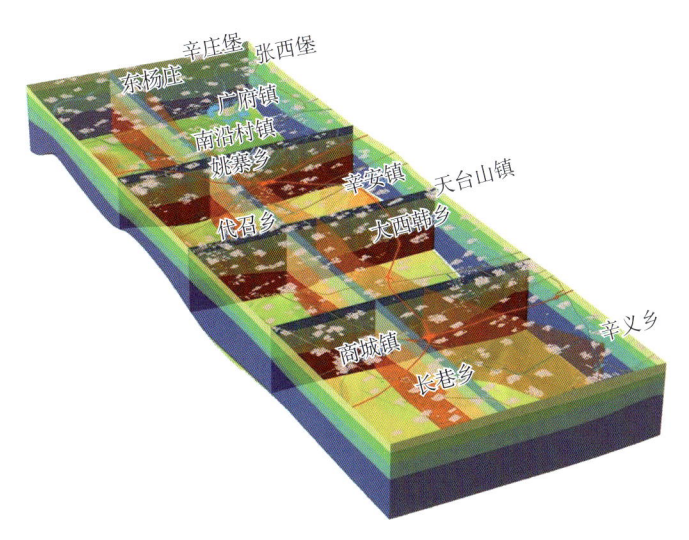

图 4.4 ArcScene 中三维地质模型的综合展示

四、第四系三维建模构造分析

在 ArcGIS 平台中结合 1：10000 基础地理数据和层序界面的建模分析结果编制了 Qh、Qp_3、Qp_2、Qp_1 底界埋深等值图，用颜色表示各底界面的起伏情况（图 4.5 至图 4.8），图 4.9 给出了 4 条剖面的位置，图 4.10 至图 4.13 各给出了 4 条剖面的二维图，临近的钻孔投影到剖面上（距离 5km 范围内）。在剖面的选取上，既兼顾了与钻孔联合剖面的对应，又补充了一条北东向剖面。以下分述各层序界面的起伏情况。

（一）主要地层界面与断层关系讨论

1. Qh 底界面

如图 4.5 所示，Qh 底界面的埋深为 8~26m，厚约 5~37m，整体上呈南西向北东深度逐渐增加的趋势，在姚寨、张西堡附近，出现两个相对较深的区域。商城、辛义以南，辛安镇以东为埋深相对较浅的区域。总体上看，本区 Qh 底界面总体上呈自东向西，自南西向北东递增的趋势，这与 1：25 万区调报告中冲洪积分布区域相一致。

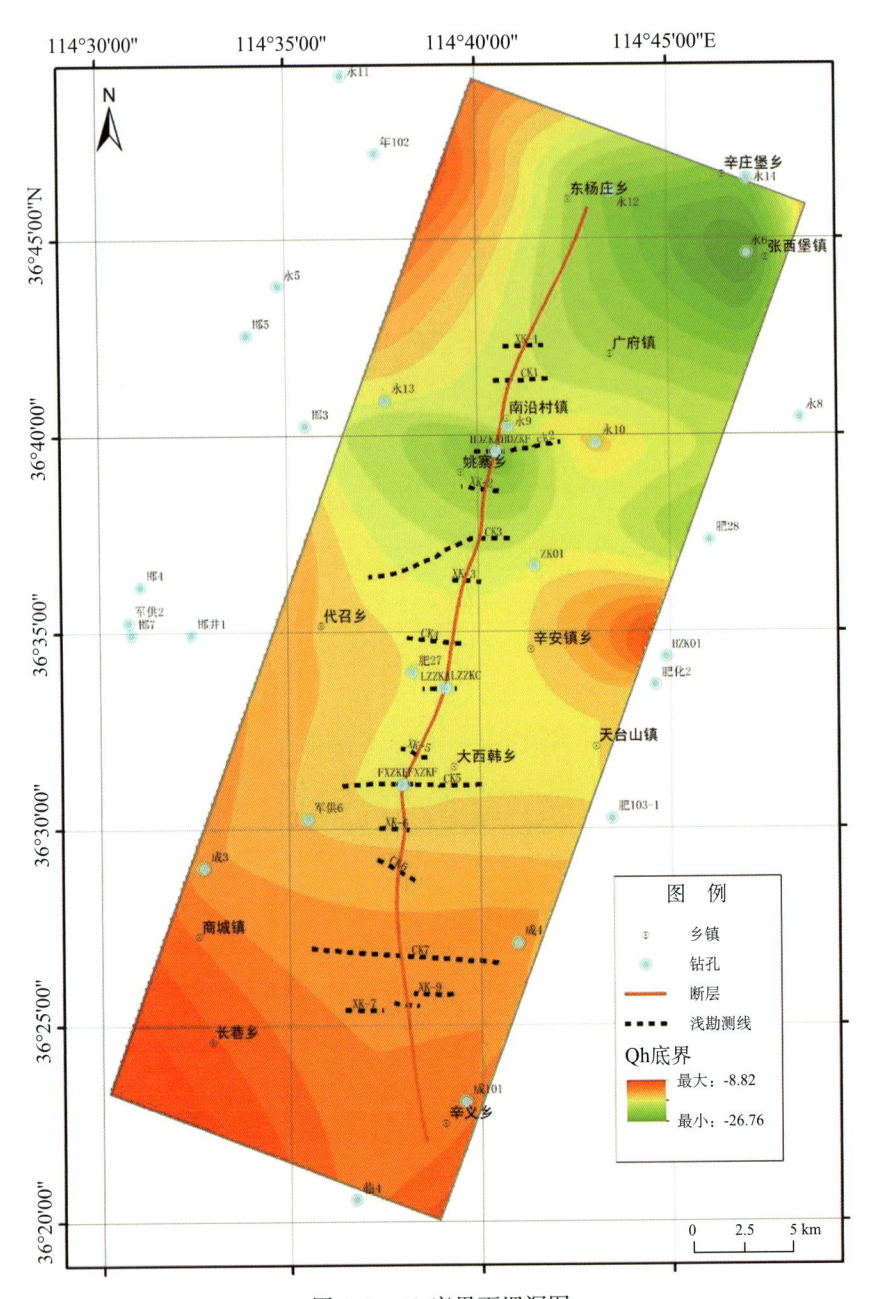

图 4.5　Qh 底界面埋深图

2. Qp_3 底界面

如图 4.6 所示，Qp_3 底界面的埋深为 1~70m，厚约 28~92m，整体上呈东深西浅、北深南浅的趋势，自商城北至大西韩乡、辛安镇至姚寨乡、广府北至张西堡为相对较深区域，广府北至张西堡为相对较深区域。总体上看，工作区 Qp_3 底界还是呈现了两侧高、中间低的趋势。

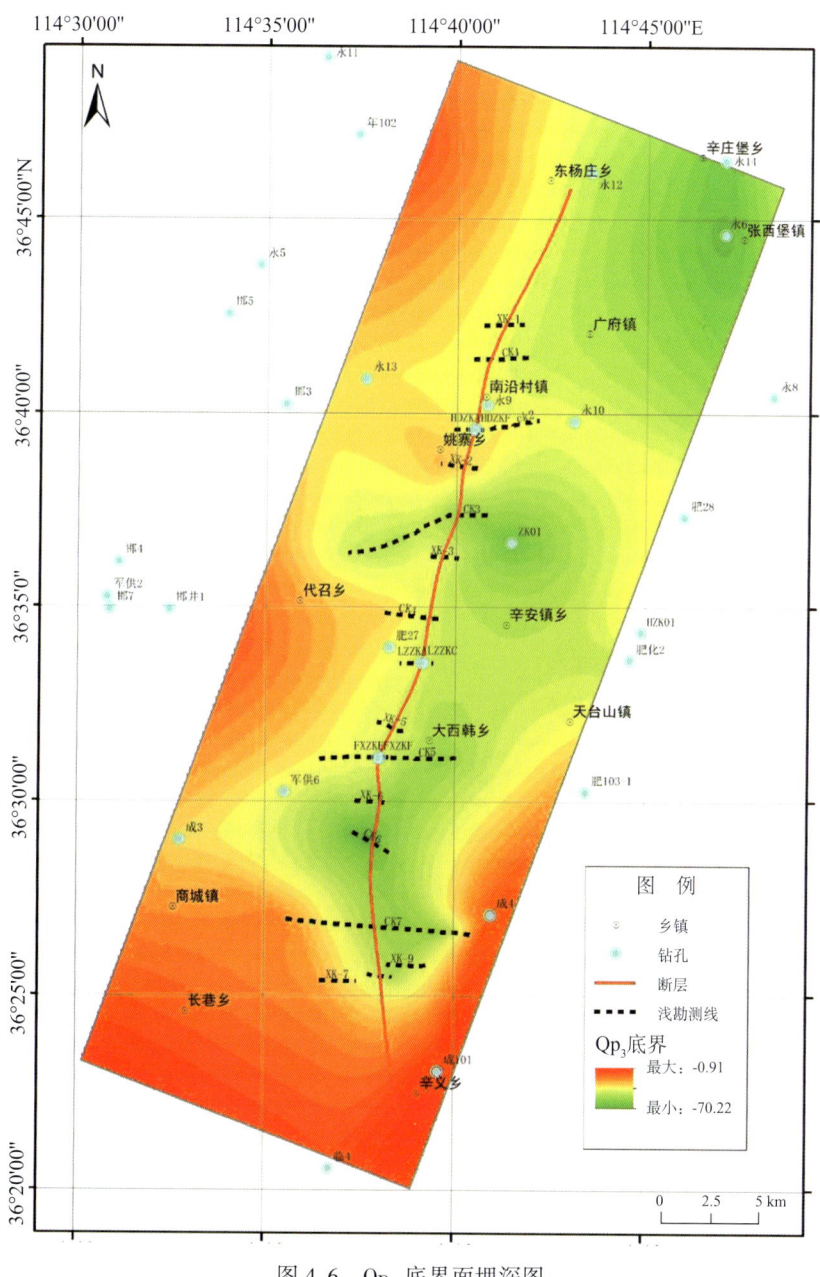

图 4.6 Qp_3 底界面埋深图

3. Qp$_2$ 底界面

如图 4.7 所示，Qp$_2$ 底界面的埋深为 36~166m，厚约 47~152m，整体上呈中间深、两侧浅的凹陷形态。商城以北至辛安镇为较深区，广府北至张西堡为较深区域。总体上，Qp$_2$ 底界与 Qp$_3$ 底界展布总体一致，但在姚寨至南沿村为相对较浅区域。

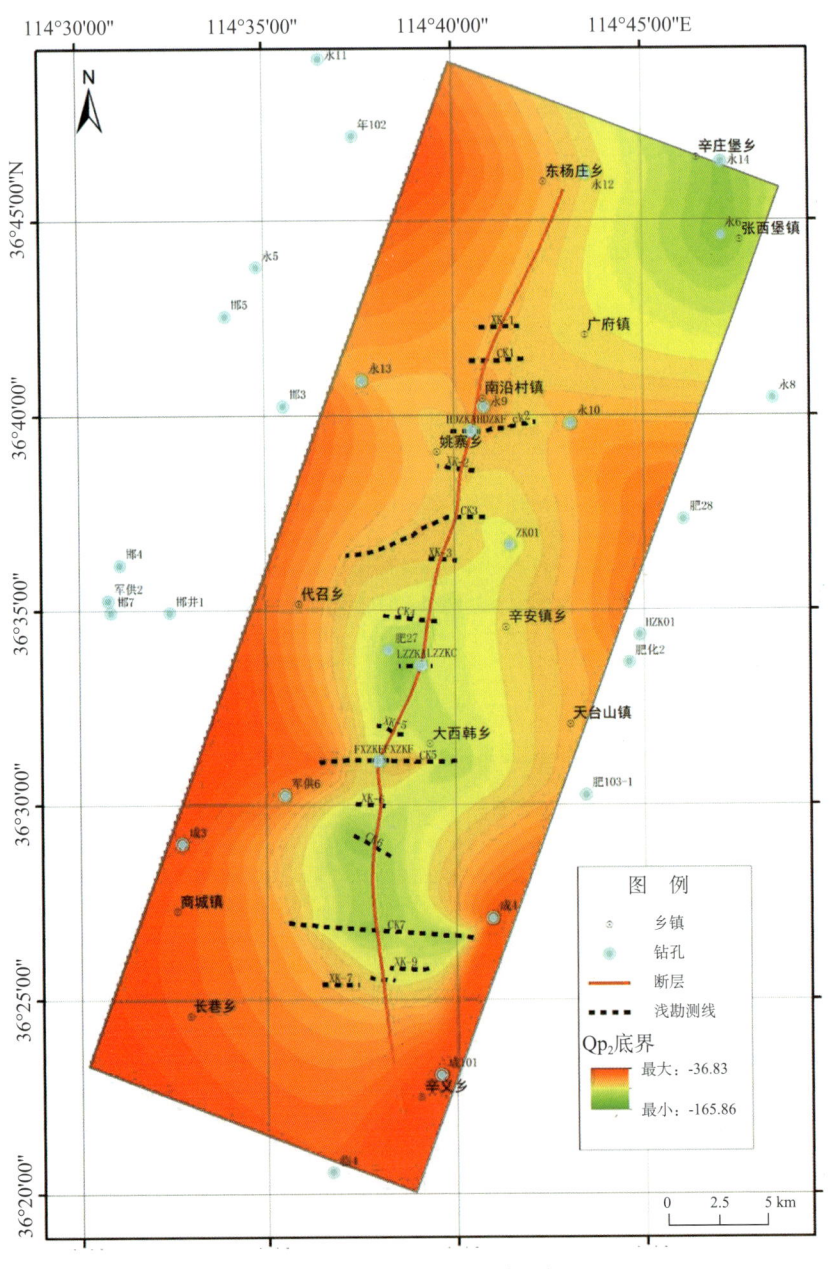

图 4.7 Qp$_2$ 底界面埋深图

4. Qp_1 底界面

如图 4.8 所示，Qp_1 底界面的埋深为 $100 \sim 227 m$ 明显，厚约 $87 \sim 371 m$，整体上呈中间深、两侧浅的凹陷形态。凹陷区域的南沿村、CK6 测线有两个相对较浅的区域，辛安镇以东、商城镇以西、以南区域相对较浅。总体上体现了 Qp_1 底界对 Qp_2 底界的控制，这种埋深形态的控制自 Qp_2 向 Qp_3、Qh 逐渐减弱。

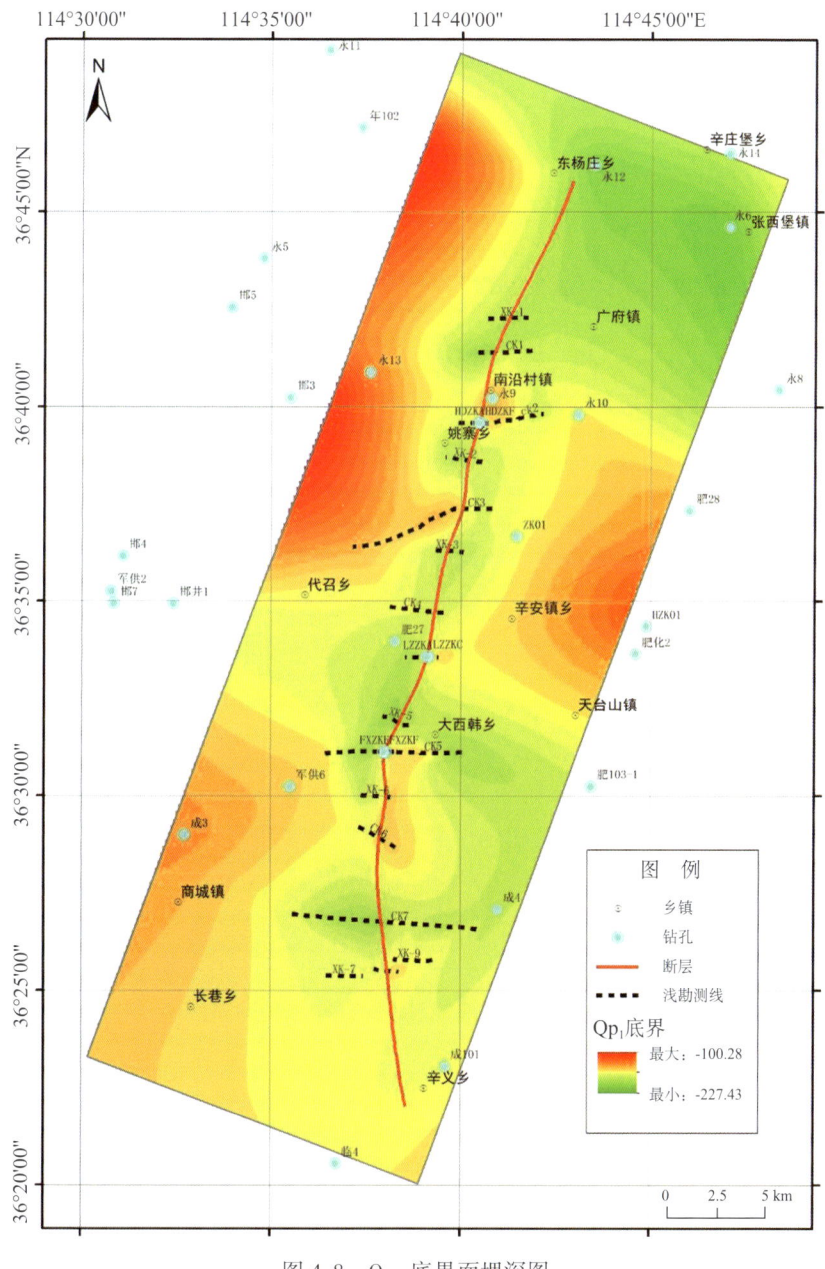

图 4.8　Qp_1 底界面埋深图

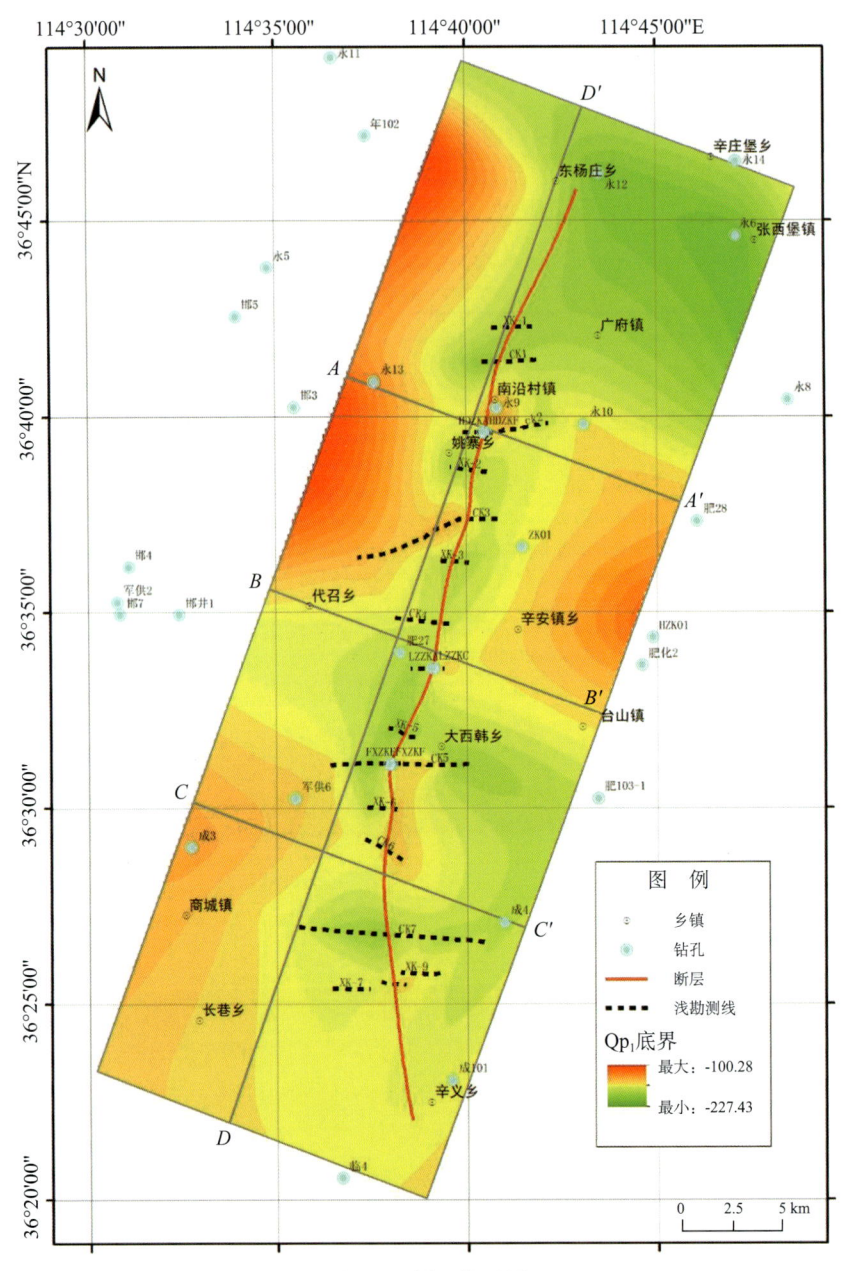

图 4.9 剖面位置图

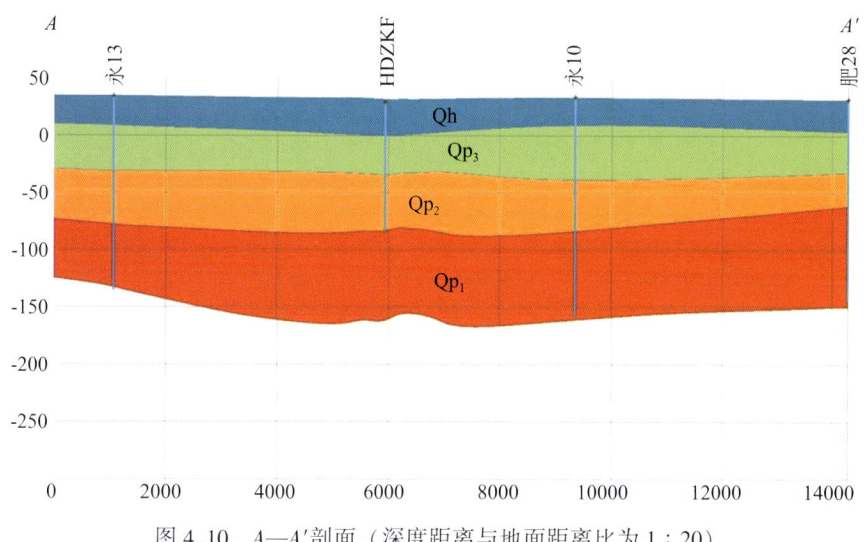

图 4.10 A—A′剖面（深度距离与地面距离比为 1∶20）

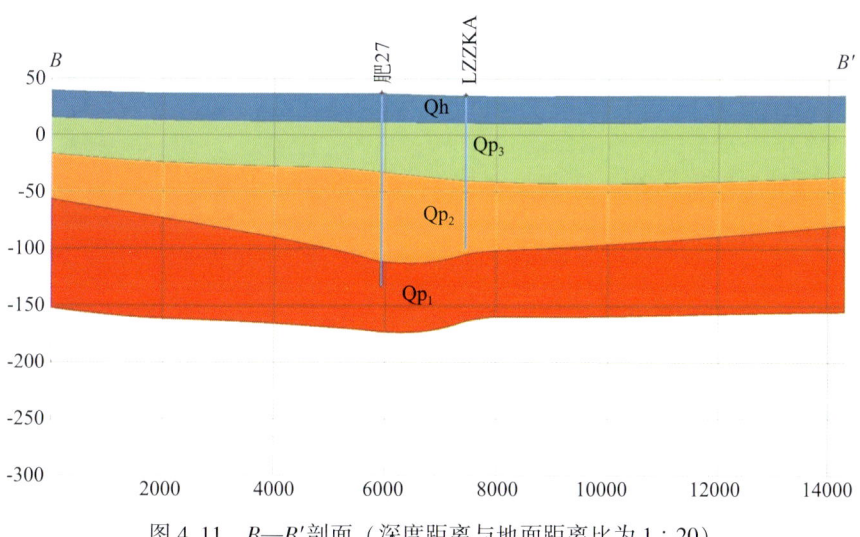

图 4.11 B—B′剖面（深度距离与地面距离比为 1∶20）

图 4.12　C—C′剖面（深度距离与地面距离比为 1∶20）

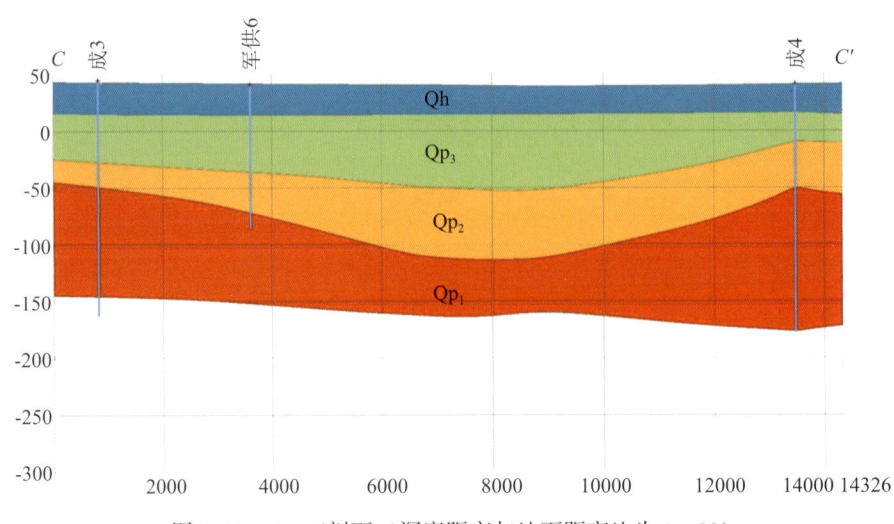

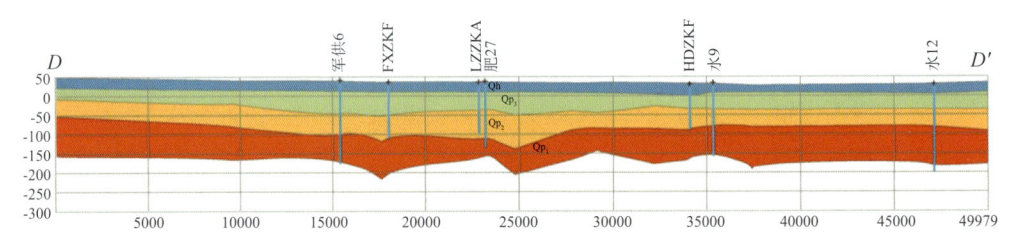

图 4.13　D—D′剖面（深度距离与地面距离比为 1∶20）

(二) 界面起伏与邯东断裂的对应关系

从浅勘、跨钻孔探测获取的数据和分析结果看，邯东断裂的活动性总体比较弱，活动时代确定为晚更新世以前。浅勘标志性层位的解释结果显示，断层上断点埋深未达 Qp_3 底界，部分剖面未达 Qp_2，并且越向上错动幅度越小，断层活动总体体现在新近系及其内部界面。

邯郸市地势西高东低，由西向东依次为西部山区、中部丘陵区、东部平原区及盆地等。西部侵蚀剥蚀山地，属太行山隆起的东部边缘地带，新近纪以来一直处于整体隆升为主的构造运动中，新构造运动差异升降控制了地貌的发育，山脉、丘陵、盆地相间分布。根据邯郸市第四纪地层三维结构图可以清晰看出，由西往东，第四系厚度逐渐增加，尤其是从邯郸市区—肥乡—旧店之间梯度快速变化。

钻孔数据联合浅勘模拟数据的二维、三维建模结果也体现了这一点。从 Qh、Qp_3、Qp_2 与 Qp_1 的底界面的起伏形态看，总体上显示了东部太行山整体隆升的新构造运动特征。同时，不同的界面又存在一些细微的变化，一定程度反映出邯东断裂的活动特征。

Qp_1 底界在中部大西韩乡区域存在一个较大的沉积区域，断层展布与底界面埋深的变化有一定的相关性体现。比如在南沿村、姚寨一带，大西韩乡向南的区域，断层对地层界面埋深的变化有一定的控制。这一规律从 AA′、BB′、CC′、DD′四条剖面上也有一定体现，AA′剖面在 6000~8000、BB′剖面在 6000~8000、CC′剖面在 8000~10000 横坐标区域，底层界面上一定程度上体现了断层的控制。邯东断裂北段基本位于沉积与隆起的交接处，邯东断裂南段的活动性相对强于北段。

Qp_2 底界相对更加清晰，南段在大西韩乡附近存在明显的沉积带，沿邯东断裂展布。邯东断裂基本沿沉积梯度带展布，西高东低，明显受西部隆升运动控制。

Qp_3 底界与 Qp_2 基本一致，沿邯东断裂基本出现沉积凹陷的边界，西部沉积薄，东部沉积厚，明显受西部隆升控制，断层活动特征不明显。

Qh 断层行迹不明显。整体表现为西部相对较高，在姚寨乡存在一个凹陷，西北部的张家堡镇存在一个凹陷。

图 4.14、图 4.15 为地层底界面和剖面、断层面、区域小震定位等数据的三维联合展示。从三维模型看，断层对各底层界面的控制不很明显，小震数据的分布与断层位置的相关性不强。综合上述分析结果，基本可以确定邯东断裂主要活动时代为早第四纪，晚更新世以来没有活动迹象。

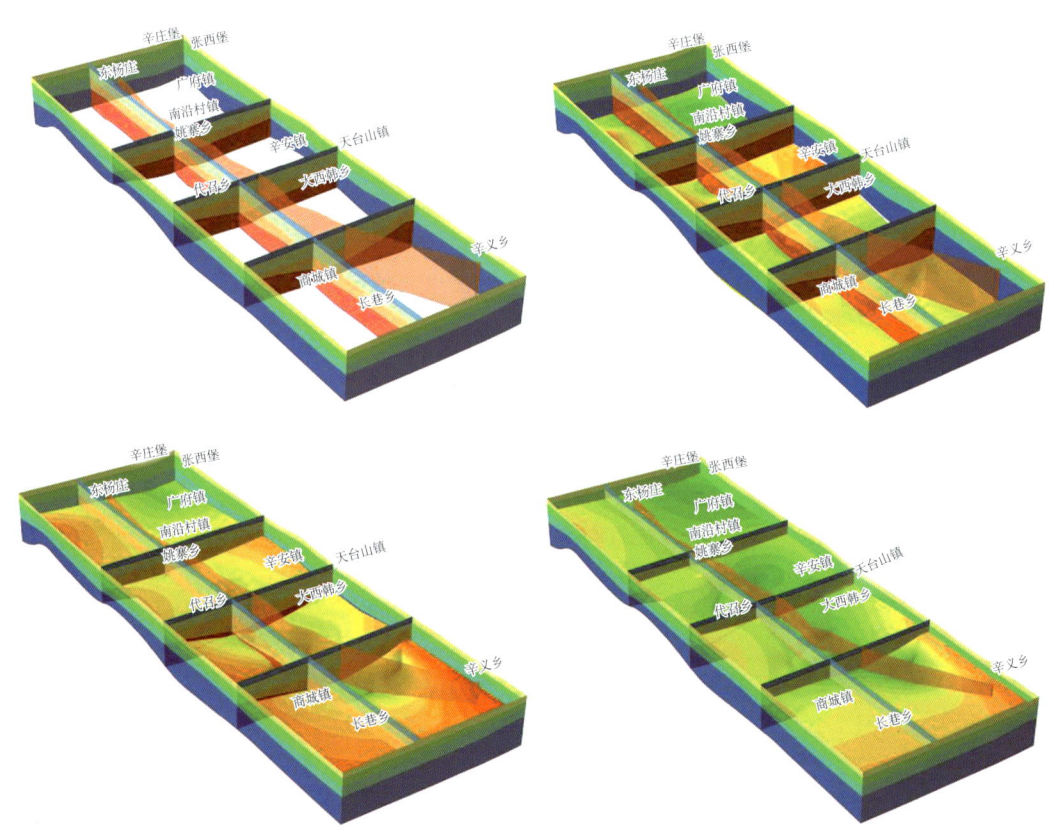

图 4.14　地层底界面与剖面的联合展示

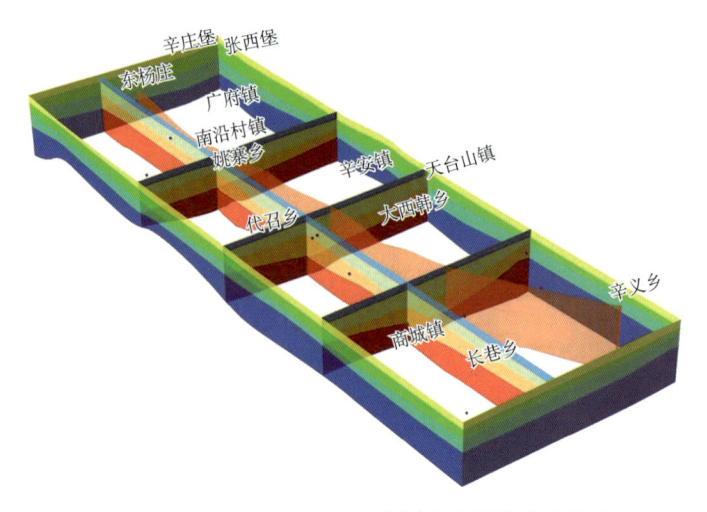

图 4.15 Qp₃ 底界、剖面、断层与小震的联合展示

第二节 小震重新定位与层析成像研究

近年来，随着地震监测台网的发展，在区域内积累了丰富的地震观测资料，这就使得有可能对记录小震进行重新分析，获得地壳内部的速度三维结构，探寻现代小震与深部地壳结构间的空间展布关系，揭示历史以及近代中强地震与速度结构的联系，探讨强震的深部地质背景和发震构造，为地震成因与预测研究提供依据，为地震危险性评价及孕震机理研究建立地质模型。

韦士忠等（1987）利用中小地震波谱对华北北部地区的应力场和地震危险性进行了研究。孙若昧和刘福田（1995）根据小震的 P 波及 S 波速度结构对华北的地壳结构进行了分析，取得了较好的研究结果。以下将对工作区 20 年来 1.0 级以上的小震进行重新定位分析，建立区域速度三维结构，分析小震活动与深部构造之间的关系以及随时间分布的特征，并结合前人的研究成果，获得地壳基本结构。

一、数据来源

搜集了工作区 1991 年以来的震相观测数据。主要的数据来源有以下三个方面：

（1）1991~2001 年的《华北遥测地震台网联网地震观测报告》。报告中的数据资料来源于北京遥测地震台网、天津遥测地震台网、邯郸遥测地震台网、临汾遥测地震台网、太原遥测地震台网、大同遥测地震台网，以及石家庄地震遥测中心。

（2）2002~2008 年的《北京数字遥测地震台网地震观测报告》。报告中的数据资料来源于中国地震局地球物理研究所北京数字遥测地震台网、河北省地震局石家庄数字遥测地震台网、天津市地震局天津数字遥测地震台网、北京市地震局数字遥测地震台网、山西省地震局太原数字遥测地震台网。

（3）2009~2021 年华北地区（111°~120°E，35°~42°N）的地震观测报告。这些数据来

源于中国地震局地球物理研究所北京数字遥测地震台网、河北省地震局、天津市地震局、北京市地震局、山西省地震局。

在地震定位时共使用了 289 个地震台站，台站分布如图 4.16 所示。根据现有的台站分布，本研究计算了华北地区的地震监测能力。结果显示北京、天津地区的地震台站分布最为密集，地震监测能力最高，可以监测到 $M_L=0.5$ 级的地震；邢台、邯郸、太原、呼和浩特，以及鲁西南地区可以监测到 $M_L=1.0$ 级的地震；其他地区基本可以监测到 $M_L=2.0$ 级左右的地震。

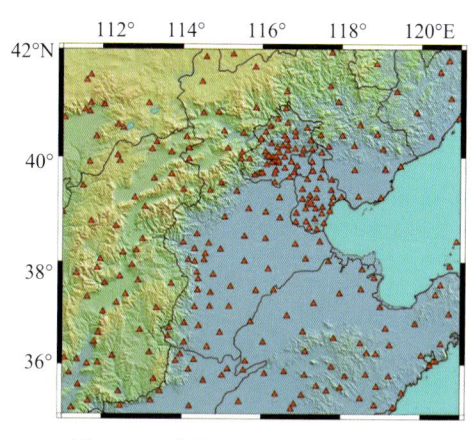

图 4.16　华北地区地震台站分布 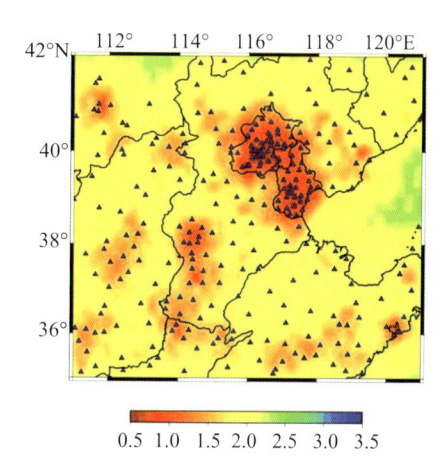　　　图 4.17　华北地区地震台网的监测能力

二、小震定位与层析成像方法简介

（一）小震定位方法

常规的地震定位方法一般为绝对定位方法，盖格法（Geiger，1912）是最基本、最原始的地震定位方法，其实质是将非线性方程组线性化，并通过最小二乘基本原理求解。盖格法对初值的依赖性较大，有时会使得定位发散或得不到定位结果。为提高地震定位精度，常采用与绝对定位方法不同的相对定位方法，如主事件定位法、双差定位方法。相对定位方法可以较好地解决速度模型引起的误差。许多研究表明，相对定位方法的定位精度要高于传统的地震定位方法。

双差定位法由 Waldhauser 和 Ellsworth 提出，已经被国内、外地震学家广泛地应用到地震定位中（Waldhauser et al.，2000；杨智娴等，2003；黄媛等，2006；房立华等，2011，2013，2018），它在确定地震之间相对位置方面具有很高的精度，是研究特定地区地震活动特征、活动断层空间展布等的重要手段。

根据射线理论，对于地震 i 到达台站 k 所用时间可用射线理论表示为：

$$T_k^i = \tau^i + \int_i^k u \mathrm{d}s \qquad (4.1)$$

式中，τ^i是地震 i 的发震时刻；u 是慢度矢量；ds 是路径积分元。其中震源参数（x_1，x_2，x_3）、发震时刻、慢度场、射线路径都未知。由于地震走时与震源参数存在着非线性的关系，采用截断的泰勒级数展开线性化方程（4.1）。理论到时与观测到时的差（即残差）r_k^i 与震源参数的扰动量和波速结构参数是线性相关的：

$$r_k^i = \sum_{l=1}^{3} \frac{\partial T_k^i}{\partial x_l^i} \Delta x_l^i + \Delta \tau^i + \int_i^k \delta u ds \quad (4.2)$$

若地震 j 也被台站 k 所记录，则有：

$$r_k^j = \sum_{l=1}^{3} \frac{\partial T_k^j}{\partial x_l^j} \Delta x_l^j + \Delta \tau^j + \int_j^k \delta u ds \quad (4.3)$$

则这两个事件与计算理论走时差的残差即双差：

$$dr_k^{ij} = r_k^i - r_k^j = \sum_{l=1}^{3} \frac{\partial T_k^i}{\partial x_l^i} \Delta x_l^i + \Delta \tau^i + \int_i^k \delta u ds - \sum_{l=1}^{3} \frac{\partial T_k^j}{\partial x_l^j} \Delta x_l^j - \Delta \tau^j - \int_j^k \delta u ds \quad (4.4)$$

如果一群地震的分布比较集中，当地震 i 和 j 震源之间的距离远小于它们到地震于它们到地震台站的距离，也小于震源区速度不均匀的尺度时，从每次地震到同一台站的路径几乎是相同的。可以应用相对定位法将这群地震的相对位置测定得比较精确。该方法通过引入到时差，计算相对位置，从而消除了速度模型的不均匀性引起的误差，具有明显的优越性。

根据上述思想，当两个地震震源位置相距很近时，可以假定它们到同一台站的射线路径是几乎相同的，同时已知波速结构，可将（4.4）式简化为：

$$dr_k^{ij} = r_k^i - r_k^j = \sum_{l=1}^{3} \frac{\partial T_k^i}{\partial x_l^i} \Delta x_l^i + \Delta \tau^i - \sum_{l=1}^{3} \frac{\partial T_k^j}{\partial x_l^j} \Delta x_l^j - \Delta \tau^j \quad (4.5)$$

式中，dr_k^{ij} 是"双差"，即两个地震（地震对）的到时的观测值与理论计算值的残差的差：

$$dr_k^{ij} = r_k^i - r_k^j = (T_k^i - T_k^j)^{obs} - (T_k^i - T_k^j)^{cal} = (t_k^i - t_k^j)^{obs} - (t_k^i - t_k^j)^{cal} \quad (4.6)$$

第 i 个地震和第 j 个地震在同一台站 k 的地震波的到时分别为 T_k^i 和 T_k^j（走时 t_k^i 和 t_k^j）。等式（4.5）和等式（4.6）结合，说明双差是随着震源参数和发震时间而变化的。式（4.5）为双差定位算法的观测方程。

若令 $\Delta m^i = (\Delta x_1^i, \Delta x_2^i, \Delta x_3^i, \Delta \tau^i)$ 是第 i 个地震的震源参数改变量。将所有地震（i，$j = 1, 2, \cdots, N$），所有台站（$k = 1, 2, \cdots$），得到的形如（4.5）式的方程用矩阵形式表现，便得到下列方程：

$$WGm = Wd \tag{4.7}$$

式中,G 是一个 $M \times 4N$ 的偏微商矩阵(M 是双差观测的数目,N 是地震数);d 是包含双差的数据矢量;m 是长度为 $4N$ $[\Delta x_1^i, \Delta_2^i, \Delta_3^i, \Delta \tau^i]$,含有待定的震源参数的变化;$W$ 是一用来对每个方程加权的对角线矩阵。反演过程中,引进了一个表示所有的地震经重新定位后其平均"位移"为零(也即其"矩心"不动)的约束条件:

$$\sum_{i=1}^{N} \Delta m^i = 0 \tag{4.8}$$

以阻尼最小二乘求解方程(4.8),问题归结为:

$$W \begin{bmatrix} G \\ \lambda I \end{bmatrix} m = W \begin{bmatrix} d \\ 0 \end{bmatrix} \tag{4.9}$$

式中,λ 为阻尼因子;I 为单位矩阵,由正则方程可以得到方程(4.9)的解为:

$$\hat{m} = (G^{\mathrm{T}} W^{-1} G)^{-1} G^{\mathrm{T}} W^{-1} d \tag{4.10}$$

当地震数目不大时,可以用奇异值分解法(SVD)得到正则方程(4.9)的解:

$$\hat{m} = V \Lambda^{-1} U^{\mathrm{T}} d \tag{4.11}$$

式中,U 和 V 分别为矩阵 G 的两个正交奇异矢量矩阵,是由 G 的奇异值构成的对角线矩阵。

在实际计算中,采用共轭梯度法求解方程(4.9),得到阻尼最小二乘解。

(二)层析成像方法

基于射线理论,在球对称模型情况下,对于给定的地震,从第 i 个震源 (X_i, Y_i, Z_i) 到第 j 个地震台站的地震波走时可以表示为 T。记从震源到台站的射线路径为 Γ,则:

$$T = \int_{\Gamma} \frac{1}{v(r)} \mathrm{d}l \tag{4.12}$$

式中,Γ 为地震波的传播路径;$v(r)$ 是与空间位置有关的速度函数,$1/v(r)$ 为慢度。走时方程是一个非线性的积分方程,地震波的走时取决于慢度和射线路径 Γ。

如果给定一个参考模型 $v_0(r)$,走时方程可写为:

$$T_0 = \int_{\Gamma_0} \frac{1}{v_0(r)} \mathrm{d}l \tag{4.13}$$

式中，T_0 是地震波在参考模型 $v_0(r)$ 中沿路径 Γ_0 传播所用的时间。如果在参考速度 $v_0(r)$ 上加一个速度扰动值 δv，即 $v(x) = v_0(x) + \delta v$，则地震波的路径和走时都会有一个扰动值，即 $\Gamma = \Gamma_0 + \delta \Gamma$，$T = T_0 + \delta T$，走时方程可以改写为：

$$T_0 + \delta T = \int_{\Gamma_0 + \delta \Gamma} \frac{1}{v_0(r) + \delta v} \mathrm{d}l \tag{4.14}$$

将 $\frac{1}{v_0(r) + \delta v}$ 用几何级数展开：

$$\frac{1}{v_0 + \delta v} = \frac{1/v_0}{1 - (-\delta v/v_0)} = \frac{1}{v_0} - \frac{\delta v}{v_0^2} + \frac{\delta v^2}{v_0^3} - \cdots$$

略去二阶小量，可得：

$$\delta T \approx -\int_{\Gamma_0} \frac{\delta v}{v_0^2} \mathrm{d}l \tag{4.15}$$

如果将速度 $v(r)$ 用慢度 $s(r) = 1/v(r)$ 来代替，上式将转为一个依赖慢度扰动量 δs 的等式：

$$\delta T = \int_{\Gamma_0} \delta s \mathrm{d}l \tag{4.16}$$

确定了速度扰动与走时变化之间的关系，就可以通过对模型不断地修正，最后找到最佳模型。

赵大鹏教授提出的近震与远震联合层析成像的方法可在速度结构模型中引入复杂的间断面起伏变化，更好地反映地下结构（Zhao et al.，1992，1994）。对于近震，采用 Geiger 法进行定位。地震定位和速度结构反演交替进行，即先进行地震定位，然后进行速度结构反演，利用新的速度模型再对地震进行重定位，如此反复。速度模型的扰动变化采用三维网格点表示，空间内任一点的扰动速度值由周围 8 个节点的扰动速度值通过线性插值获得，而各节点相对于初始速度模型的扰动量为待求参数。采用伪弯曲法和斯奈尔定律进行快速三维射线跟踪，计算理论走时和确定地震射线路径，最后采用带阻尼因子的 LSQR 方法（Paige et al.，1982）求解大型稀疏的观测方程组，得到各节点与初始模型的速度扰动值，从而将非线性问题转化为线性问题进行迭代求解。

三、小震定位结果

图 4.18 为重定位后的震中分布。重定位后，获得了区域（113°~116°E，35°~38°N）9644 个地震的震源位置参数。震级分布范围为 M_L-0.6~5.4。地震震源深度多数分布在 8~

15km。东西、南北和垂直三个方向的定位误差平均值分别为 236、217 和 301m。平均定位残差为 0.135s。

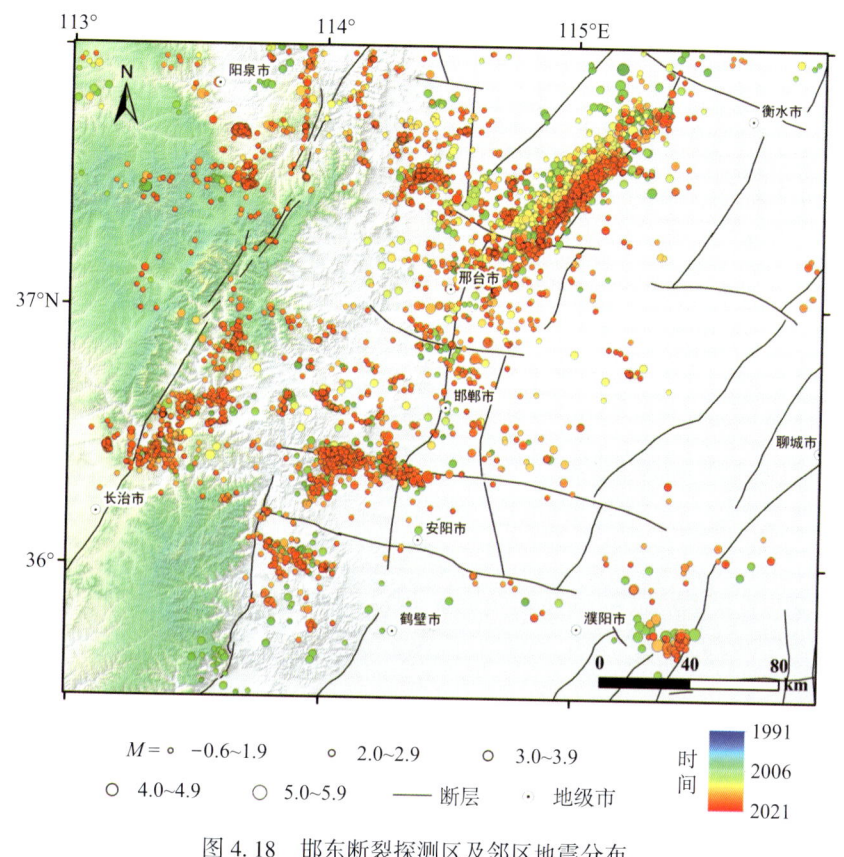

图 4.18　邯东断裂探测区及邻区地震分布

定位结果显示，邯郸断裂北段和中段虽有地震，但分布较为离散。邯郸断裂南段与磁县断裂交汇处有近东西向的地震呈条带状密集分布。大部分地震集中分布在束鹿断陷盆地内部的邢台震区附近。磁县断裂、涉县断裂、林州断裂和安阳断裂东南侧地震也较为集中。地震的这种分布特征表明，新河断裂、磁县断裂、涉县断裂和林县断裂的活动状态较高。

从地震的时空演化来看，新河断裂 2009 年以来的地震主要集中在断裂附近（红色地震），而 2009 年之前的地震分布较宽（黄色-蓝色地震）。这种时空分布可能是 2009 年以后地震台网加密，监测能力和定位精度提升造成的。

磁县—大名断裂被邯郸断裂南段所错断，地震主要分布在磁县—大名断裂的西段和中段，其东段（邯东断裂以东）几乎无地震。地震的这种分布表明，邯郸断裂东西的深部结构可能存在差异。该断裂附近的速度剖面也显示，邯郸断裂的东西两侧存在显著差异，西侧中下地壳有明显的低速带，而东侧则是相对高速带。为深入分析断裂在深部的展布形态，绘制了 3 条震源深度剖面，剖面位置如图 4.19 所示，距剖面 10km 的地震都被投影在剖面上。从剖面位置图可以看出，地震主要集中分布在 10~20km 深度范围。由于地震相对较少，跨邯郸断裂的震源深度剖面（BB' 和 CC'）并未揭示邯郸断裂的几何形态随深度的变化。

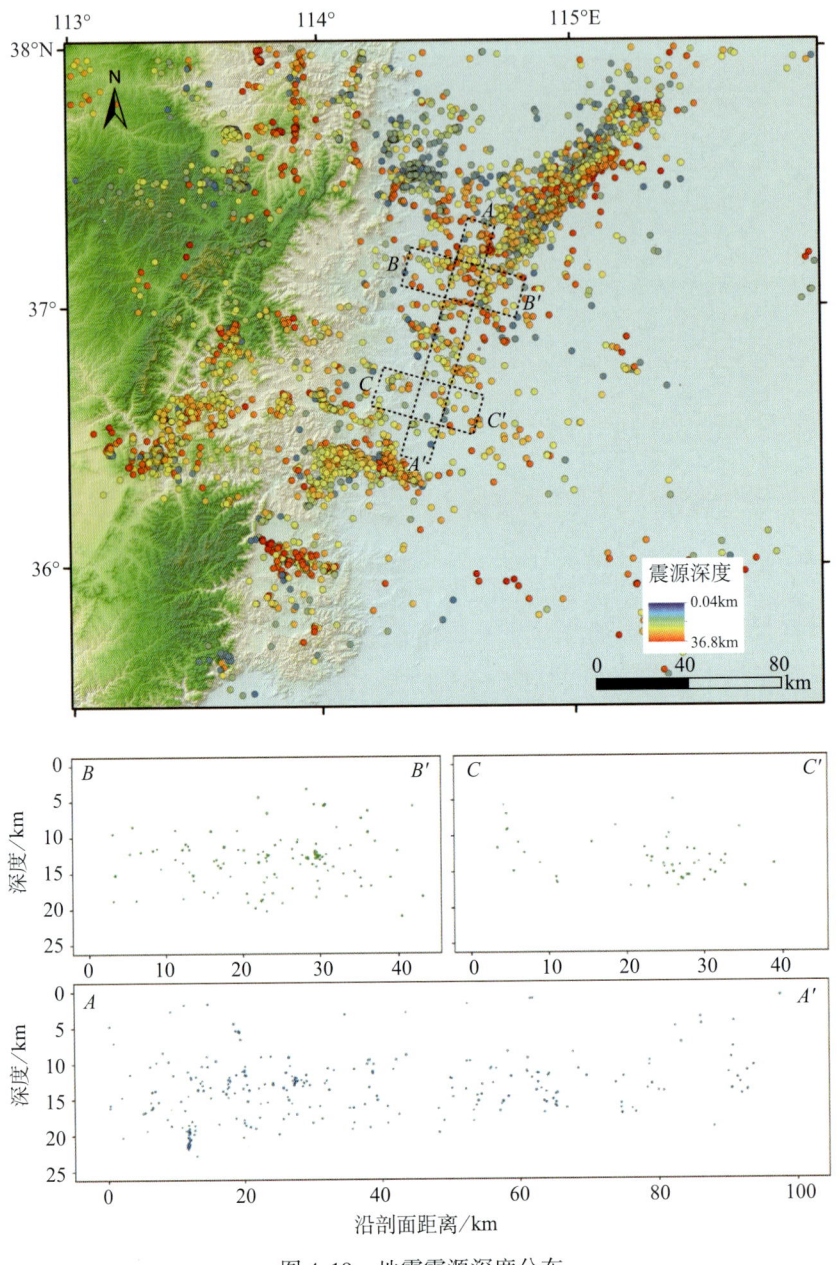

图 4.19 地震震源深度分布

四、层析成像结果

图 4.20 是 6 个深度层的检测板测试结果,水平间距在 0.33°(约 30km)。在这 6 个深度层,正负相间的速度异常基本都能恢复,说明层析成像结果的横向分辨率在 30km 左右,即在速度结构分布图上,大于 30km 的速度异常都能反映出来。

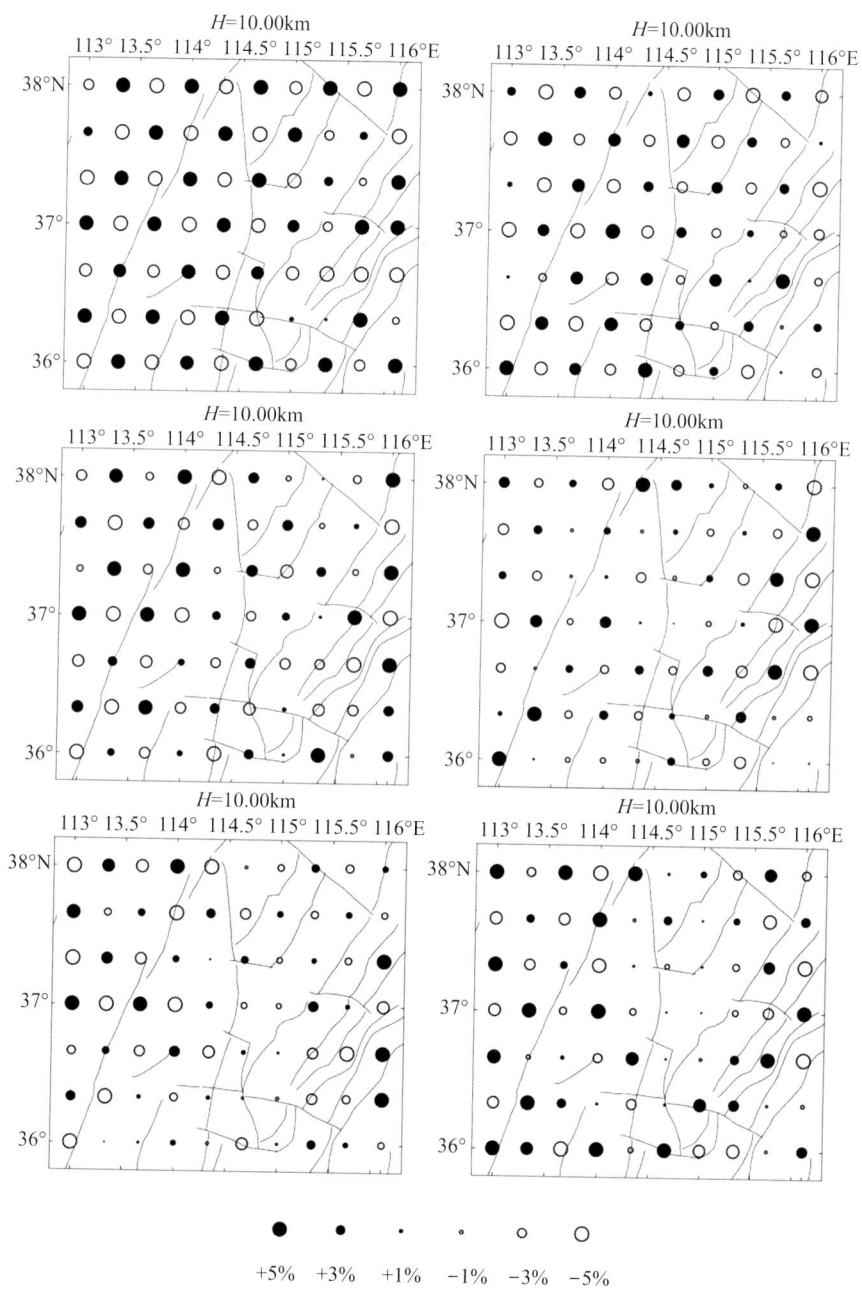

图 4.20 各层 0.33°×0.33°分辨率测试结果
每层的深度标在各图上方,图底为速度扰动标度

图 4.21 是 6 个深度层的 P 波速度扰动分布。反演结果表明，区域地壳速度结构存在较强的横向不均匀性。

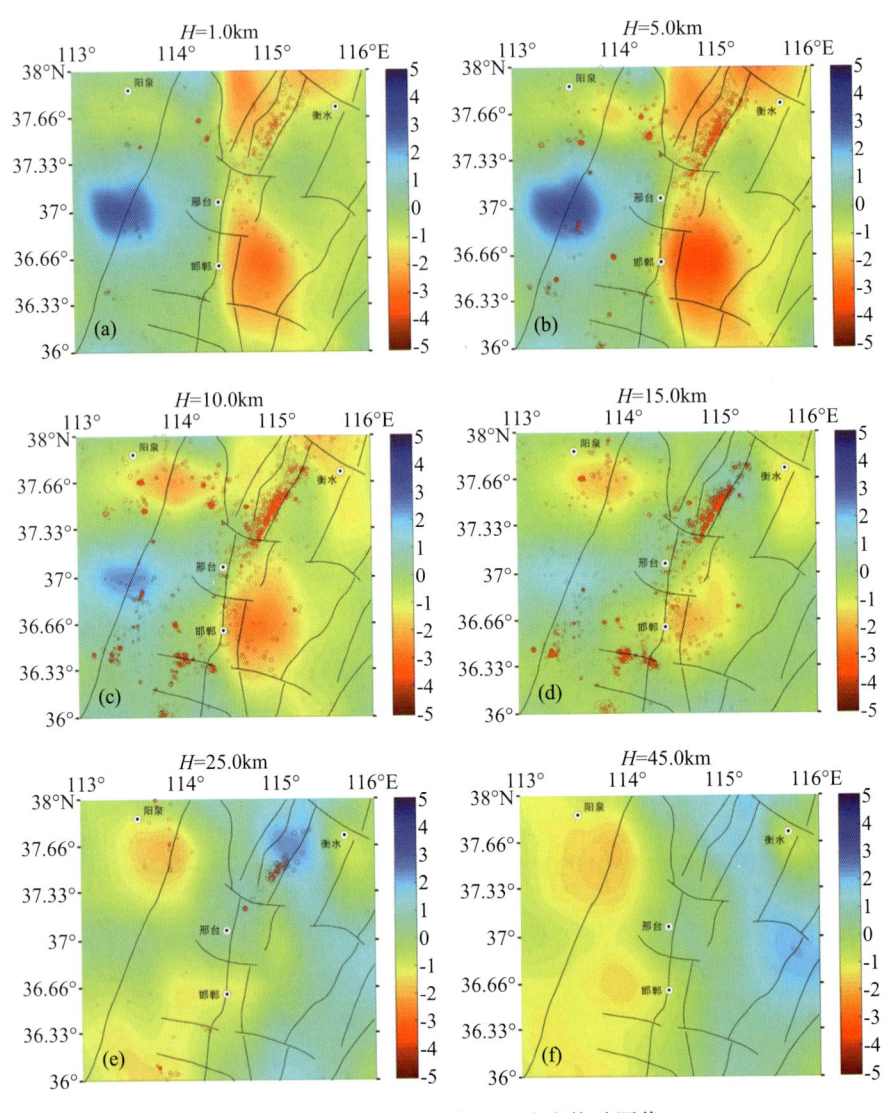

图 4.21 1~45km 深度 P 波速度扰动图像
每层的深度标在各图上方，各图右边的色棒为速度扰动百分比

1km 和 5km 深度层速度分布图，主要反映地壳浅部的结构特征，与浅表的地质构造明显相关。层析成像结果表明，太行山山前断裂（元氏断裂和邯郸断裂）是控制速度分布的主要边界。元氏断裂、邯郸断裂的东西两侧速度结构存在明显差异，其东侧的晋县断陷盆地和束鹿断陷盆地以及邯郸凹陷均表现为低速异常，而新河凸起呈现高速异常；其西侧主要表现为高速异常。这种高低速速度异常的分布，主要和沉积层厚度相关。太行山山前断裂的东侧低速区反映的是古近纪、第四纪凹陷区，而西侧的高速区与该地区地表基岩出露位置基本

一致。这种与浅表地质构造的相关性，表明层析成像结果是较为可靠的。

纬度方向的 P 波速度垂直剖面图与 0~10km 深度的速度分布图（图 4.22a~c）综合显示，区域存在南北 2 处较大的低速异常区，位于上地壳 10~12km 深度以上区域，推测低速体的底界位置存在滑脱层。北部低速异常区位于新河断裂与元氏断裂之间。新河断裂是束鹿凹陷的东边界，元氏断裂作为区域性大断裂太行山山前断裂的中段，这两条边界断裂均为铲形正断裂，向下汇入到滑脱层。南部低速异常区位于邯郸断裂的东部，邯郸断裂同样为太行山山前断裂的一段，为铲式正断裂，向下汇入到滑脱层。根据小震分布形态勾画出邢台深断裂 Fd，向上切穿新河断裂，进入地壳上部低速体内部。

15km 和 25km 的速度分布特征与 1~10km 有一定差异，速度分布与浅部断裂和构造单元的相关性减弱，表明这些断裂的影响深度主要集中在上地壳。邢台震区下方，以及广宗断裂和明化镇的东侧出现高速异常，邯郸凹陷和阳泉东南侧表现为低速异常。太行山西侧的低速异常说明在隆起带的中下地壳存在低速异常体。沿 36.00°N、36.33°N 的两条垂直速度剖面，清晰地展示出在太行山隆起带的中下地壳存在低速异常（图 4.21f、g）。

45km 深度的速度分布主要反映了上地幔顶部的结构。太行山山前断裂的东侧呈现高速异常，西侧呈现低速异常，东西两侧的速度差异主要可能是由于地壳厚度不同造成的。人工地震测深结果证实，太行山东西两侧的地壳厚度差异非常明显，东侧邢台地区的地壳厚度在 30~33km 左右，向西进入太行山隆起带后，地壳厚度增加至 40km 左右（孙武城等，1985；王椿镛等，1993；嘉世旭、张先康，2005）。在 45km 深度，太行山东侧已经进入上地幔约 15km，而西侧才刚刚进入上地幔顶部，因此东侧速度高于西侧。

图 4.22 是邢台地区沿不同纬度的 P 波速度扰动垂直剖面图。7 条剖面自南向北分别沿 36°N、36.33°N、36.66°N、37°N、37.33°N、37.66°N、38°N，距各剖面 3km 以内的地震也被投影到了剖面上。这几条剖面都显示，太行山山前断裂东西两侧（大概 114.5°E）存在显著的速度差异。从剖面 a~d 可以看出，太行山山前断裂西侧，由于沉积层较浅，在浅部表现为高速，中地壳存在低速异常带。剖面 a、b 显示在阳泉、和顺和邢台之间存在一低速异常，这一异常自地表一直延伸至下地壳。这两条剖面还显示，在邢台震区的中下地壳（约 20km 深度）存在一显著的高速异常，地震主要发生在该高速异常体的上方。

关于邢台 7.2 级地震的震源深度，由仪器记录资料确定的为 9km（国家地震局地球物理研究所等，1986；河北省地震局，1986），而按宏观资料推算为 15km（河北省地震局，1986）。从图 4.22 剖面 a、b 可以看出，邢台 7.2 级地震正好位于高低速交界的地方。一般来说，在速度对比强烈的部位既是应力集中的地方，又是介质相对比较脆弱的地方。这样的环境具备了积累大量应变能的介质条件，又是容易发生破裂、易于释放应力的场所，因而容易引发大的地震。

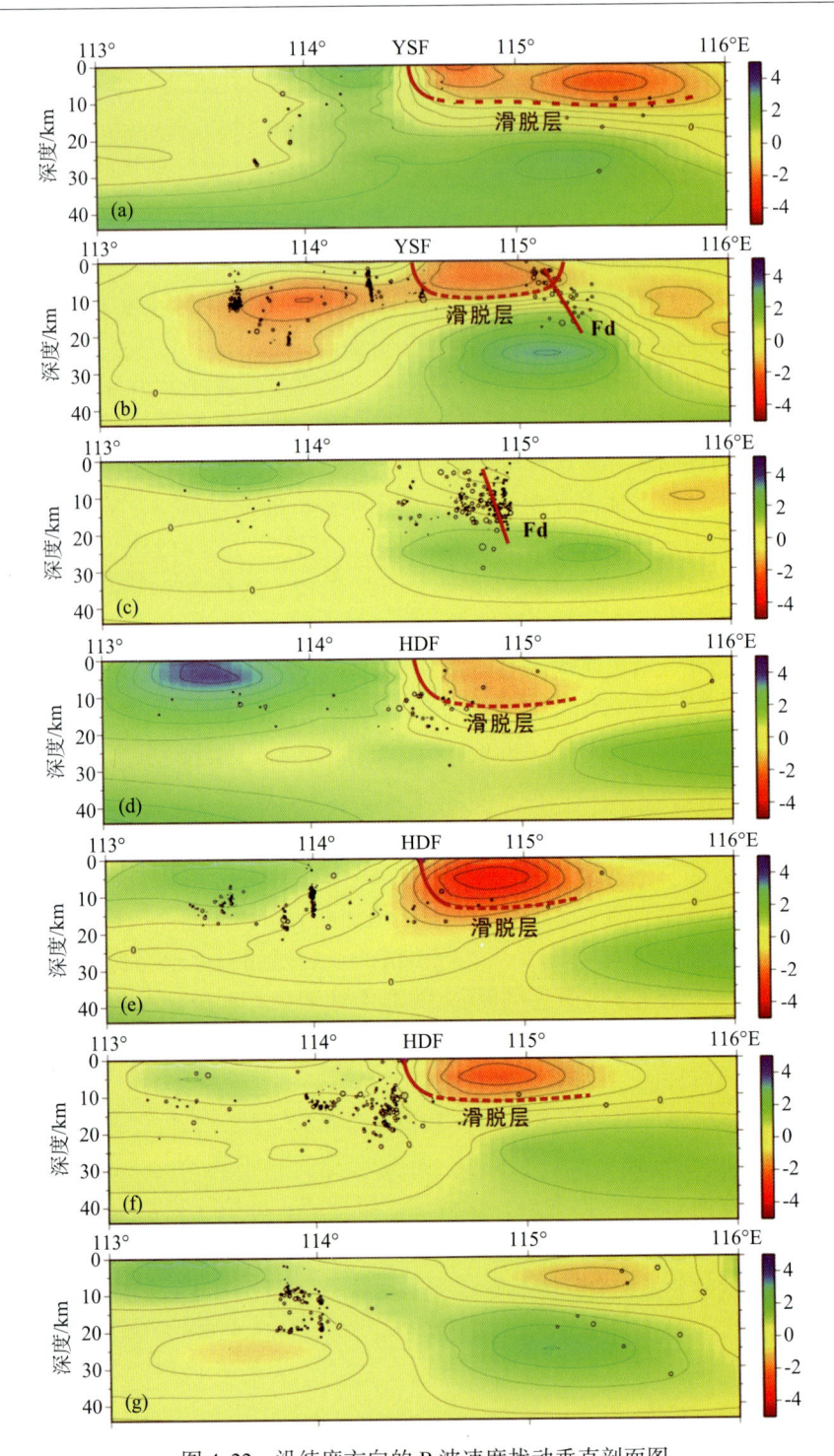

图 4.22 沿纬度方向的 P 波速度扰动垂直剖面图

YSF：元氏断裂；XHF：新河断裂；HDF：邯郸断裂；Fd：邢台深断裂

（a）～（f）分别为沿 N38°、N37.66°、N37.33°、N37°、N36.66°、N36.33° 和 N36.00° 截取的 P 波速度扰动垂直剖面图，右边的色标为速度扰动百分比

第三节 深浅部构造分析

由于邯郸凹陷以隐伏区为主，缺少对中浅部和深部地层与构造的足够认识，充分利用探测资料来认识工作区深浅部构造的相互关系，并以石油地震剖面的解释成果作为桥梁，引进三维可视化建模技术，将深浅部探测成果共同置于简化的三维模型中，研究浅表断裂与深部断裂的深浅部构造关系、新生断裂和早期拉张构造形成正断裂体系的关系，进行深浅部构造的综合解释。

一、石油地震剖面整理与综合解释

（一）断裂分布特征

隐伏区构造发育史、区域地质和石油地震剖面综合分析表明，在垂向上隐伏区具有多层次构造叠合和演化特征，由新近系、古近系和前古近系等3个构造层组成，形成不同的构造单元与断裂活动特征。

石油地震剖面解释结果表明，工作区构造复杂、断裂多，空间展布有较强的规律性。断裂走向主要有北北东、北东、南北、北西西和北西向等，但以北北东、北东和北西西向为主。

断裂级别的划分原则为：与一级构造单元分界的断裂为一级断裂；凡控制地层沉积、厚度变化、构造单元或二级构造带形成的断裂，都划为二级断裂；其他则划归为三级或更低级别的断裂。按照这一原则，区域有1条一级断裂，即太行山山前断裂；有4条二级断裂，分别为：邯东断裂、磁县—大名断裂、馆陶西断裂和曲陌断裂，其中北北东向二级断裂控制了众多局部构造的形成和展布；有1条三级断裂邯郸县隐伏断裂；有3条四级断裂，分别为：永年断裂、联纺路断裂、马头断裂（图4.23）。

邯郸地区断裂活动强度大，主要表现为断裂活动时间长、断开层位多、断距大、断裂延伸远；断裂走向主要为北东、北北东，次级断裂的走向为北西、北西西，相应地使中新生界凹陷及古生界基岩岩块均呈同一方向展布；断裂具同生性质，在单断凹陷陡翼往往形成一些逆牵引构造，如馆陶西断裂的北寺兴构造，在"双断"凹陷中，其中央受两侧挤压，形成了挤压背斜；北西—北北西向断裂数量少且规模小，但对区内构造分区有明显作用；断裂活动的强度和规模由东向西减弱。

（二）石油地震剖面解释

共收集石油地震剖面52条，选择横跨邯东断裂等主要构造线的8条关键石油地震剖面进行重点分析，辅助其他测线，对区域断裂空间展布形式及凹陷构造特征进行综合解释。

1. JL78-279石油地震剖面

JL78-279石油地震测线位于沙河北，为北北西向测线，自京广铁路东侧起，止于永年城关东北，全长31km左右（图4.23、图4.24）。

总体上看，新生界呈现出西薄东厚的沉积特征，中生界和古生界总厚度与JL78-265石油地震测线相比急剧变薄，但石炭系厚度仍然稳定。太行山山前断裂（F_1）是盆地与隆起

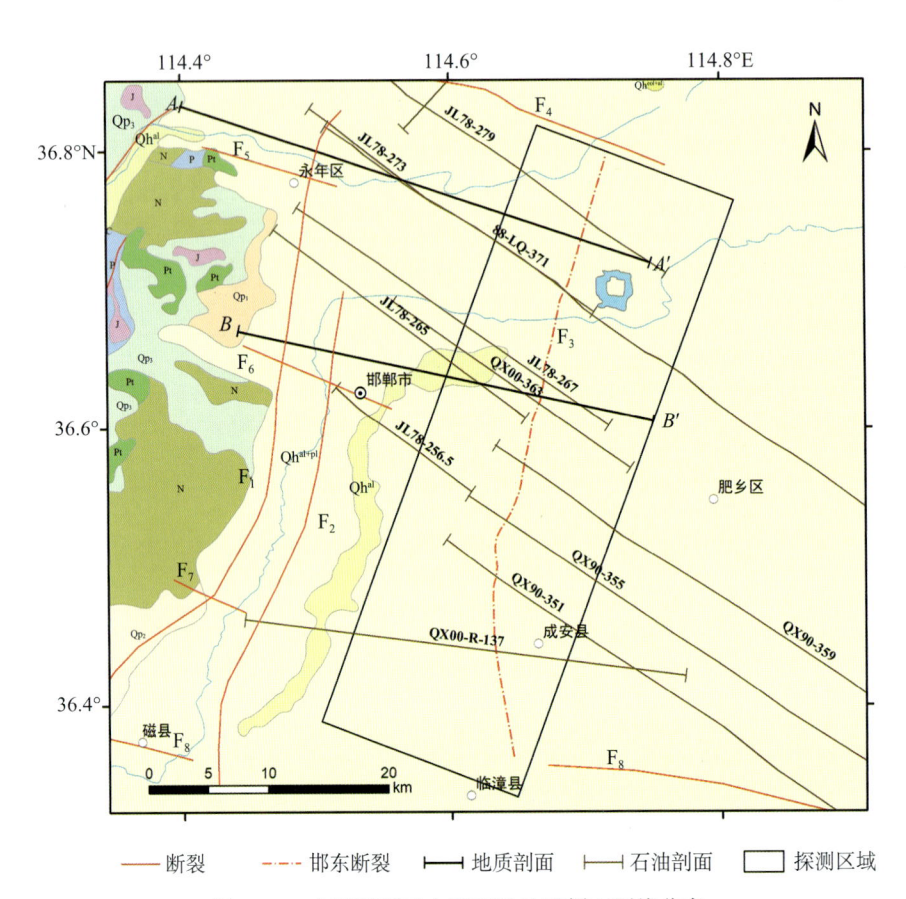

图 4.23 主要断裂及主要石油地震剖面测线分布

F_1：太行山山前断裂；F_2：邯郸县隐伏断层；F_3：邯东断裂；F_4：曲陌断裂；F_5：永年断裂；F_6：联纺路断裂；F_7：马头断裂；F_8：磁县—大名断裂

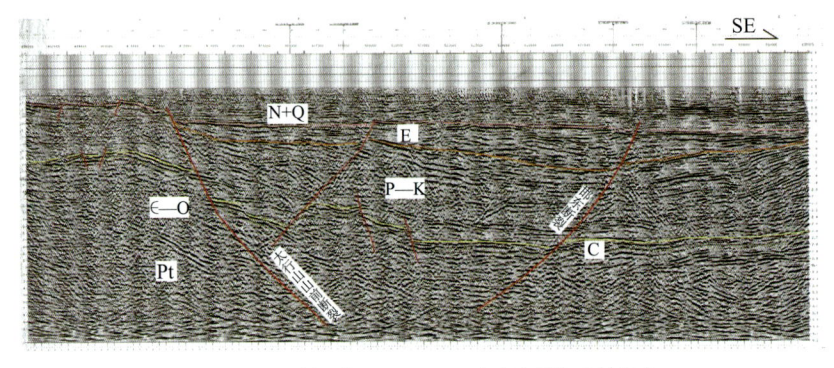

图 4.24 沙河北 JL78-279 石油地震解释剖面
（原始剖面源于石油物探局物探地质研究院）

的分界断裂，倾角上陡下缓，上部倾角较陡，最陡处可达70°。邯东断裂（F_3）断面下延的深度达5000余米，断面西倾，东盘上升西盘下降，倾角上部在60°左右，向下变缓，为铲式正断裂。有个别地震剖面显示断裂伸入新近系底部，古近纪时期沿中生代断裂或软弱面发育规模较大的基底断裂。

该石油地震剖面中由太行山山前断裂和邯郸东断裂控制的邯郸凹陷宽度变大，在邯郸凹陷中形成一系列低凸起，为整个邯郸凹陷向北的扩展区域，整条剖面反射波相对较乱，不易追踪，沉积及构造特征受断裂影响较大，新生界呈现出西薄东厚的沉积特征，中生界和古生界总厚度与JL78-273石油地震剖面相差不大，石炭系厚度仍然稳定。

从剖面结构来看，邯郸盆地有从南部的东断西超逐渐转变为双断断陷的迹象，邯东断裂与太行山山前断裂共同构成主边界断裂，控制着邯郸凹陷的沉积。盆地内有多条小级别断裂错断新近系底界，且有错断第四系底部的迹象，活动性相对较强。

2. 永年北 JL78-273 石油地震剖面

JL78-273石油地震测线位于永年北，为北北西向测线，自京广铁路东侧起，止于永年城关附近，全长25km左右（图4.25）。

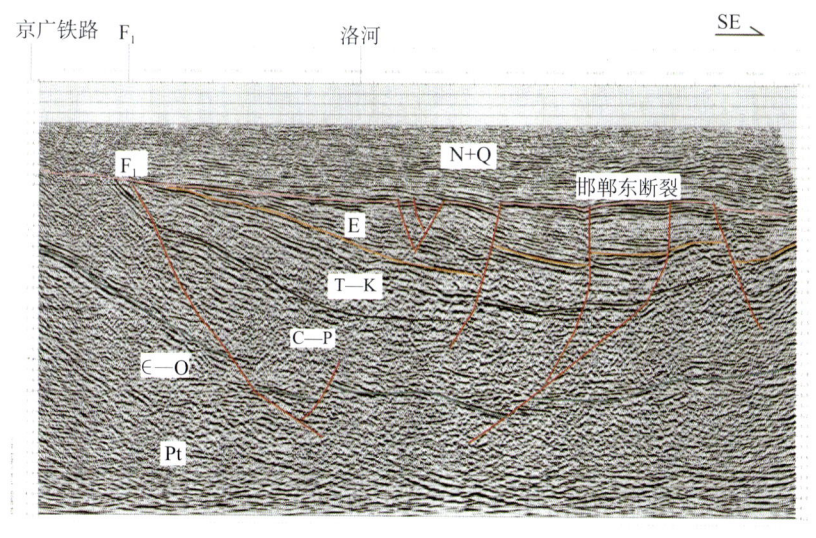

图4.25　永年北JL78-273石油地震解释剖面
（原始剖面源于石油物探局物探地质研究院）

总体上看，新生界呈现出西薄东厚的沉积特征，中生界和古生界总厚度与JL78-265石油地震测线相比急剧变薄，但石炭系厚度仍然稳定。

邯东断裂为主控断裂，地震剖面显示断裂断错新近系底部，断错的最大深度在5000~6000m，较JL78-265石油地震测线有所变浅。太行山山前断裂组合中的次级断裂逐渐消失合并为一条主断裂，断面下延的最大深度在5000m左右。

3. JL78-265 石油地震剖面

JL78-265 石油地震测线位于邯郸市黄粱梦镇北，为北北西向测线，自京广铁路西侧起，止于兼庄东姚庄南，全长 21km 左右（图 4.26）。

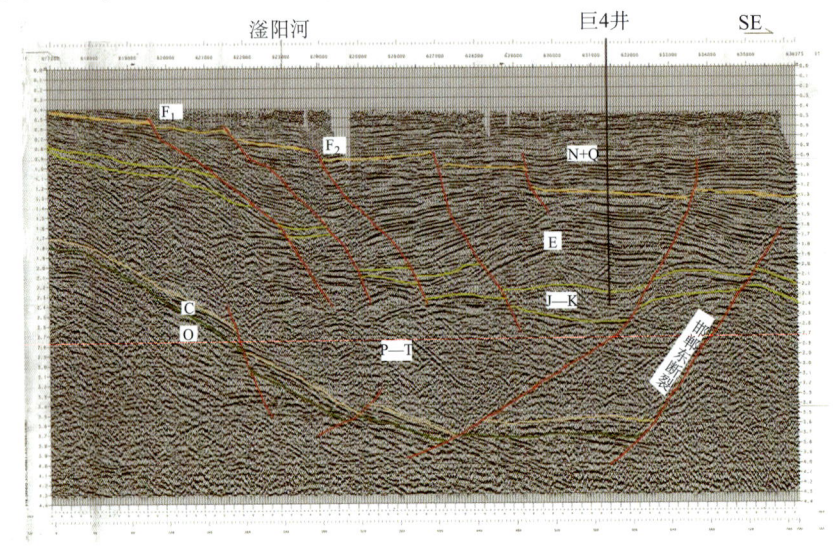

图 4.26　JL78-265 石油地震解释剖面
（原始剖面源于石油物探局物探地质研究院）

总体上看，盆地为东断西超的箕状断陷，新生界呈现出西薄东厚的沉积特征，中生界和古生界厚度变化较大，但石炭系厚度稳定，说明盆地断陷期起始于二叠纪，最大沉陷期为古近纪。

邯东断裂为主控断裂，断面下延的深度达 8000 余米，断面西倾，东盘上升西盘下降，倾角上部在 60°左右，向下变缓，为铲式正断裂。有个别地震剖面显示断裂伸入新近系底部，但断裂活动时代主要是古近纪，古近纪时期沿中生代断裂或软弱面发育规模较大的基底断裂。

在邯东断裂以西，发育一系列近平行的次级断裂，西倾，倾角较大，多数断裂东倾，倾角相对较缓，但整体呈上陡下缓，邯东断裂以高角度断裂构成主控断裂。

太行山山前断裂是盆地与隆起的分界断裂，倾角上陡下缓，上部倾角较陡，最陡处可达 70°，断面下延的最大深度在 4000m 左右，由一组近平行的东倾断裂组成，其中包括太行山山前断裂、位于滏阳河东的邯郸县隐伏断裂，这些断裂主要形成于古近纪，由东向西上断点埋深有依次变浅，形成时间由老到新的特征。

石炭系发育于奥陶系灰岩剥蚀面之上，沉积特征稳定，厚度均匀。二叠系—三叠系三角洲相、河湖相整合沉积于之上，厚度达 3000m。侏罗系—白垩系厚度在 400~1000m 不等，变化较大，与古近系间存在不整合面，对应一次构造运动。古近系残留厚度平均在 1000~1500m，最厚处为 2000m 以上，说明邯东断裂主要活动时间在古近纪，新近系平行不整合于之上。

4. QX90-355 石油地震剖面

QX90-355 石油地震测线位于邯郸东南，为北西向测线，自南堡东北起，止于魏县南，全长 60km 左右（图 4.27），剖面与丘县凹陷及其边界断裂—磁县断裂东段斜交。

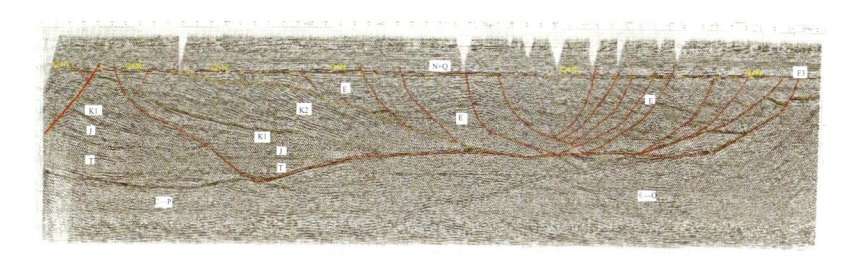

图 4.27　邯郸东南 QX90-355 石油地震解释剖面
（原始剖面源于石油物探局物探地质研究院）

该剖面呈北西向横贯丘县凹陷，剖面上断裂较多，主要为古近系内的断裂，多呈上陡下缓的铲式断裂，收敛于 ϵ—O 顶部的滑脱面上。从断裂结构来看，成安低凸起东侧断裂与内黄隆起的北侧断裂为主控断裂，控制盆地沉积，盆地内有多条小级别断裂断错新近系底，且有部分断裂错断第四系底部的迹象。

总体上看，古近系呈现出中间厚两侧逐渐变薄的沉积特征，最厚处可达 7000~8000m 左右，石炭系与二叠系整合接触，白垩纪晚期（K_2）与其早期（K_1）及前期沉积层呈角度不整合接触。

5. QX90-359 石油地震剖面

该测线与 QX90-355 平行，北西向，自南堡东北起，止于魏县南，全长 60km 左右（图 4.28）。

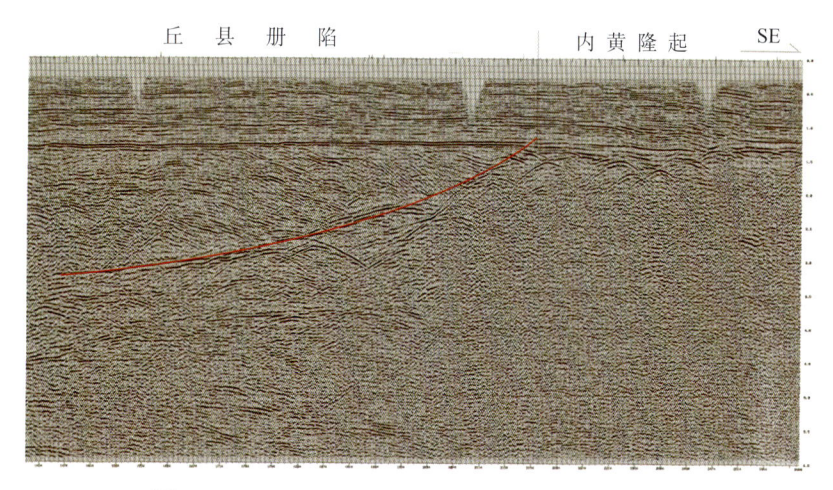

图 4.28　JL90-359 石油地震剖面上磁县东断裂特征图
（原始剖面来源于石油物探局物探地质研究院）

磁县断裂东段在石油地震剖面上表现为铲式断裂，断裂下盘（内黄隆起）内部没有明显的断面波和反射层。该断裂走向呈北西西向，长 63km 以上，北倾，切断白垩系以下地层，断入基底，落差 3000~7000m，形成于三叠纪末，与内黄隆起同步形成，在白垩纪强烈活动，衰退于东营期，控制丘县凹陷白垩纪和古近纪的沉积，是丘县凹陷与内黄隆起的主边界断裂。

6. 永年东北 JL78-616 石油地震剖面

JL78-616 石油地震测线位于永年东北，为北东向测线，自中李解西北起，止于隆尧东，全长约 80km（图 4.29）。其构造位置横跨邯郸凹陷、任县凹陷和鸡泽凸起三个构造单元，控制三者间的分界断裂为曲陌断裂（石油系统解释命名为永年断裂）。

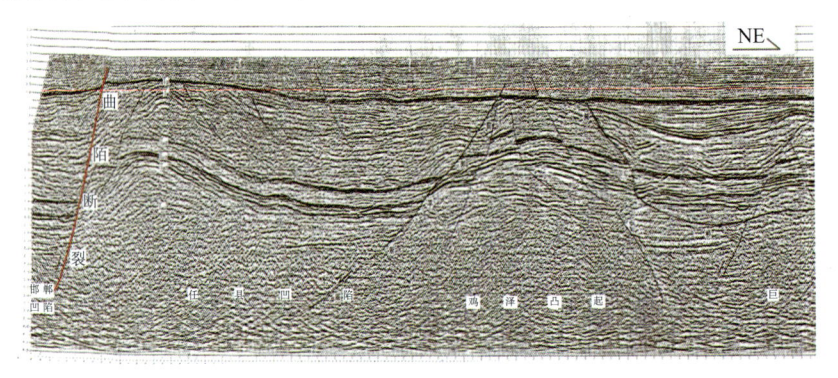

图 4.29　永年东北 JL78-616 石油地震解释剖面
（原始剖面来源于石油物探局物探地质研究院）

该剖面反映出曲陌断裂以南的邯郸凹陷沉降幅度大、沉积地层全，北面的任县凹陷沉降幅度明显小于邯郸凹陷，经地层对比和划分后确认任县凹陷缺失侏罗—白垩系。

曲陌断裂西起朱庄水库以西，东经篡村、北掌西冯村到曲陌。全长约 60km。该断裂走向 290°，倾向南，倾角 70°~80°，控制了邯郸次级凹陷的北部边界，从剖面上看，该断裂断错二叠—三叠系约 1200m，始新统底界断距为 500m，断错新近系底界约 50m。断层落差由西往东逐渐减小。

7. QX90-363 与 QX00-R-137 石油地震剖面

QX90-363 剖面北西端点坐标（4065134.96，20281624.41），南东端点坐标（4051319.45，20297039.39），长约 20km（图 4.30）。

QX00-R-137 剖面北西端点坐标（4039906.31，20270938.01），南东端点坐标（4034616.22，20300290.10），长约 31km（图 4.31）。

这两条测线长度较短，邯东断裂位于剖面中间位置，很好地控制邯东断裂的深部构造形态。剖面显示新近系底界清晰连续，邯东断裂深部构造清晰，且向上延伸至新近系底界附近，未见有明显分支。

8. 综合解释剖面

根据地震剖面的综合解释，在永年北和邯郸北两条剖面上对邯郸凹陷进行了深度剖面解释（图 4.32a、b），剖面位置见图 4.23。

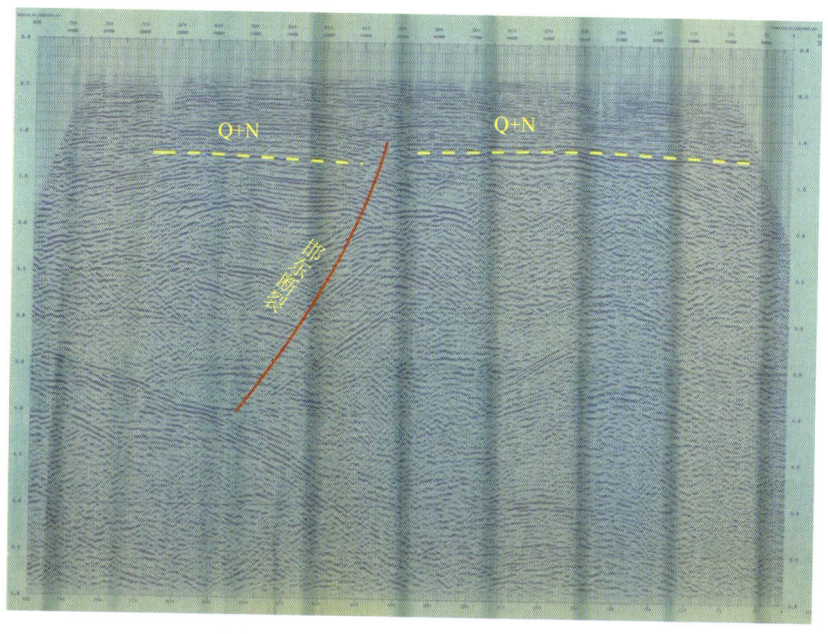

图 4.30　QX90-363 石油地震剖面图
（原始剖面来源于石油物探局物探地质研究院）

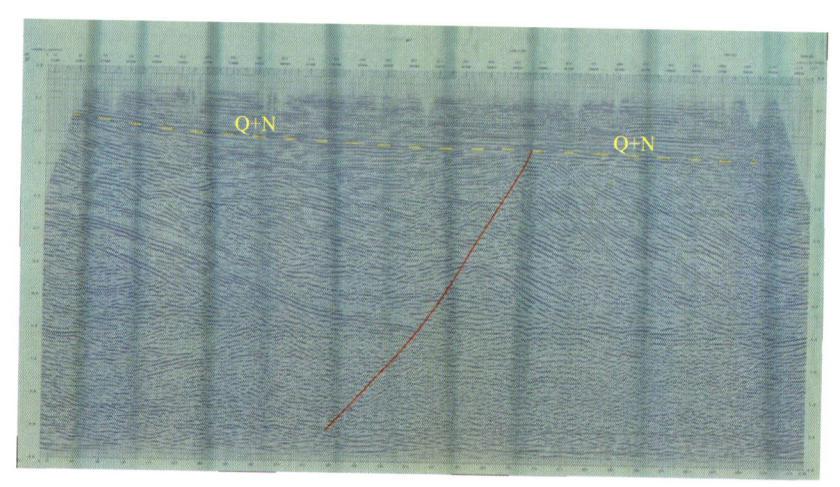

图 4.31　QX00-R-137 石油地震剖面
（原始剖面来源于石油物探局物探地质研究院）

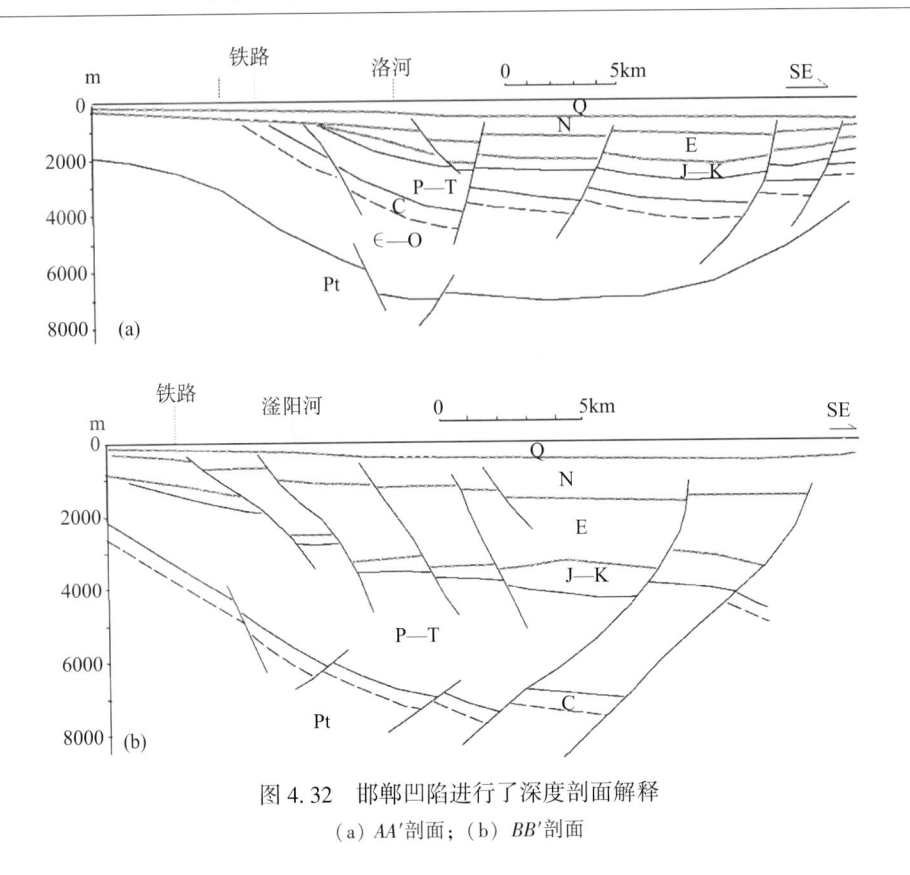

图 4.32 邯郸凹陷进行了深度剖面解释

(a) AA′剖面；(b) BB′剖面

二、三维模型构造分析

通过对区域地质特征及石油地震剖面等分析，邯郸凹陷在纵向上具有多层次的构造特征，具体表现为三个构造层，从下到上为∈—O 构造层、C—E 构造层和 N—Q 构造层，即三层式的纵向构造结构。

（一）构造分层

（1）∈—O 构造层：岩性主要为灰岩，石油地震剖面上表现为强反射，其下地层表现为相对较低的速度。因此对于邯郸盆地，可将寒武系和奥陶系灰岩作为盆地的基底构造层；

（2）C—E 构造层：此期间构造变动较大，风化剥蚀严重，地层连续性较差，将其简化为一套构造层；

（3）N—Q 构造层：新近纪至第四纪处于盆地稳定沉降阶段，沉积稳定，故将新近系底作为该构造层底界。

（二）构造三维模型

1. 数据处理

在研究过程中广泛收集了邯郸盆地石油地震剖面、寒武系及奥陶系顶面构造图、各系底面构造图、油田参数井及油井测井曲线、邯郸市西部山区、东部平原水文地质图及说明书（1∶100000）、邯郸地区煤田地质图（1∶50000）、邯郸市幅区域调查报告（1∶50000）、峰峰矿区石炭系及第四系三维剖面、邯郸市地热井普查资料及邯郸市矿产资源分布图（1:100000）。

首先对收集的石油地震剖面和各层系顶、底面构造图、邯郸地区煤田地质图（1:50000）、峰峰矿区石炭系及第四系三维地震剖面、区域调查报告及野外工作所获取的资料进行分类、解释和数字化（表4.1）。

表 4.1 数据可信度分类表

序号	资料名称	来源	可信度分析	资料量	备注
1	石油地震剖面	华北石油物探研究院	可信	38 条	覆盖盆地
2	顶底、面构造图	华北石油物探研究院	可信	11 幅	覆盖盆地
3	等 t_0 图	华北石油物探研究院	可信	6 幅	覆盖盆地
4	各系残留厚度图	华北石油物探研究院	可信	7 幅	覆盖盆地
5	测井成果图	华北石油物探研究院	可信	3 口	盆地内
6	构造发育剖面	华北石油物探研究院	可信	2 条	北西西向
7	煤田地质图	峰峰矿区	可信	10 幅	全区覆盖
8	C-Q 三维地震剖面	峰峰矿区	可信	17 条	峰峰矿区西
9	区域调查报告	中国地震局地质所	可信	1 套	邯郸市幅

其次，进行结果可信度分析。

1) 构造形态可信，沉积厚度可信的资料

对于从华北石油物探研究院收集的石油地震剖面和各层系顶、底面构造图和油井测井曲线，由于有较密的测线（2km×1km）控制，并有参数井或油井测井曲线对层位进行标定，因此根据这些资料所得到的构造形态及沉积厚度可信。

2) 构造形态可信、沉积厚度基本可信的资料

对于从煤田收集的邯郸地区煤田地质图（1:50000）、峰峰矿区石炭系及第四系三维剖面，资料所反映的构造形态是可信的，但由于资料未覆盖全区，因此空间插值可能对地层产生一些简化。根据这些资料所得到的结果，其构造形态可信，沉积厚度基本可信。

3) 构造形态基本可信、沉积厚度不可信的资料

对于从区域调查报告及野外工作所获取的资料，其构造形态基本可信，沉积厚度不可靠。

4) 可信度分区

根据以上分析，可以将所得到的结果可信度划分为三类，邯郸凹陷为Ⅰ类地区，构造形态与沉积厚度可信，磁县、峰峰矿区为Ⅱ类地区，构造形态可信，沉积厚度基本可信，武安及以西为Ⅲ类地区，构造形态基本可信，沉积厚度不可信。

2. 模型建立

1) 建立模型方法

采用 Petrel 软件开展研究区中深部三维构造建模。Petrel 软件是斯伦贝谢公司推出的为石油勘探开发服务的建模与模拟工具，综合利用地质学、地球物理学、岩石物理学和油藏工程学等专业知识，实现了全三维环境下的地震解释、地质解释、建模和油藏工程等工作，其在三维构造建模方面，可以综合考虑构造界面和断层，形成反应构造界面与断层空间交错关系的综合三维构造模型。主要采用它进行三维构造建模，建成的模型也可在未来导入其他深部地震探测数据进行进一步的比较分析。

2) 基础数据

三维构造建模主要考虑新近系底、奥陶系顶和奥陶系底三个构造层，其中新近系底、奥陶系顶的数据来自于中深部石油地震探测解释资料，奥陶系底的数据来自于宽频带地震台阵观测。

将邯郸断裂、磁县断裂、邯东断裂和曲陌断裂作为区域控制性断裂，数据主要来源于石油中深部地震探测解释资料。在建模的前期准备中，将上述 Mapinfo 格式的数据进行了处理，并生成 Petrel 软件可识别的点数据文件，导入到 Petrel 软件中，作为建模的数据基础（图 4.33）。此外，建模工作还将小震定位数据导入三维环境中，用于分析断裂与小震分布的空间关系。

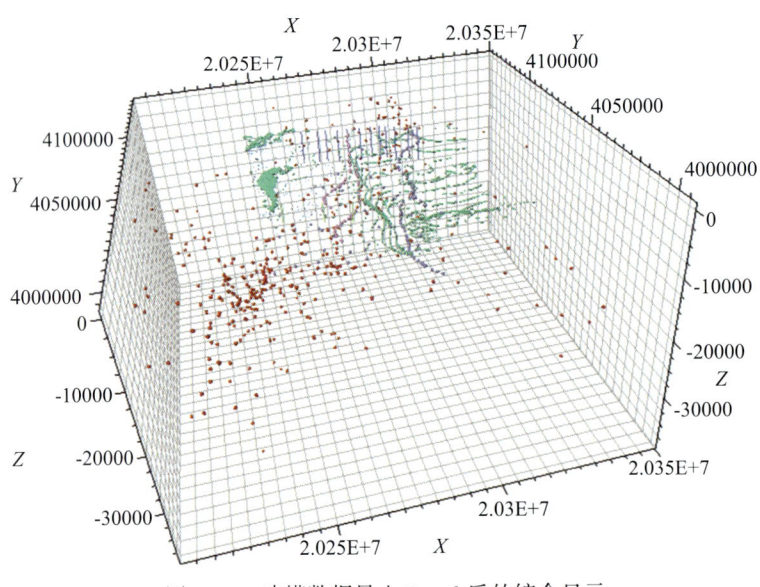

图 4.33 建模数据导入 Petrel 后的综合显示

3) 三维建模流程

使用 Petrel 软件开展三维构造建模，其基本的过程包括以下几个关键步骤（图 4.34）：模型定义、断层建模、三维网格的创建、构造面的生成，构造分区定义、层面的生成等。模型的定义主要是定义一个工作区模型，在此基础上开展断层、构造的建模工作，主要的分析与模型建立的步骤是断层建模、三维网格的创建及构造面的生成。

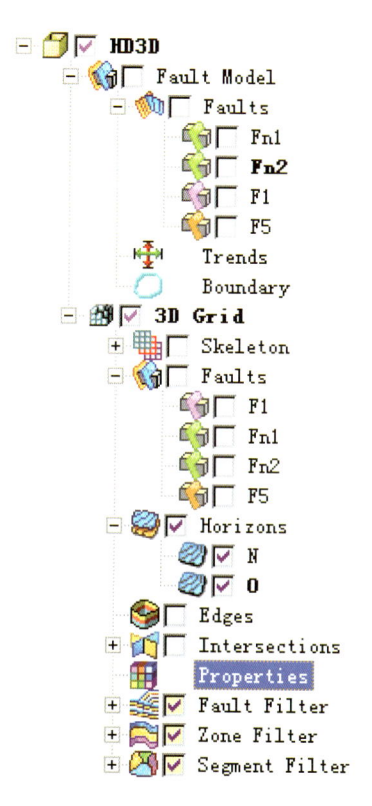

图 4.34 建模过程与内容

4) 断层建模

断层建模是三维构造模型建立的第一步，也是最关键的一步，需要根据点、面数据等，创建断层数据。断层数据由断层面上的关键柱等定义，是进行柱插值和构造界面建立的基础。对研究区内的四条主干断层的建模结果如图 4.35。

5) 创建三维网格

三维网格的创建是基于断层数据进行三维骨架（Key Pillar）插值的过程，其结果是生成了设定区域的三维格网模型，该模型包含了断层交错关系的定义，以及断层的错动性质与错动量，是建立构造界面的基础，图 4.36 是进行骨架网格创建（Pillar Griding）后生成的三维格网数据。

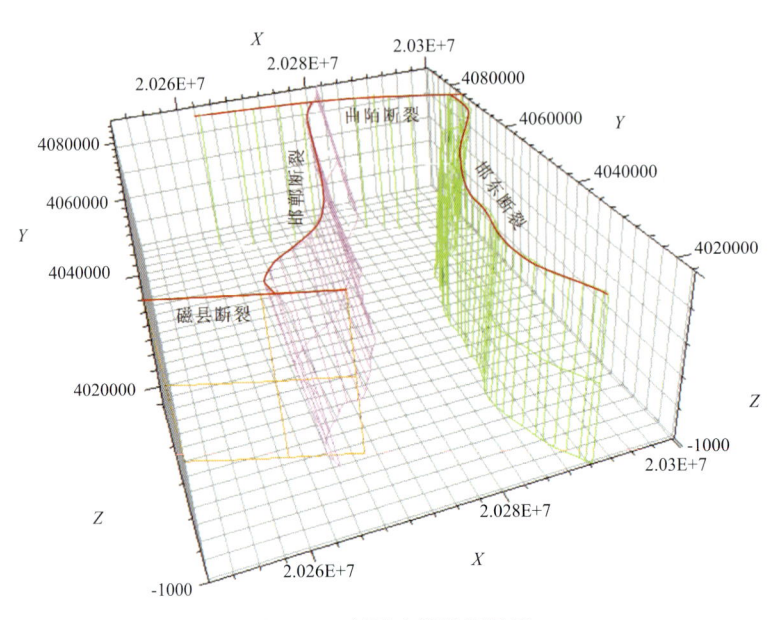

图 4.35 断层建模结果展示

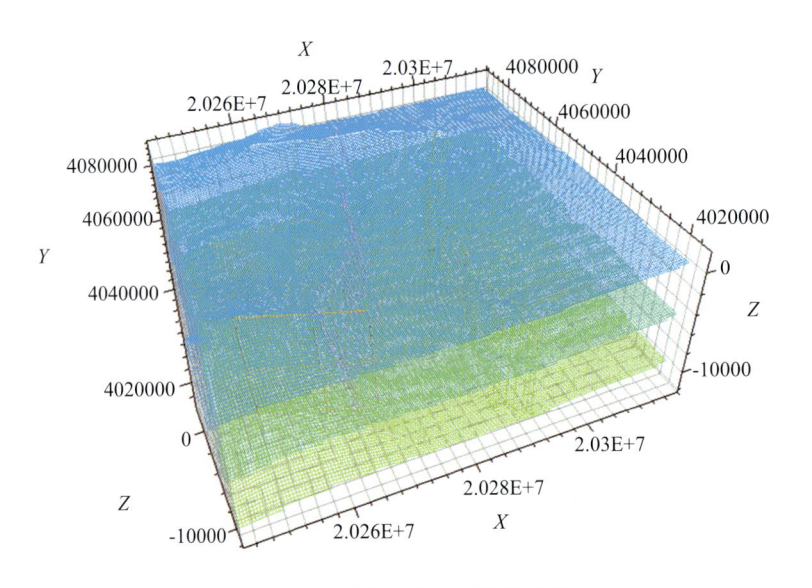

图 4.36 插值生成的三维格网数据

3. 构造三维模型模拟结果

在断层模型、三维格网建立的基础上,可以根据构造界面与断层交错关系生成构造面数据,从而建立反映区域总体构造格局的三维构造模型,图 4.37 是最终建立的三维构造模型的结果展示,主要显示了新近系—第四系和奥陶系—古近系 2 个构造面与 4 条断层的切割关系。

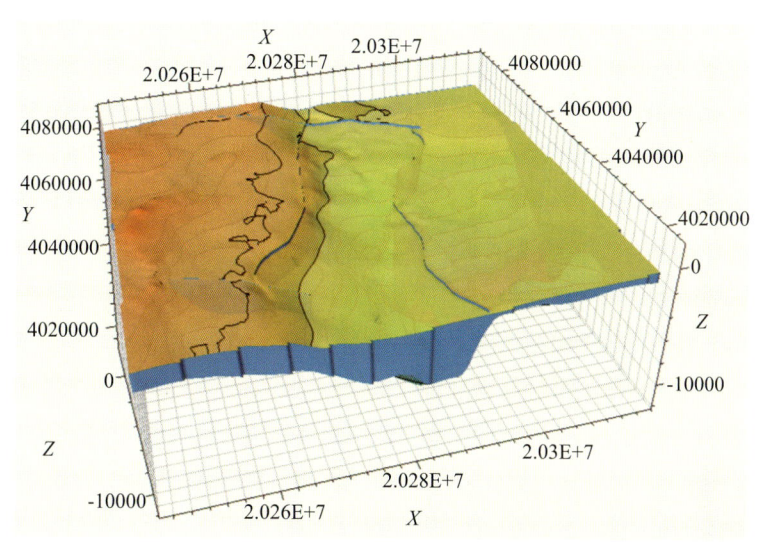

图 4.37 三维构造建模成果综合展示

模型在一定程度上反映了主要构造界面与断层的切割关系及断层的空间属性。图 4.38 和图 4.39 为新近系底面和奥陶系顶面构造三维模型，模型清楚显示了邯东断裂一侧的沉积层厚度明显大于邯郸断裂一侧，说明邯郸凹陷的沉积主要由邯东断裂控制，表现为东断西超的箕状断陷，在不同的沉积时期具有多个不同的沉积中心。同时两条断裂对新近系的沉积特征具有一定的控制作用（图 4.38、图 4.39），在成安—肥乡一带显示奥陶系顶面明显有一个沉降中心（图 4.39）。

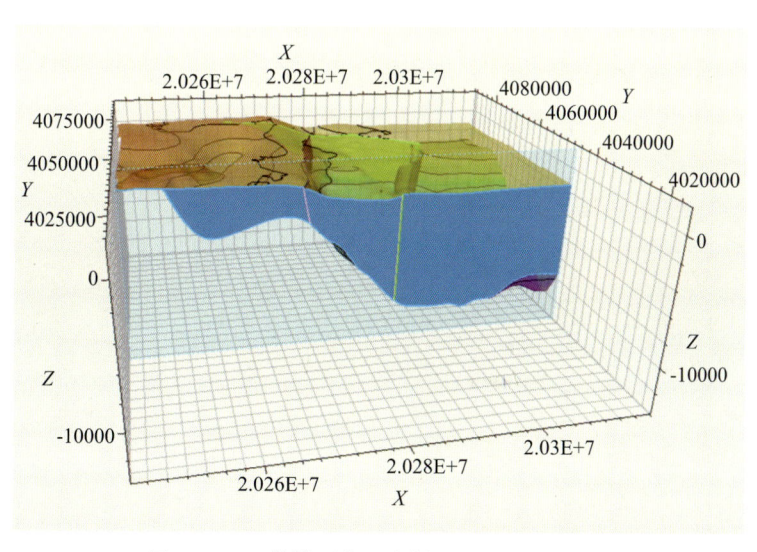

图 4.38 三维模型东西向剖面展示（过邯郸）

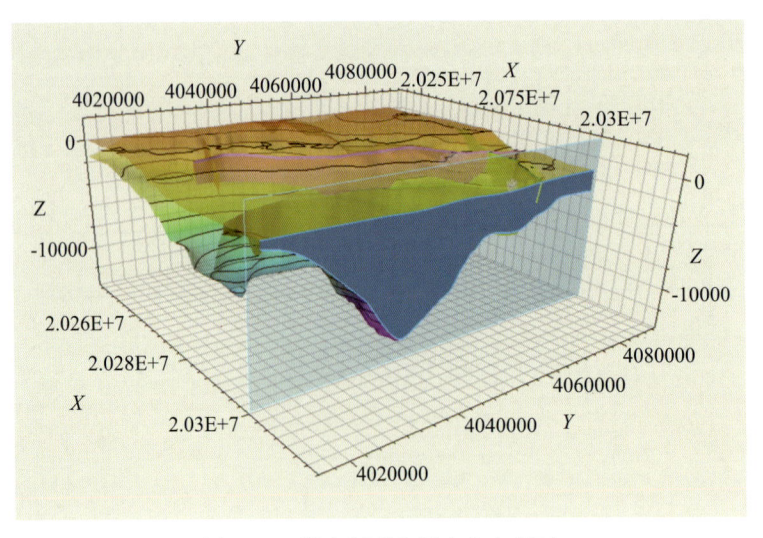

图 4.39　邯东断裂东侧南北向剖面

(三) 速度三维模型建立

1. 数据处理

速度三维模型的速度数据从石油地震剖面采集，隆起区的速度值从台阵深部探测的结果中提取。图 4.40 为速度模型点的分布图，提取各点速度遵循两个原则：

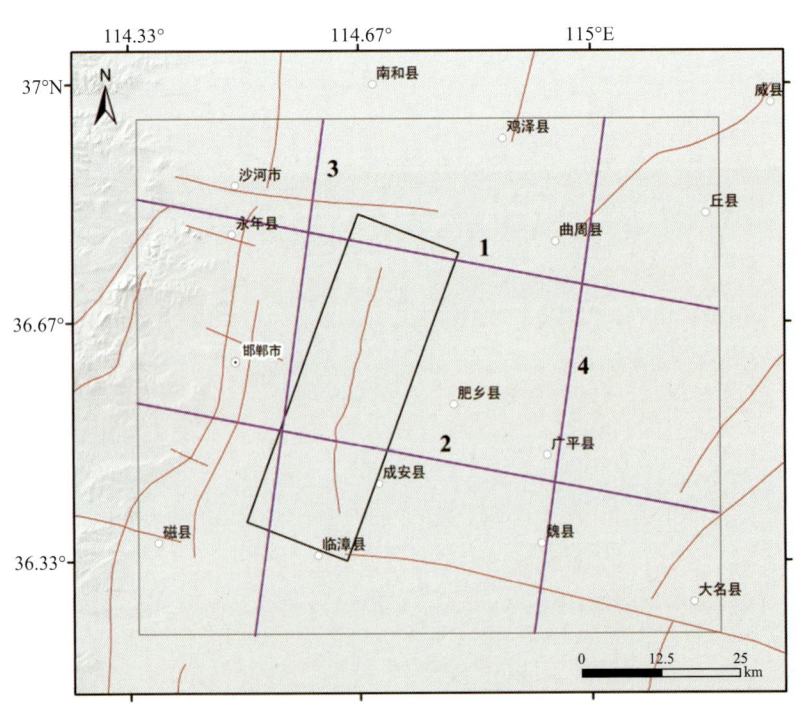

图 4.40　建立速度三维模型的范围与剖面线
(剖面线的解释见图 4.45 至图 4.48)

（1）在石油地震剖面上的各点直接从剖面上读取，在剖面线之间的速度点按构造图等高线上的最近一条石油地震剖面的值近似处理；

（2）模型西部在邯郸凹陷之外，石油地震剖面未能覆盖，采用台阵深部探测的速度数据替代。

建模数据主要来自于石油地震剖面和台阵数据的综合解释，共 256 个场点，2560 余个数据点，深度自近地表至地下约 10km。由于从石油地震剖面采集的纵波速度值（V_{po}）与台阵数据（V_{ps}）有一定的差别，因此在数据使用之前对两类数据进行归一化处理。考虑到人工地震测线密、反射波能量强、数据精度高，所以将石油地震剖面上的台阵观测点速度序列与该点的石油地震速度序列进行比较，找出它们之间换算系数。经转换得到 $V_{ps} = 1.3 V_{po}$，根据此关系式将所有的 V_{ps} 转换为 V_{po}，并转换为 MVS 可读的 CSV 格式数据（图 4.41），然后建立速度三维模型。

```
X,Y,Z,@@V ,ID,TOP
Depth
2564,1
20263110.8      4091342.8       582.25   2329    A01    0
20263110.8      4091342.8       1521.85  2767    A01    0
20263110.8      4091342.8       3042.44  3307    A01    0
20263110.8      4091342.8       14380.8  5992    A01    0
20268280.17     4091200.21      582.25   2329    A02    0
20268280.17     4091200.21      1521.85  2767    A02    0
20268280.17     4091200.21      3042.44  3307    A02    0
20268280.17     4091200.21      14380.8  5992    A02    0
20308115.09     4090084.93      286.4    1790    A10    0
20308115.09     4090084.93      612.36   2187    A10    0
20308115.09     4090084.93      911.43   2337    A10    0
20308115.09     4090084.93      1362.1   2570    A10    0
20308115.09     4090084.93      1821.6   3036    A10    0
20308115.09     4090084.93      2634.12  3252    A10    0
```

图 4.41　建模数据（部分）

2. 模型建立

1）建模软件介绍

MVS（Mining Visualization System）美国 CTECH 公司开发的地学数据可视化分析软件包，是目前在地质构造建模、地下水三维动力学分析等方面功能较为完善、三维显示效果较好的软件之一。该软件提供了基于钻孔数据、地层数据、物探剖面数据等进行地下结构三维建模的强大工具。

2）速度三维模型建模

图 4.42 是三维建模的主要模块和基本流程，其中 Krig3D 是核心的数据读入与三维克里金插值模块，Explode and scale 模块用于数据伸展尺度的确定，3D Plume 用于三维数据体的渲染，Slice_North、Slice_South 和 Slice_horizontal 模块用于水平和垂直剖面的生成，Viewer 模块用于三维结果的展示。图 4.43、图 4.44 是三维速度建模成果的展示。

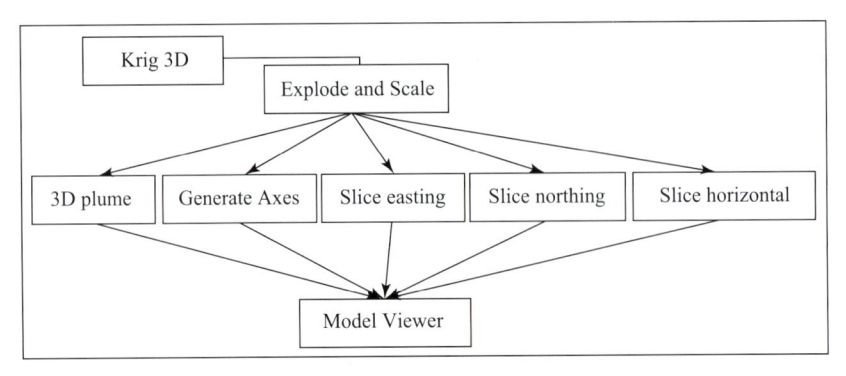

图 4.42　建模模块与流程

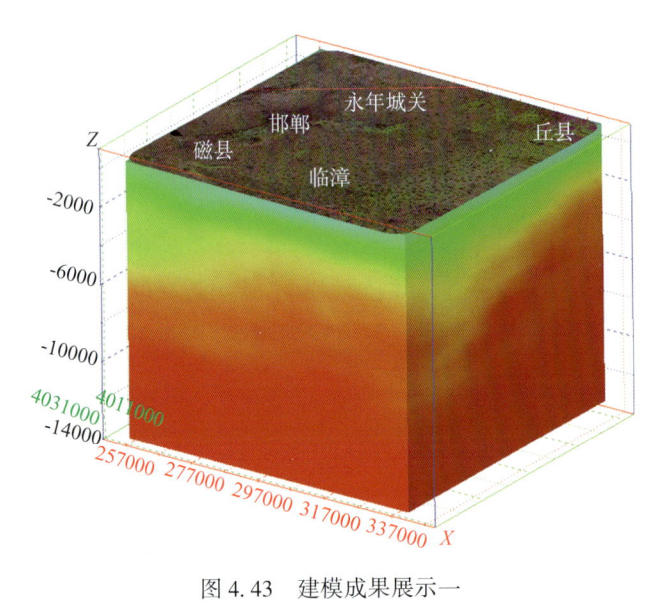

图 4.43　建模成果展示一

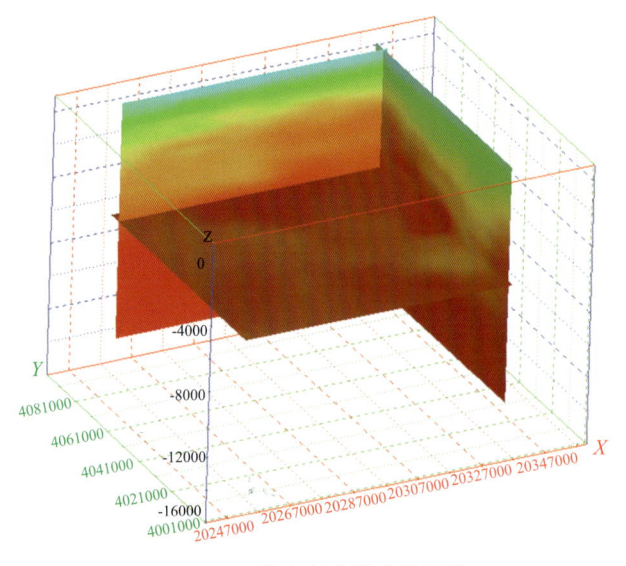

图 4.44　三维速度建模成果展示二

图 4.43 展示了邯郸凹陷及丘县凹陷速度结构的总体特征，邯郸凹陷的低速沉积层深度可达 6000m 以上，丘县凹陷的低速沉积层深度达 8000m，反映后者比前者沉积期的活动更强。

图 4.44 为模型北边界和东边界的两条正交剖面。东西向剖面上，第一界面代表构造模型中的第一构造层底界面，界面基本平直，对应于曲陌断裂附近构造层的厚度变化较小，2000m、4000m 左右的界面深度变化较大，反映 ∈—O 顶部古地形的变化特征；南北向剖面上，仅上部的第一界面基本平直，代表新近纪及第四纪处于整体坳陷的沉积环境，没有大的构造运动发生，而第二构造层和第三构造层厚度变化较大，反映整体处于强烈拉张的环境。

由北向南，剖面清楚展现了北部薄，南部厚的沉积特征。而台阵深部探测成果（图 4.45 至图 4.48）证实在永年—曲陌一带莫霍面抬升，说明是深部莫霍面的变化影响了中、下地壳的结构，继而控制了浅部的这种沉积构造特征。

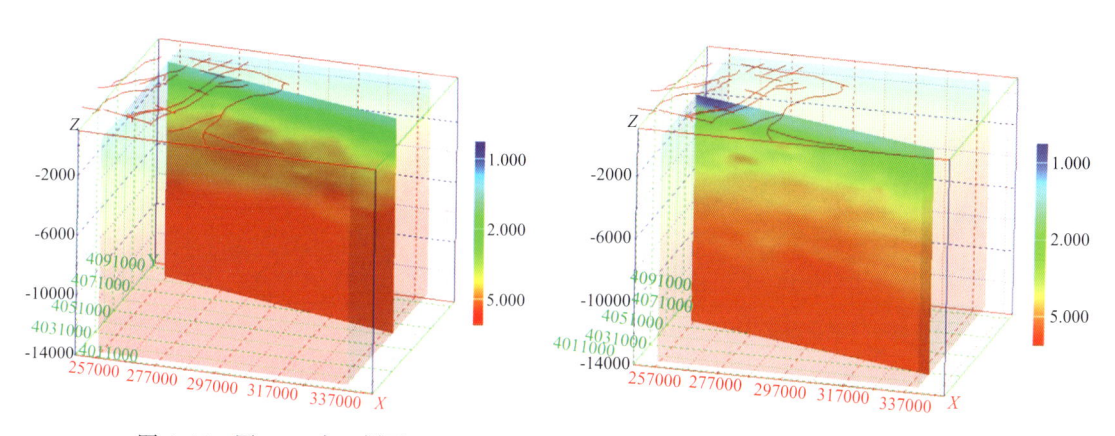

图 4.45　图 4.40 中 1 剖面

图 4.46　图 4.40 中 2 剖面

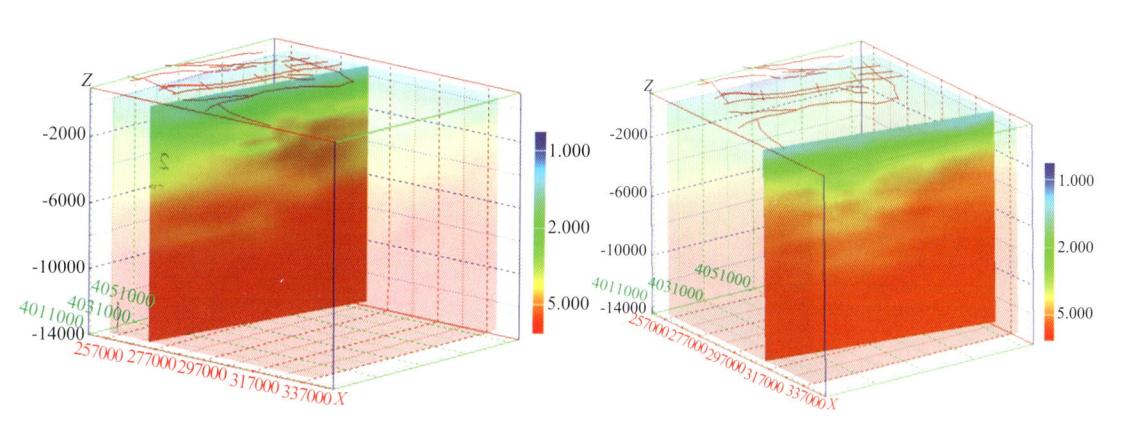

图 4.47　图 4.40 中 3 剖面

图 4.48　图 4.40 中 4 剖面

(四) 台阵等速界面

1. 原始资料及处理

宽频带流动台阵深部探测资料源于"邯郸市活断层探测与地震危险性评价项目",由中国地震局地质研究所刘启元团队完成,提供了每个台站的分层速度(表4.2),从表中的速度值可以看出,由台阵深部探测换算的 P 波速度值较人工地震所获取的值要高,近似于 1.2~1.3 倍。但给出的分层界限不会因为数值的整体偏大或偏小而改变,因此根据分层速度资料,仍然可以得出各界面的深度数据。根据各界面的分层数据,可以得到各界面的三维模型(图4.49)。

表4.2　各台站的分层速度及对应的地质层位(台阵深部探测资料)

台站	经度(°)	纬度(°)	L1 疏松层 Q+N	L1V_P	L2 古近系底	L2V_P	L3 二叠系底	L3V_P	L4 奥陶系底	L5 C1/C2	L6 Moho
01DZH	36.832	114.454	-0.4	2.646	-1.9	4.074	-3.9	5.11	-7	-18	-28
02LHN	36.838	114.582	-0.8	2.744	-1.6	4.037	-2.5	5.214	-8.5	-20	-28
03TIG	36.811	114.389	0.1	3.882	-0.4	4.612	-1.9	5.513	-8.5	-22	-30
04XZH	36.772	114.457	-0.2	3.166	-0.9	4.74	-2.4	5.535	-8.5	-18	-32
05BDU	36.75	114.517	-0.5	2.564	-2	4.704	-3	5.693	-7	-20	-28
06CBW	36.748	114.609	-1.2	3.33	-2.5	4.501	-3.5	5.384	-8.5	-22	-28
07XIZ	36.733	114.658	-0.8	2.601	-1.6	4.163	-3.5	5.544	-10	-20	-30
08XDT	36.699	114.71	-1	3.018	-2.5	4.496	-3	5.357	-10	-24	-30
09XZL	36.708	114.526	-0.8	3.02	-2	4.325	-4	5.242	-9.5	-20	-28
10NJZ	36.662	114.625	-1.2	3.376	-2.5	4.407	-3.5	5.194	-8.5	-22	-28
11MIY	36.709	114.368	0.2	3.705	-0.8	4.779	-2.8	5.452	-10	-20	-30
12LSL	36.677	114.428	-0.3	3.186	-1.5	5.095	-4.4	5.675	-8.5	-18	-30
13FNG	36.667	114.515	-0.8	2.842	-2	4.801	-4	5.744	-10	-24	-28
14JSP	36.622	114.554	-1	2.883	-3	4.575	-4	5.475	-12	-22	-32
15XPP	36.612	114.61	-1.2	3.331	-2.5	4.546	-3.5	5.601	-12	-24	-32
16NZP	36.601	114.671	-0.8	2.581	-2.5	4.874	-4.5	5.637	-10	-24	-30
17TST	36.633	114.312	0	2.856	-0.2	4.425	-2.3	5.441	-10	-22	-30
18DCS	36.619	114.364	0.13	3.043	-0.25	4.09	-3.4	5.268	-8.5	-22	-32
19XYB	36.564	114.411	-0.4	3.603	-0.9	4.313	-3.9	5.439	-9	-18	-30
20LUW	36.533	114.496	-0.8	2.8	-1.6	4.24	-4.5	5.834	-12	-18	-32
21FZH	36.504	114.609	-1	2.864	-1.5	4.114	-4	5.286	-7	-22	-30

续表

台站	经度(°)	纬度(°)	L1 疏松层 Q+N	L1V_p	L2 古近系底	L2V_p	L3 二叠系底	L3V_p	L4 奥陶系底	L5 C1/C2	L6 Moho
22DRZ	36.563	114.251	0.25	3.372	-0.25	3.998	-0.8	5.344	-8.5	-18	-32
23HQG	36.535	114.339	0.11	3.202	-0.4	4.409	-1.4	5.445	-8.5	—	-30
24XHC	36.488	114.377	0.1	2.34	-0.4	4.34	-3.4	5.196	-8.5	-22	-32
25GXT	36.468	114.487	-1	3.19	-1.5	4.126	-4	5.411	-7	-22	-32
26DBZ	36.44	114.556	-1	3.195	-3	5.044	-4	5.267	-7	-20	-32
27BYK	36.419	114.653	-1.2	3.15	-2.5	4.3	-5.5	5.607	-8.5	-20	-30
28QXZ	36.484	114.193	0	3.508	-0.7	4.423	-1.7	5.44	-7	-20	-32
29BOT	36.493	114.326	0.1	—	-0.2	4.325	-1.5	5.288	-7	-20	-30
30NXC	36.443	114.415	-1	3.56	-1.5	4.49	-3.4	5.96	-10	-24	-30
31XJA	36.419	114.267	-0.4	3.357	-1.35	4.487	-2.9	5.523	-8.5	-22	-30
32YUQ	36.423	114.329	-0.4	3.678	-1.5	4.175	-2.9	5.508	-8.5	-22	-32
33XYC	36.392	114.457	-1.2	3.62	-2.5	4.992	-3.5	5.556	-8.5	-20	-30
34NXU	36.369	114.627	-1.6	3.806	-2.5	4.794	-4.5	5.502	—	-20	-30
35MJH	36.346	114.159	-0.1	3.152	-0.3	3.931	-0.8	5.292	—	-18	-30
36WWU	36.365	114.227	0.2	3.722	-0.3	4.596	-1.5	5.334	-8.5	-18	-30
37XJG	36.366	114.299	-0.4	3.703	-1.5	4.734	-2.5	5.435	-8.5	-18	-28
38WZH	36.34	114.39	-1	3.612	-1.5	4.785	-3	5.382	-8.5	-20	-28
39ZHS	36.346	114.453	-1	3.057	-1.5	4.047	-3	5.2	-8.5	-20	-28
40BKG	36.299	114.602	-1	3.045	-1.5	—	-2.5	5.499	-7	-20	-30

对于 L1 层位，P 波速度介于 2.5~3.8km/s，大多在 3.0km/s 左右，反映出疏松沉积层的速度特征，大致可定为第四系底界（图 4.49a）。

对于 L2 层位，P 波速度介于 4.0~5.0km/s，变化范围较 L1 的要小，但深度变化范围较大，从 -0.4km 到 -3.0km 均有分布，结合石油地震剖面解释，可定为古近系底界（图 4.49b）。

对于 L3 层位，P 波速度介于 5.0~6.0km/s，变化范围较小，深度变化范围也比较大，从 -0.8km 到 -5.5km 均有分布，结合石油地震剖面解释，可定为二叠系底界（图 4.49c）。

对于 L4、L5 和 L6 三个界面，分别对应于奥陶系底界、地壳 C1/C2 界面以及 Moho 面（图 4.49d~f）。

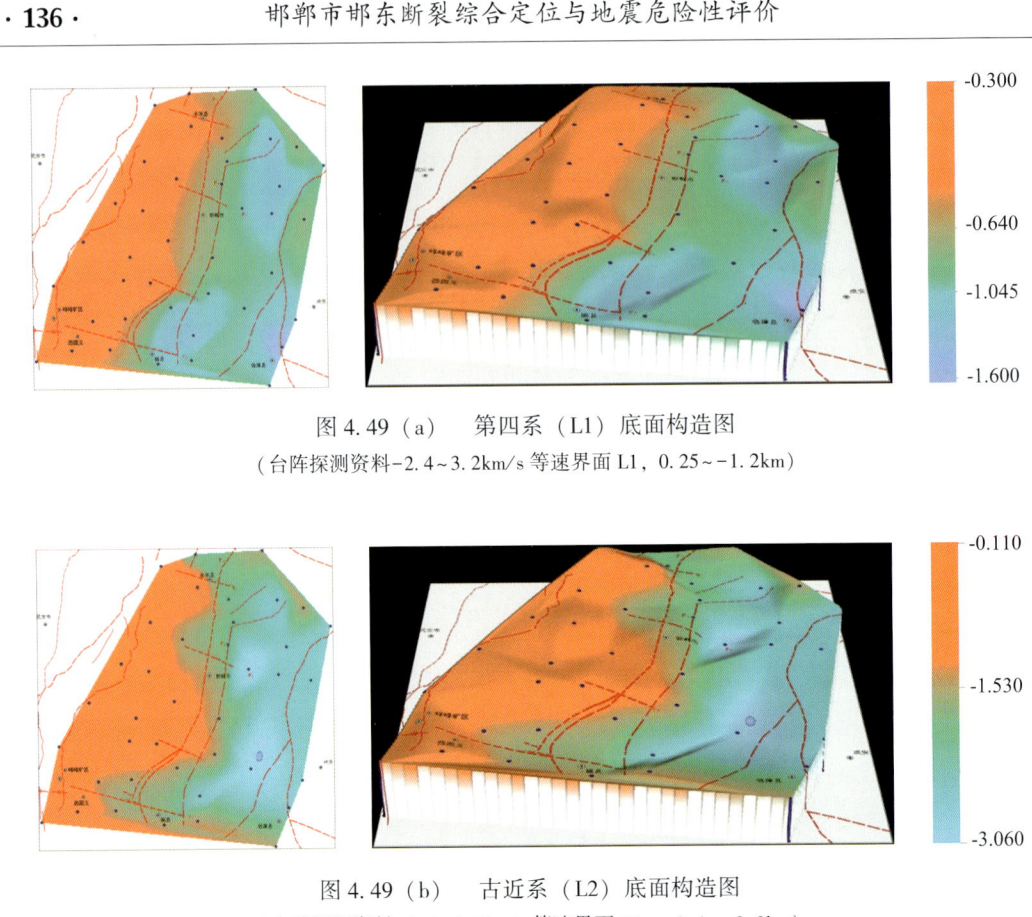

图 4.49（a） 第四系（L1）底面构造图
（台阵探测资料-2.4~3.2km/s 等速界面 L1，0.25~-1.2km）

图 4.49（b） 古近系（L2）底面构造图
（台阵探测资料-3.6~4.3km/s 等速界面 L2，-0.4~-3.0km）

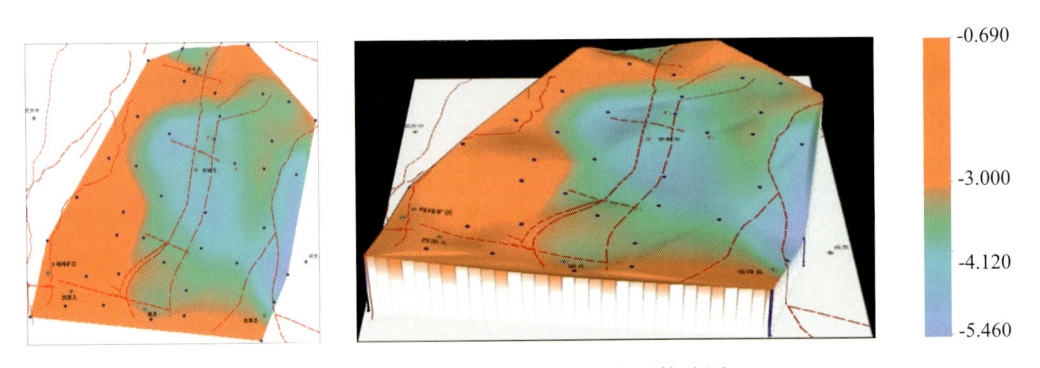

图 4.49（c） 二叠系（L3）底面构造图
（台阵探测资料-4.9~5.2km/s 等速界面 L3，-3~-5km）

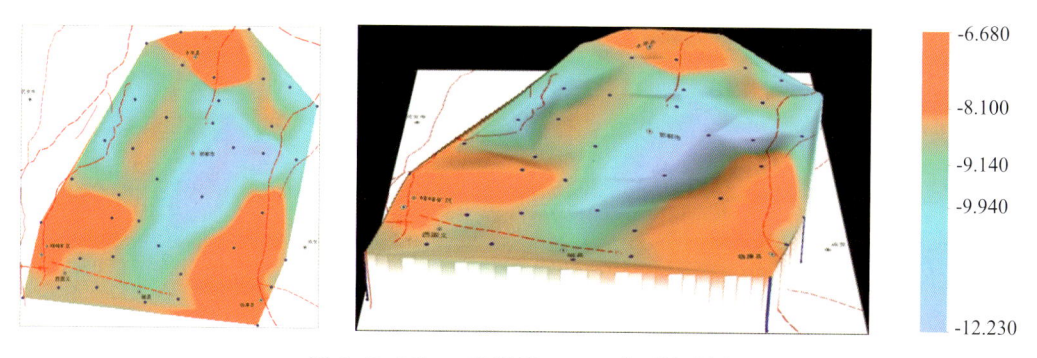

图 4.49（d） 奥陶系（L4）底面构造图
（台阵探测资料-5.2~4.8km/s 等速界面 L4，-7~-12km）

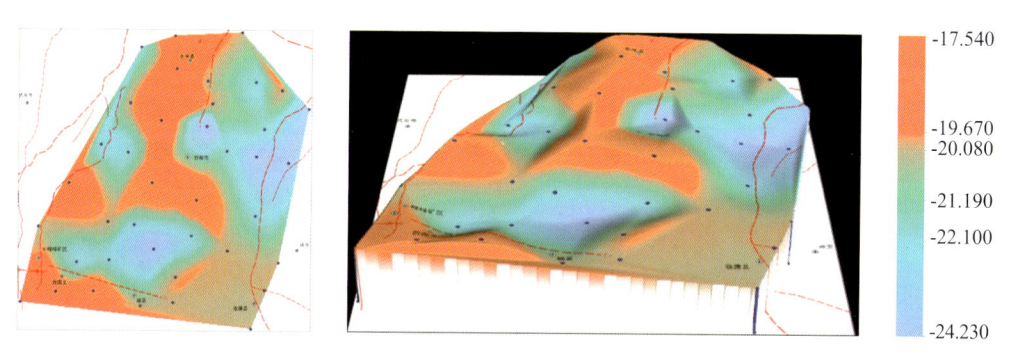

图 4.49（e） C1/C2 界面（L5）构造图
（台阵探测资料-5.8~6.3km/s 等速界面 L5，-18~-24km）

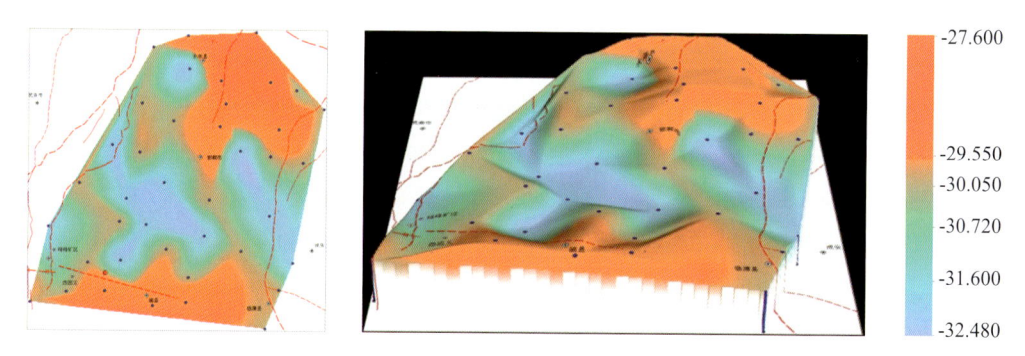

图 4.49（f） Moho 面（L6）顶面形态
（台阵探测资料-7.0~7.699km/s 等速界面 L6，-28~-32km）
图中红点指示 1830 年磁县地震位置

2. 台阵等速界面三维模型特征分析

对于 L1 层，总体看来，由于该层较浅，限于台阵深部探测范围，分层数据虽然已经消除了地面高程的误差影响，所得到的三维模型仍然不太理想，但能反映的西高东低，西薄东厚的趋势。

对于 L2 层位和 L3 层位，深度变化范围较大，分别介于 $-0.4 \sim -3.0$ km 和 $-0.8 \sim -5.5$ km，说明该层沉积受下伏层古地貌的影响较大，反映各存在一次大的构造运动。

总体上，L1、L2、L3 和 L4 界面形态以北东向构造为主（图 4.49a~d），邯郸断裂与磁县—大名断裂对沉积具有较强的控制作用。L5 和 L6 两层的构造线以北东东向和北西向为主要特征（图 4.49e、f）。这也说明，奥陶系以上的地层构造特征与结晶基底顶面构造特征具有相似性，而与结晶基底以下的地层构造特征相似性不明显，两者之间为一种解耦的关系。

L1、L2、L3、L4 和 L5 三维界面总体上反映出各界面仍然具有西高东低的特征，而 L6 则在紫山、鼓山一带往西明显地有变深的趋势，说明莫霍面深度已有变化，为东部平缓变化区与西部变深区的转折点，1830 年的磁县地震正是发生在这转折点附近，暗示强震的深部孕震环境（图 4.49f）。

（五）构造分析

1. 浅部主干断裂交切关系

区域北西西向断裂主要包括曲陌断裂和磁县断裂，从石油地震剖面可知，该类断裂主要断错石炭系—二叠系及以上地层，该地层厚度稳定，全区分布均匀，说明断裂的形成时间应在三叠纪时期。

北东或北东东向断裂明显控制古近纪地层，地层以裂陷作用为主，主要表现为垂向断错，呈现出西薄东厚的现象，断裂具有明显的同沉积特征，据此可推断北东向断裂在裂陷初期切割了北西西向断裂。

因此在新近纪以前，北东或北东东向断裂明显切割北西西向断裂，并控制其后的沉积作用。新近纪与第四纪时期，在北东东向挤压应力场的作用下，北西西向断裂重新以左旋方式运动，再次切割北东或北东东向断裂，从而在近乎等距的位置形成多个断层调节带，并使北东向断裂明显错开或产生左旋的位移。

2. 上地壳和中地壳之间的拆离滑脱面

从台阵速度界面 L4 与 L5 的三维模型中（图 4.49e、f）已知，基础层和基底岩层从构造角度来看是相互解耦的关系，之间存在一个解耦的界面，这个解耦面正是上地壳与下地壳之间存在的拆离面，控制盆地沉积的边界断裂汇合于这个解耦面（滑脱面）上。

图 4.50 为根据宽频带台阵深部探测结果得到的不同深度下的二维速度结构，经对比，10km 与 12km 两个深度下的速度结构已经发生变化，图 4.50a 中北东向的低速体明显存在，而图 4.50b 中该低速体已经弱化，而转为总体为近东西向的壳内低速体，说明解耦面的深度在 11km 左右。

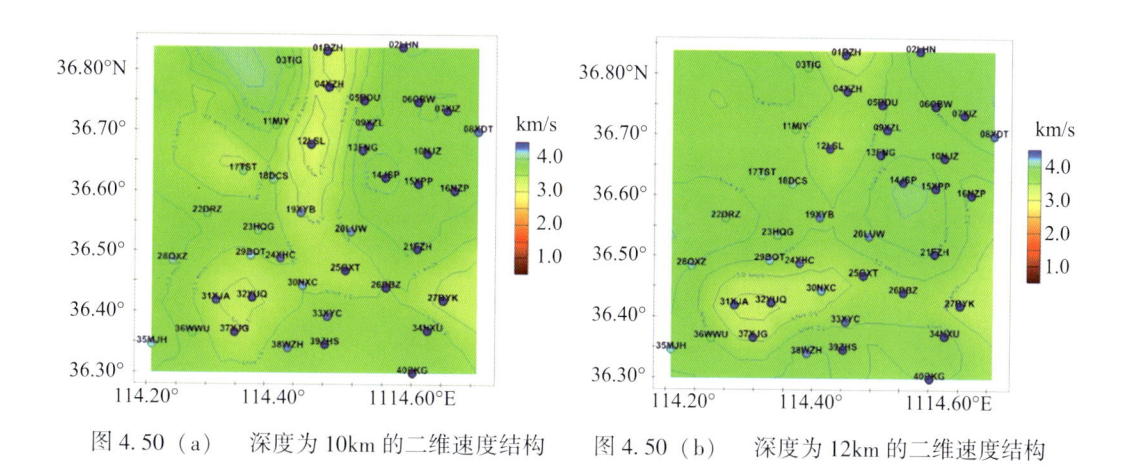

图 4.50（a） 深度为 10km 的二维速度结构　　图 4.50（b） 深度为 12km 的二维速度结构

3. 断裂组合综合模型

根据小震精确定位的研究结果，结合石油地震剖面解释、三维构造模型、三维速度模型和台阵速度界面三维模型得到区域基本构造格架如下（图 4.51）：

（1）太行山山前断裂控制北部任县凹陷和南部邯郸凹陷的沉积作用，被曲陌断裂所切割，同时又将磁县断裂东西分段；

（2）邯东断裂为控制邯郸凹陷沉积的主控断裂，北以永年断裂为界，南达汤阴凹陷，具多条平行的次级断裂，同时又为大名—临漳断层的西边界；

（3）在邯郸凹陷内 11km 左右的地壳内存在一个滑脱面，太行山山前断裂与邯东断裂均汇合于这个滑脱面之上。

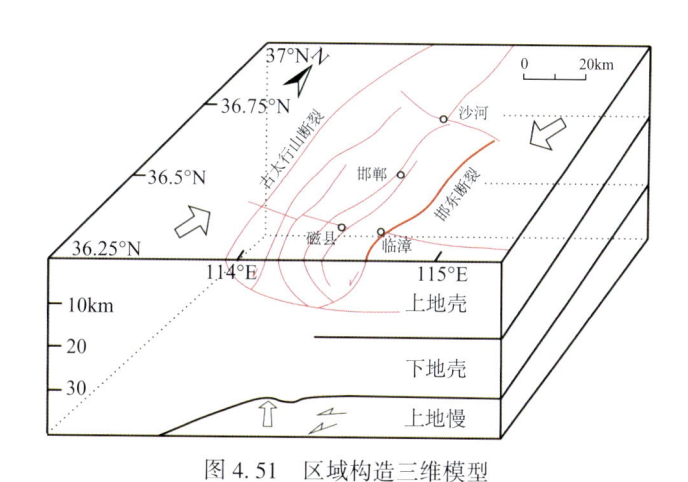

图 4.51　区域构造三维模型

第四节 主 要 结 论

（1）邯东断裂为控制邯郸凹陷沉积的主控断裂，北以永年断裂为界，南达汤阴凹陷，具多条平行的次级断裂，同时又为大名—临漳断层的西边界；在邯郸凹陷内 11km 左右的地壳内存在一个滑脱面，太行山山前断裂与邯东断裂均汇合于该滑脱面之上。

（2）第四系钻孔三维建模揭示：Qp_1 底界显示在中部，大西韩乡区域存在一个较大的沉积区域，沿邯东断裂展布，邯东断裂南段的活动性明显强于北段。Qp_2 与 Qp_3 底界，邯东断裂活动性明显减弱，地层发育明显受西部隆升运动控制，相对更加清晰，南段在大西韩乡附近存在明显的沉积带，沿邯东断裂展布。邯东断裂基本沿沉积梯度带展布，西部浅，东部深，受西部隆升运动控制。Qh 底界显示断裂行迹不明显，整体表现为西高东低。

（3）精定位后的小震主要分布在太行山山前断裂带西侧的太行山隆起区，而山前断陷盆地和平原带地震较少。沿邯东断裂小震分布稀疏，表明该断裂目前并不处于活动状态。磁县—大名断裂为太行山山前断裂南段所错断，地震主要分布在磁县—大名断裂的西段和中段，其东段（邯东断裂以东）几乎无地震。地震的这种分布表明，太行山山前断裂东西的深部结构可能存在差异。该断裂附近的速度剖面也显示该断裂的东西两侧存在显著差异，西侧中下地壳有明显的低速带，而东侧则相对高速。根据小震精确定位的结果，沿磁县断裂的小震分布显示在紫山西断裂以下的中地壳小震明显集中，且有一明显的分界线。

（4）综合构造、速度三维模型以及台阵深部探测界面特征的对比分析，得到以下认识：①邯郸凹陷内结晶基底以及地壳的各个界面从西到东基本平整，从北到南逐步加深，反映了莫霍面深度的变化影响了上地壳的沉积特征；②对于速度模型，上部的第一界面基本平直，代表新近纪及第四纪处于整体坳陷的沉积环境，没有大的构造运动发生，而第二构造层和第三构造层厚度变化较大，反映整体处于强烈拉张的环境；③奥陶系以上的地层构造特征与结晶基底顶面构造特征具有相似性，而与结晶基底以下的地层构造特征相似性不明显，两者之间为一种解耦的关系，说明存在深部滑脱面。

（5）区域主要断裂运动学特征为：邯东断裂为邯郸凹陷的主控断裂，断面深度达 8000 余米，断面西倾，且略向西凹，东盘上升西盘下降，倾角上部在 60°左右，向下变缓，为铲式正断裂，控制盆地的形态及沉积特征。太行山山前断裂为右旋运动模式，断层落差较大，终止于二叠—三叠系中，断层面沿倾向上陡下缓，下盘岩层面产状无变化或变化很小，上盘岩层面发生旋转，剖面上显示铲形或"S"形。磁县断裂为左旋运动模式，呈现出东西分段的特征。该断裂具同生断层性质，控制着上部地层的沉积。永年断裂、联纺路断裂和马头断裂为调节断层错动或块体伸展差异运动的掀断层，断面与层面倾角沿倾向无变化或变化很小，剖面显示为平面式几何形态。

第五章 邯东断裂地震危险性分析

通过对工作区地震构造环境、地壳运动与动力学背景、地震时空分布与现今构造应力场、小震活动及其定位、深浅部地壳结构，获取地震构造模型及地震活动性。在邯东断裂综合定位与活动性评价的基础上，进行地震危险性分析。

工作区主要断裂的探测、综合定位和活动性鉴定结果表明，该区断裂活动性总体水平适中，除磁县断裂西段为全新世活动断裂，其他断裂晚更新世以来均不活动。另外，由于邯郸地处古老的华北克拉通南部，研究表明，克拉通内部强震破裂带一般较短，垂直（或走滑）位移量较小，因而利用地表破裂带长度与震级关系、断距及位移速率等方法进行断裂发震能力判定的地震危险性评价方法在华北克拉通地区中有一定困难。因此，在总结国内外活动断裂地震危险性评价方法的基础上，采用了基于区域地震构造背景研究、现今构造动力学分析、目标断裂活动性评价以及概率法等多种方法对邯东断裂的地震危险性进行了综合评价。

第一节 合成孔径差分干涉雷达监测分析

合成孔径雷达干涉测量技术作为一种新兴的遥感技术手段，由于其观测精度高、监测范围广、周期短，已被广泛应用于地质灾害变形、矿山开采、地震监测等领域。采用新技术对邯东断裂隐伏区的现今变形特征开展探索性研究，可以作为邯东断裂活动性研究的有益补充。

一、监测数据

（一）Sentinel-1 卫星数据

Sentinel-1（哨兵 1 号）卫星是欧空局"哥白尼计划"研制的、2014 年发射的地球观测卫星，由 Sentinel-1A 与 Sentinel-1B 两颗卫星组成，载有 C 波段合成孔径雷达。数据可登录欧洲太空局网站（https://scihub.esa.int）免费下载。Sentinel-1 卫星有 4 种成像模式，基本参数指标见表 5.1。SM 模式是 ERS 和 ENVISAT ASAR 数据的延续，实现了欧空局 SAR 数据的连续性。IW 与 EW 模式采用了最新的渐进式条带扫描技术（TOPSAR）。TOPSAR 在保证分辨率、大幅宽的前提下提高地面观测精度，解决了 ScanSAR 的图像不均匀问题。

表 5.1 Sentinel-1A 的 4 种成像模式基本参数

工作模式	幅宽（km）	入射角（°）	极化方式	距离向分辨率（m）	方位向分辨率（m）	干涉测量
SM	80	18.3~46.8	HH+HV，VV+VH	5	5	否
IW	250	29.1~46.0	HH，VV	5	20	是
EW	400	18.9~47.0		25	40	是
WV	20	21.6~25.1 34.8~38.0	HH，VV	5	5	否

Sentinel-1 A 卫星数据产品共有 3 个级别（表 5.2），包括零级数据（Level-0），一级数据（Level-1，包括 SLC 数据与 GRD 数据），二级数据（Level-2，包括海洋涌谱 OSV）。

表 5.2 Sentinel-1A 的 4 种成像模式基本参数

工作模式	数据产品
SM	L0 RAW、L1 SLC、L1 GRD、L2 OCN
IW	L0 RAW、L1 SLC、L1 GRD、L2 OCN
EW	L0 RAW、L1 SLC、L1 GRD、L2 OCN
WV	L0 RAW（不发布）、L1 SLC（不发布）、L1 GRD（不发布）、L2 OCN

综合分析，采用了 Sentinel-1 A 卫星的 SLC 数据，IW 模式、VV 极化、降轨数据。时间跨度为 2017 年 3 月至 2021 年 2 月，覆盖 1 个轨道（path40）2 个片区共 96 景数据。其中 Frame117、Frame112 各 48 景。邯郸地区所覆盖到的哨兵数据见图 5.1，其中红色线覆盖范围为 Frame112，蓝色线覆盖范围为 Frame117。所使用的 Sentinel-1 A 雷达数据参数列表见表 5.3。

表 5.3 Sentinel-1 数据列表

序号	日期	轨道	序号	日期	轨道
1	20171004	path40 Frame117 path40 Frame112	9	20171109	path40 Frame117 path40 Frame112
2	20170314		10	20171203	
3	20170407		11	20180108	
4	20170513		12	20180201	
5	20170606		13	20180309	
6	20170712		14	20180402	
7	20170805		15	20180508	
8	20170910		16	20180601	

续表

序号	日期	轨道	序号	日期	轨道
17	20180707	path40 Frame117 path40 Frame112	33	20191111	path40 Frame117 path40 Frame112
18	20180812		34	20191217	
19	20180905		35	20200110	
20	20181011		36	20200215	
21	20181116		37	20200310	
22	20181210		38	20200427	
23	20190127		39	20200521	
24	20190220		40	20200626	
25	20190316		41	20200720	
26	20190409		42	20200825	
27	20190503		43	20200930	
28	20190620		44	20201024	
29	20190714		45	20201129	
30	20190807		46	20201223	
31	20190912		47	20210128	
32	20191006		48	20210221	

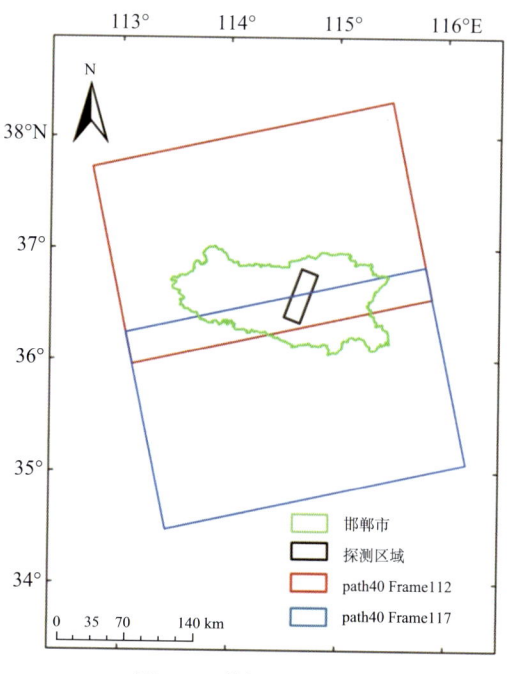

图 5.1 数据覆盖范围

（二）DEM 高程数据

数字高程模型（DEM）数据，采用地理空间数据云下载的 SRTM DEM，空间分辨率 30m×30m。SRTM 数据为航天飞机雷达地形测绘。

（三）轨道文件

采用的轨道文件有两种：一种是 SAR 数据获取后，在 21 天内解算的精确轨道星历参数-AUX_ POEORB，精度在 5cm 内；另一种是 SAR 数据获取后，仅需 3 小时解算的修正轨道参数-AUX_ POEORB，精度在 10cm 内。本研究采用精确轨道星历参数。

（四）Sentinel-2 卫星数据

哨兵二号卫星（Sentinel-2A）是欧空局研发的"全球环境与安全监测"计划的第二颗卫星。该卫星携带一台多光谱成像仪，可覆盖 13 个光谱波段，幅宽达 290km，重访周期为 10 天。其中红、绿、蓝、近红外四个波段为 10m 空间分辨率。此外，哨兵二号数据拥有红边三波段，对监测植被健康度较为有效。本研究使用同步观测的 Sentinel-2A 高分光学遥感数据与雷达遥感数据进行信息复合，控制 SBAS-InSAR 方法运行过程，并进行形态学、光谱学特征分析。

二、监测方法

合成孔径雷达（SAR）是 20 世纪 50 年代末研制成功的一种微波传感器，是微波传感器中发展最为迅速、最有成效的一种对地观测系统。与传统的可见光、红外遥感技术相比，SAR 具有许多优越性，它属于微波的范畴，不受云雨和昼夜限制，具有全天候、全天时的观测特点，可以提供可见光、红外遥感手段不能提供的信息。由于 SAR 在农业、林业、地质、环境、水文、海洋、灾害、测绘与军事领域的应用具有独到的优势，尤其适用于传统光学传感器成像困难的地区，如热带雨林地区，中国的西南、华南等多云多雨地区。

合成孔径雷达干涉测量（InSAR）是 SAR 应用中较晚出现的一个方向，或者说是一个新的领域。该技术具有测绘带宽、全天候、全天时的特点，获得的地表三维信息具有较高的空间精度和高程精度，是目前雷达遥感研究的热点。在 InSAR 技术上发展起来的 DInSAR 技术对于地表高度的变化非常敏感，可以获取厘米级甚至毫米级的形变监测精度。目前越来越多的国家运用 DInSAR 技术监测地表沉降、断层运动、地震形变、火山爆发前的隆起以及滑坡前的形变等现象。近年来发展起来的永久散射体（Permanent Scatter）技术，以散射特性在时间上保持稳定的高相干点为突破口，延伸出多种差分干涉测量方法。这些方法利用可靠且稳定的永久散射体作为观测对象，通过分析其相位变化信息提取形变信息，在一定程度上解决了 DInSAR 技术在实施过程中的时间、空间去相关和大气延迟等限制测量精度的问题，在城区可以获得毫米级的地表形变信息，从而可以用于测量城市地表沉降等缓慢的形变过程。

SBAS-InSAR 是在 DInSAR 技术上的延伸，基本思想是从一系列 SAR 图像中选取那些在时间序列上保持高相干性的地面目标点作为研究对象，利用它们的散射特性在长时间基线和空间基线上的稳定性，获取可靠的相位分析，分解各个永久散射体点上的相位组成，消除轨道误差、高程误差和大气扰动等因素对地表形变分析的影响，得到长时间序列内的地表形变信息。

三、SBAS-InSAR 监测邯东断裂形变

（一）雷达影像序列预处理

输入邯郸地区 2017~2021 年的月度雷达遥感数据，共计 4 年 48 期 Sentinel-1 数据。该数据由欧空局提供，其中 S1 TOPS SLC 数据包含如下几个文件：数据文件（TIFF 文件）；元数据文件（XML 文件）；校准文件（XML 文件）；噪声文件（XML 文件）。TOPS 模式数据的每个子条带的数据是分开提供的，通过影像读取得到了每个条带的信息。

加入精密轨道数据。对每个 SLC 的 3 个条带分别加入精密轨道数据。精密轨道数据在图像配准、干涉图生成中起作用。基线误差以残差干涉条纹包含在干涉图中。使用卫星精密轨道数据对轨道信息进行修正，可有效去除因轨道误差引起的系统性误差。本研究使用的精密定轨星历数据 POD（Precise Orbit Ephemerides）是最精确的轨道数据，定位精度优于 5cm。

影像拼接。分别将 path40、Frame117 和 path40、Frame122 的 Sentinel-1A 影像的 3 个条带进行拼接，生成一个 SLC 数据。多普勒中心会在相邻 burst 拼接处有很大梯度的变化。在后续使用拼接的 SLC 时，只有相对应的 burst 间的数据才能进行干涉。本研究设定进行 10：2 多视，然后按照这个设定进行拼接。

外部 DEM 编码。将 30m 的地图坐标系下的 DEM 编码到斜距结构的雷达坐标系下。将 DEM 与主影像配准，得到每个像元的三维坐标信息，同时帮助后续去除地形相位引起的误差。

影像配准。将所有的 SLC 影像配准到各自主影像上，对 S1 TOPS SLC 影像对的配准策略非常重要，因为干涉处理需要极高的配准精度。方位向配准精度要求达到 1/1000 像素，否则相邻 burst 间会出现相位跳变。根据轨道信息和地形信息计算配准查找表，并利用强度匹配和频谱差异方法精细化查找表。

影像去斜。将所有的影像以各自主影像为准，进行去斜。对每一个 TOPS 模式的 burst 来说，多普勒中心在每个 burst 的起始间有很大的频谱梯度变化。为了给 TOPS SLC 拼接数据去斜，需要在拼接前分别对每个子条带上的 burst SLC 进行处理。去斜意味着去除相位趋势，因此会影响到干涉处理。对干涉来讲，应该去除主影像和配准的从影像上的相同的相位趋势。

目标区提取。为了提高运行效率，将涉及到邯郸地区的影像提取出来，减少冗余数据，提高运算速度。

（二）基线估计及优化

对邯郸地区内的 path40、Frame117 和 path40、Frame122 分别进行多主影像基线估计，确定干涉对组合。设置时间基线不超过 90 天，空间基线不超过 120m。本次基线估计中，以每个影像为主影像组成的干涉对均不多于 7 个。干涉对的组合对时序反演的结果影响较大，因此本研究在保证干涉对质量的前提下，适当增加干涉对的数量以提高监测结果的精度。

（三）模拟地形相位、差分干涉和影像滤波

使用外部 DEM 去除高程相位，得到差分干涉图。利用编码后的雷达坐标系下的 DEM 数据和真实 SAR 影像生成模拟地形相位。利用两幅 SLC 影像作差得到的干涉图减去模拟地形

相位图得到差分干涉图。模拟地形相位处理去斜后的两幅 SLC 影像的参数文件及其偏移文件、雷达坐标系下的 DEM 数据，输出模拟地形相位文件；然后进行差分干涉处理，模拟地形相位，输出差分干涉图文件。

影像滤波可进一步滤除相位噪声，有助于相位解缠的处理。本研究根据局部条纹谱使用滤波函数进行自适应滤波，通过读入复数干涉图，计算局部干涉功率谱，根据功率谱生成相应的滤波器，从而对干涉图滤波，并生成滤波后干涉图和相干性图。在滤波参数选择上，尽量选择小窗口和小的滤波系数，本次的滤波窗口为 32，滤波系数为 0.35。对差分干涉图执行影像滤波处理，输出滤波后的差分干涉图、相干性文件。

（四）相位解缠及编码

在差分干涉的基础上进行相位解缠，检查相位解缠后的结果，将解缠比较差的干涉对去除，避免对后续处理产生干扰。相位解缠参考点的选择尤为重要，尽量选择相干性高的、有先验信息的稳定区域、影像的中间区域、稳定的城区处。基于 2017 年度地表形变监测结果，选择基本没有形变、相对稳定的参考点。解缠方法采用了 MCF 技术和 TIN 技术。相位解缠处理输入的数据有差分干涉图、相干性文件、掩膜文件，输出解缠差分干涉图。解缠后干涉图的结果见图 5.2，可以看出相位解缠的质量较高，基本没有时空去相干现象。但有极少干涉对出现解缠结果断裂图，出现了明显的分界线，推测可能原因为部分区域相干条件较差，且影像范围较大，导致解缠搜索路径过长所致。最后，进行地理编码，将解缠后的差分干涉图、相干性文件从斜距-零多普勒坐标系编码到 WGS1984 坐标系，生成可比数据。

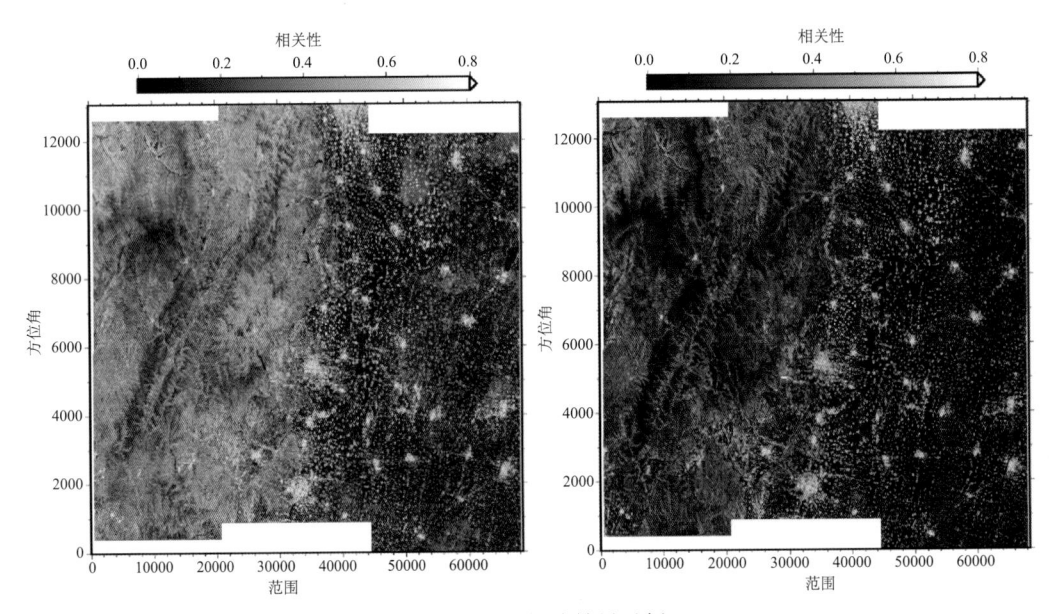

图 5.2　相位解缠结果示例

（五）SBAS 时序处理

全部影像处理采用编程的形式实现。需要输入的数据有编码后的解缠干涉图、相应的相干性文件、DME 等文件。假设对流层大气相位与地形有简单的线性关系，根据数据本身估计分层大气相位。使用多尺度方法去除大气相位，假设 $\Delta\varphi\text{topo}h$，$\Delta\varphi\text{topo}$ 是与地形相关的大气相位，h 表示高程。在监测小幅度的地表形变时，使用重复轨道合成孔径雷达观测可能受到传播延迟的困扰，其中一些延迟与地形变化相关。这些地形相关的延迟是由对流层垂直分层的时间变化引起的。使用奇异值分解方法通过地形和观测相位的带通分解来提高信噪比，分解后的空间尺度有利于提高形变解算的稳定性。

四、邯东断裂形变场反演

（一）邯郸地区地表时序形变

基于 SBAS-InSAR 技术获取邯郸地区从 2017 年 3 月 4 日到 2021 年 2 月 21 日共计 4 年的地表累积形变监测结果，逐月监测得到 48 个月的地表形变场，如图 5.3 所示。所有累积形变量均是以第一期雷达数据为基准的形变增量，按月份排列。从图中可以看出，在时间上，邯郸地区地表形变场整体演化趋势呈现高度的一致性和继承性，沉降与抬升区域分异明显，地表形变幅度随时间累积发展。邯郸东部出现了北东向延伸的沉降带，该沉降带自 2017 年 7 月起的沉降幅度明显增大，直至 2021 年 2 月其累积沉降量逐月增加，地表形变场总体上呈连续性的线性变化特征。

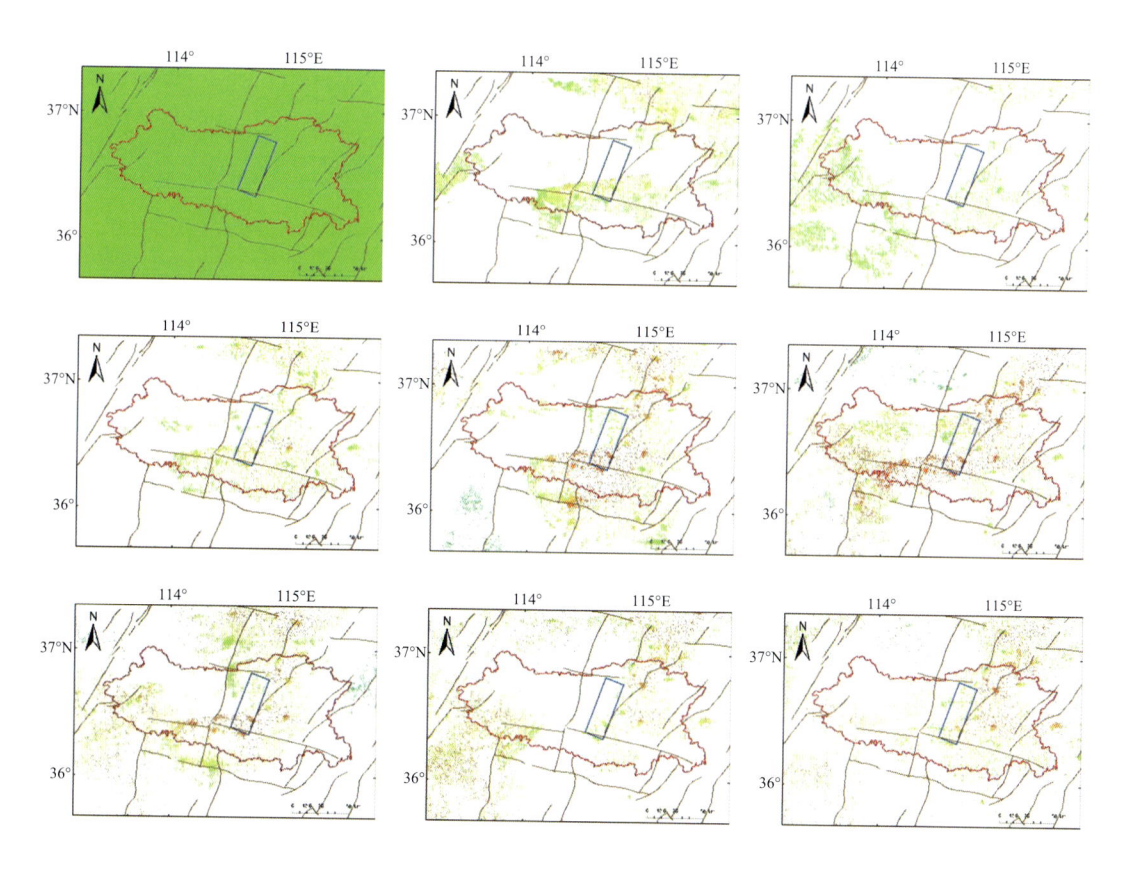

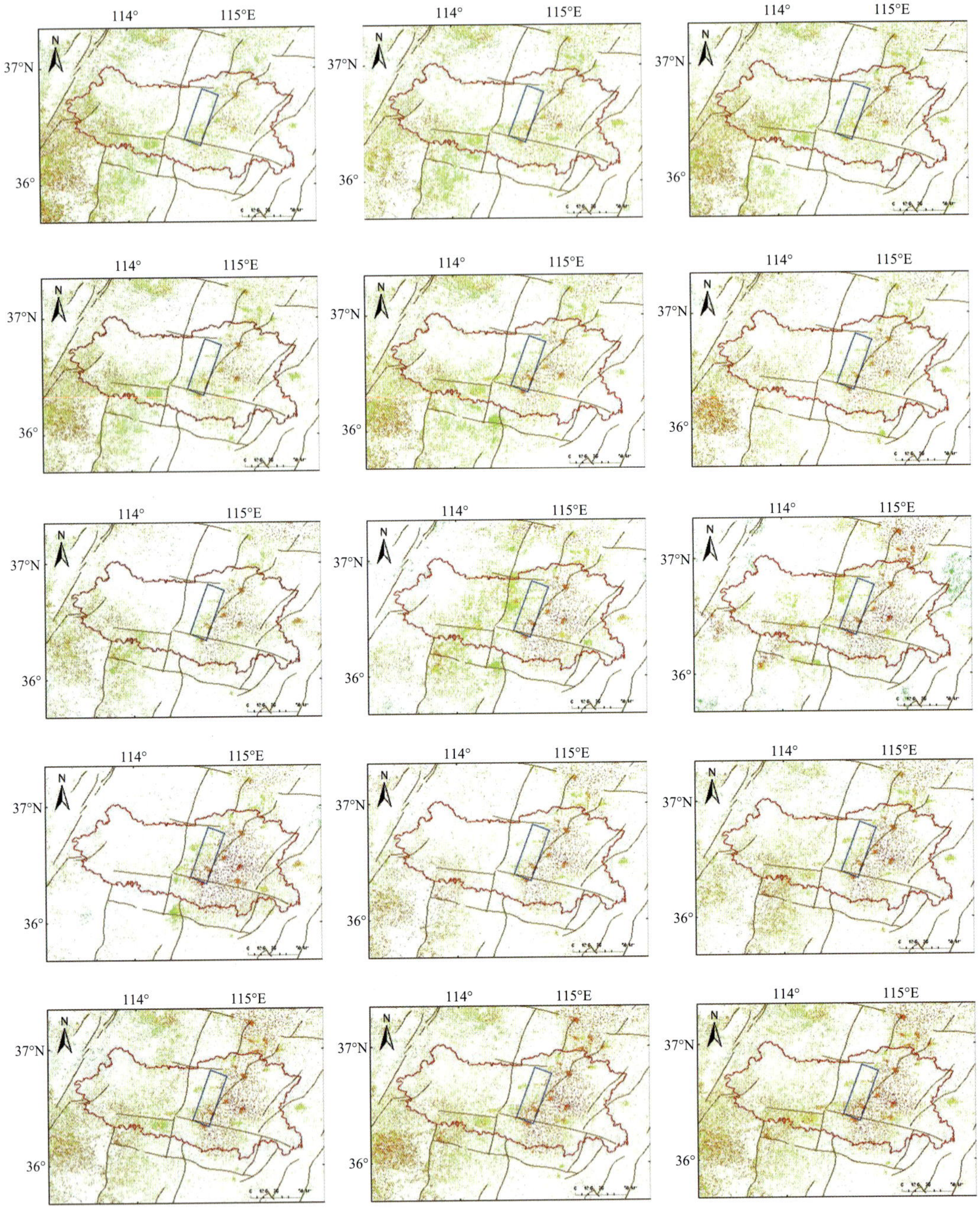
114°
115°E
37°N
36°
N

第五章 邯东断裂地震危险性分析

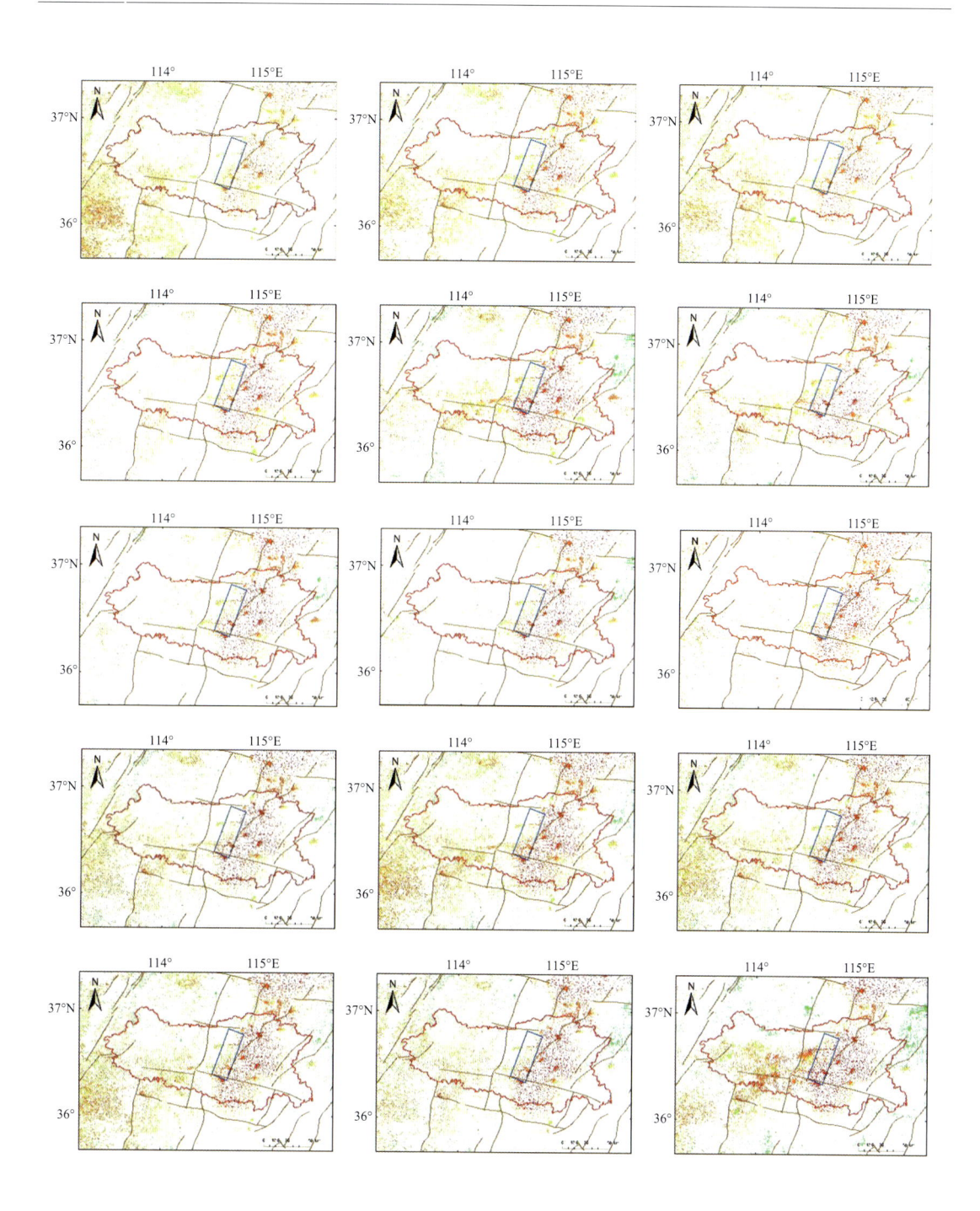

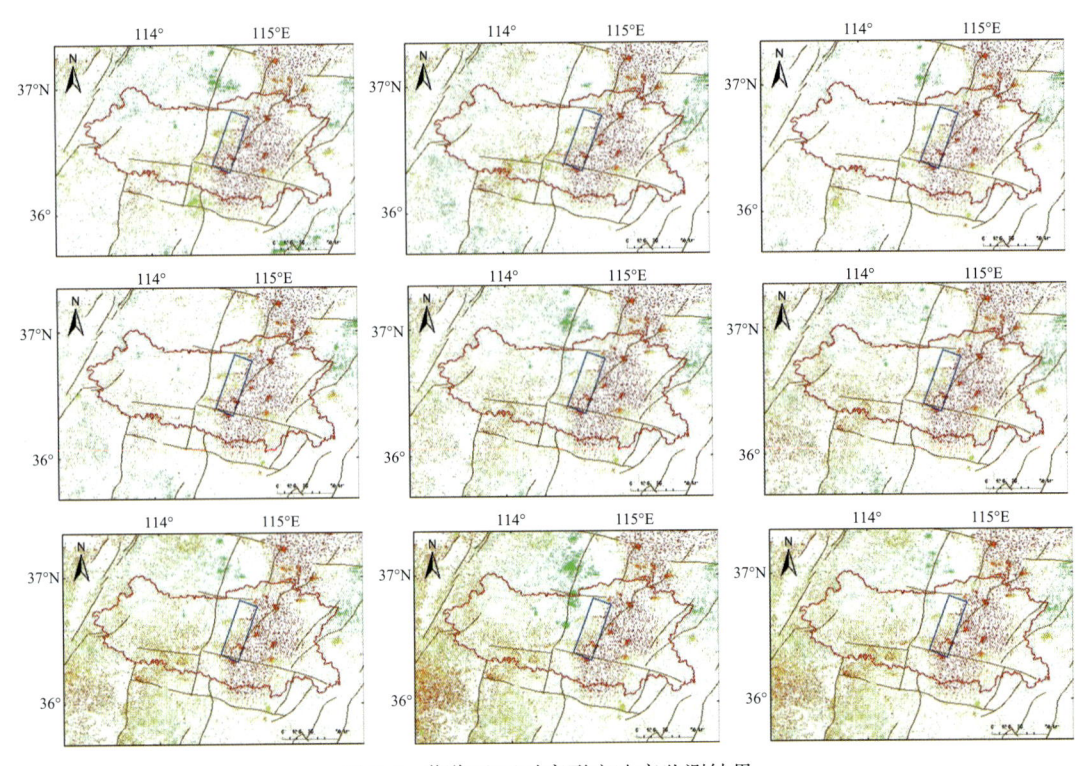

图 5.3 邯郸地区时序形变速率监测结果

(二) 邯东断裂综合形变速度场

经由 48 期雷达遥感影像时序差分干涉，最终生成邯郸地区 2017~2021 年的综合形变速度场图，如图 5.4 所示，形变速度矢量方向为高程向。由区域形变速度场图可知，邯郸地区综合形变速度场空间分异明显，总体呈"西升东降"态势。邯郸西部地表以隆起抬升的正向形变为主，邯郸东部则以凹陷沉降的负向形变为主，邯东断裂恰好位于"西升东降"的过渡带上。叠加全国断层数据可知，邯东断裂以西、沧东断裂以东的区域都分别处于隆起抬升阶段；而邯东断裂至沧东断裂之间，包含广宗断裂和馆陶断裂区域，正处于凹陷沉降阶段。凹陷沉降区域走向与邯东断裂一致，呈北东向延伸，贯穿邯郸市南北。在广宗断裂至馆陶断裂之间，地表凹陷沉降幅度较大，负向形变速率较高。

将观测窗口锚定于邯东断裂进行重点分析（图 5.5），可知邯东断裂综合形变特征主要为"西升东降""北升南降"。邯东断裂处于区域构造运动的分水岭位置，断裂以西为隆起抬升运动，断裂以东为凹陷沉降运动，断裂上下两盘位移变化显著。受区域主体构造运动控制，邯东断裂南部形变速率显著高于北部，南部地体沉降速率较高。南部为邯东断裂、广宗断裂和大名断裂的交会处，地体下沉幅度较高。对邯东断裂范围内的形变栅格进行统计，得出断裂带范围内沉降形变最大值为 -118mm/a，抬升形变最大值为 55mm/a，平均形变速度为 -20mm/a，标准差为 22mm/a。其中，西盘平均抬升速度为 0.51mm/a，东盘平均沉降速度为 -29.8mm/a。

第五章 邯东断裂地震危险性分析

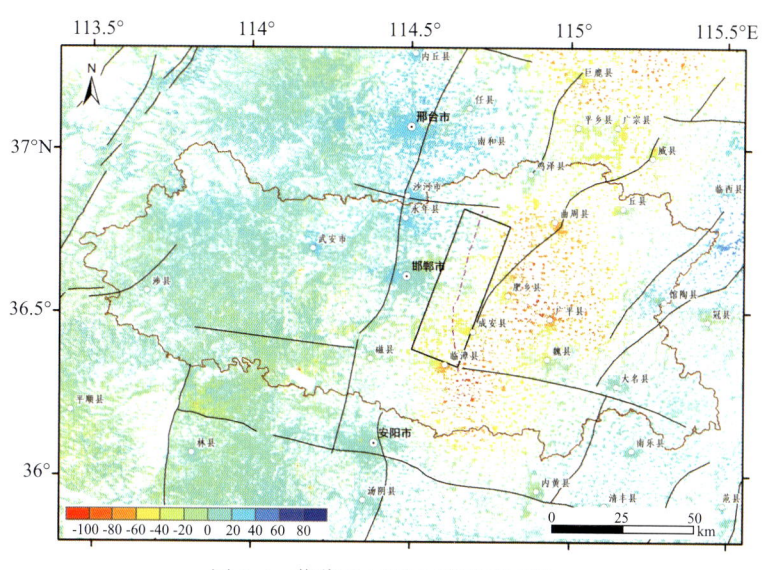

图 5.4 邯郸地区综合形变速度场

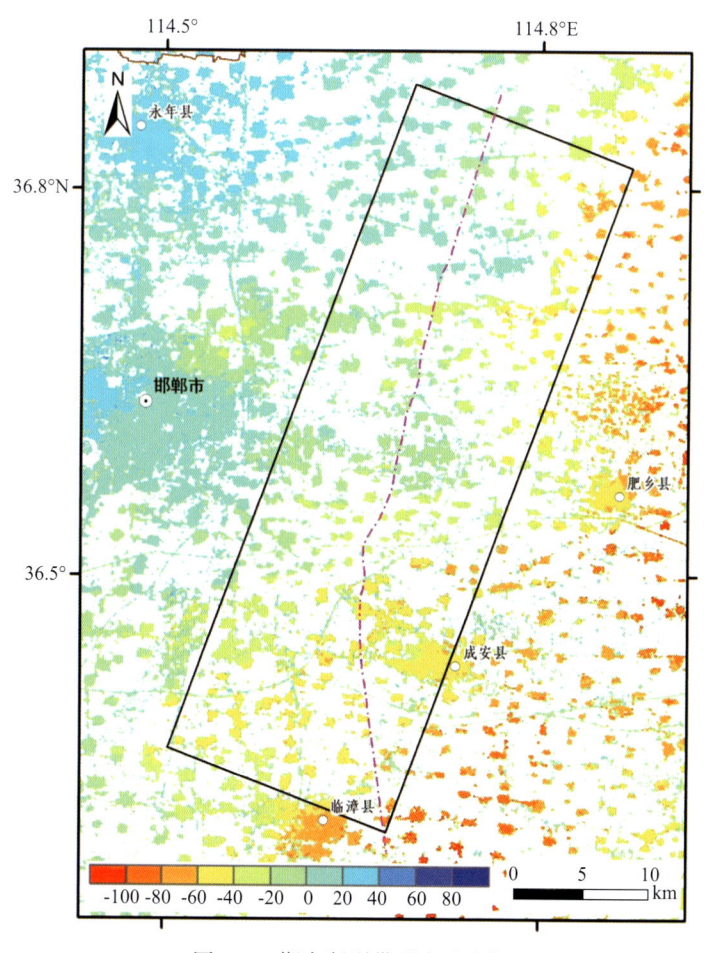

图 5.5 邯东断裂带形变速度场

为进一步研判形变特征及形变机理，将 SBAS-InSAR 观测结果与高分光学遥感观测结果进行信息复合，以获取形变区域的纹理信息和光谱信息。其中，光学遥感数据为 2021 年 1 月的 Sentinel-2A 卫星数据，对该数据进行辐射定标、大气校正、波段融合、数据镶嵌、联合配准、裁剪等处理步骤后，生成与雷达数据空间范围一致的可比数据。主被动遥感协同观测结果见图 5.6。

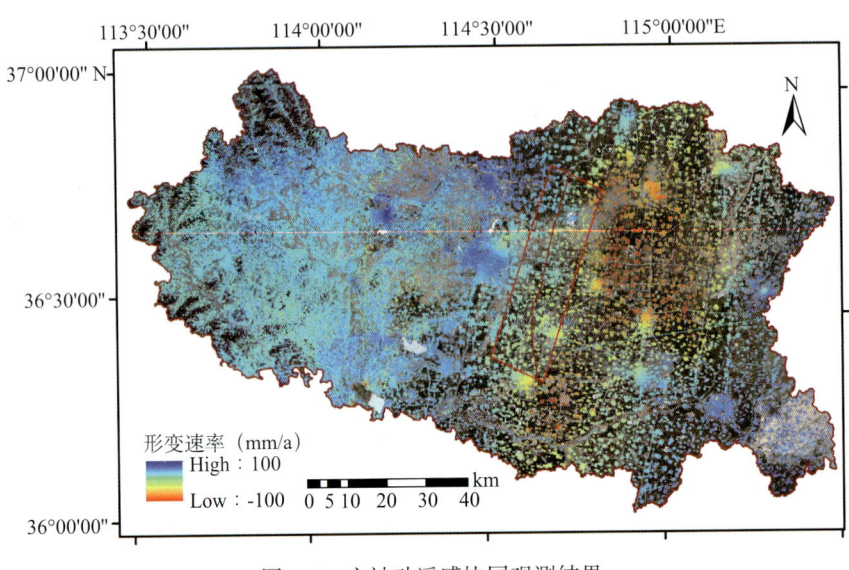

图 5.6 主被动遥感协同观测结果

由图 5.6 可知，邯东断裂西部为太行山区及山前平原，人类活动相对较少，该区域地表发生了广泛的隆升形变。通常来说，自然条件下的地表隆升形变有两种模式，分别为构造形变与沉积堆积。位于邯郸西部的太行山区，可见隆升形变区域沿山脊线呈叶脉状分布，而山脊区域不属于沉积堆积区域，故此推测，邯东断裂西部的地表隆起主要由现今构造运动驱动。由光学遥感数据可知，邯东断裂东部的凹陷沉降区域为人类活动集聚区，村庄星罗棋布，集约化灌溉农业发达，建筑设施稠密。凹陷沉降区域在空间上呈团簇状间隔分布，与村镇设施呈现高度的一致性，说明该区发生了广泛的建筑下沉。建筑下沉的驱动因素包括自然和人为两方面，自然因素主要为现今构造运动引起的褶皱凹陷，人为因素主要为集约化农业导致的地下水超采，进而引发地表沉降。

张双凤等（2009）依据邯郸地区地质构造及 20 多年的观测资料系统研究了地下水位、地壳形变的正常与异常动态变化及其相互关系。邯郸地区地形变的主控因素是西部太行山隆起和东部华北平原大幅度沉降的继承性运动造成地形变向东南方向倾斜；在大区域的周期性强降水后由于地质构造因素地形变向西北向倾斜形成水位和形变的正常动态变化。

本研究采用 SBAS-InSAR 技术，对邯东断裂及其周边地区进行了地表形变场动态监测，获取了邯东断裂 2017~2021 年的综合形变速度场及月度累积形变量，并结合多源数据对形变机理及形变特征进行解译。监测结果表明，邯东断裂是该区域的主要构造形迹，是区域隆升形变和沉降形变的分割线。邯东断裂西侧表现为隆升，东侧表现为沉降。西侧平均抬升速度为 0.51mm/a，与太行山整体隆升速率基本一致；东侧平均沉降速度为-29.8mm/a，主要为地下水超采所致，受构造活动影响的可能性较小，这与前人对于地下水位监测成果一致（张双凤等，2009）。

（三）监测精度评估

近年来随着 InSAR 技术的快速发展，已有学者对邯郸地区进行了地表形变监测研究。通过与其他学者在邯郸地区的研究结果进行比对，本次监测结果与之一致性较好（Zhang et al.，2016；Zhou et al.，2020）。此外，获取了邯郸地区 2019 年 11~12 月的 66 个精密水准测高点数据，这些点是地震勘探测线的起止点和拐点，其测高精度为毫米级。InSAR 技术的另一个优势是可以获取高精度的数字高程模型 DEM，通过采集数据的几何关系，反演出地面的高程。尤其在地形复杂区域，InSAR 技术获取 DEM 的精度显著优于开源的 SRTM DEM。本研究基于 InSAR 技术生成 2019 年 12 月的 DEM，与同时间测量的 66 个地面水准测高点进行比对，得出本次监测结果与地面水准测高数据的平均偏差为 5.7mm，总体监测精度为亚厘米级。

第二节 邯东断裂发震构造判别及最大潜在震级判定

一、华北地区 6.0 级以上地震分布特征

在华北地区，目前很难将 6.0 级以下中强地震与具体活动构造（带）相联系，即使在稳定的鄂尔多斯地块内部，历史上也发生过十余次 5.0~5.9 级地震，但没有 1 次 6.0 级以上地震。虽然 6.0 级以下的中强地震活动空间上有疏密之分，但随机性很大。

有历史记载以来，华北地区发生过 109 次 $M \geq 6.0$ 级地震，其中 86 次发生在各级活动地块边界带，占总地震数的 79%；23 次发生在地块内部，占 21%（表 5.4）。强震活动密度能更清楚地显示出活动地块与边界带的差别（图 5.7）。边界带上 $M \geq 6.0$ 级的地震密度为 2.342 次/$(10^4 km^2)$；活动地块内为 0.268 次/$(10^4 km^2)$。由于地块内部 23 次 $M \geq 6.0$ 级地震中，有 14 次发生在研究程度低、没有进一步划分三级活动地块的鲁东—黄海活动地块内，若不考虑该活动地块面积和地震，则华北地区活动地块内的强震密度降为 0.105 次/$(10^4 km^2)$。由此可见，边界带上的强震活动密度比地块内部高出 9~22 倍，平均而言在一个数量级以上。

表 5.4 华北地区各级活动地块与边界带 $M \geq 6.0$ 级地震统计表（韩竹军等，2003）

构造位置			M			小计
			$M \geq 8.0$	$M = 7.0~7.9$	$M = 6.0~6.9$	
活动地块	鄂尔多斯		0	0	0	23
	华北平原	太行山	0	0	2	
		冀鲁	0	0	2	
		豫淮	0	0	5	
	鲁东—黄海		0	1	13	

续表

构造位置			$M \geq 8.0$	$M=7.0\sim7.9$	$M=6.0\sim6.9$	小计
活动地块边界带	一级活动地块边界带	鄂尔多斯西—北缘	1	3	14	86
		秦岭—大别山	1	1	6	
		张—渤带	1	6	15	
	二级活动地块边界带	山西断陷带	1	6	10	
		郯庐断裂带	1	1	2	
	三级活动地块边界带	安—临带	0	1	7	
		唐—磁带	0	2	7	

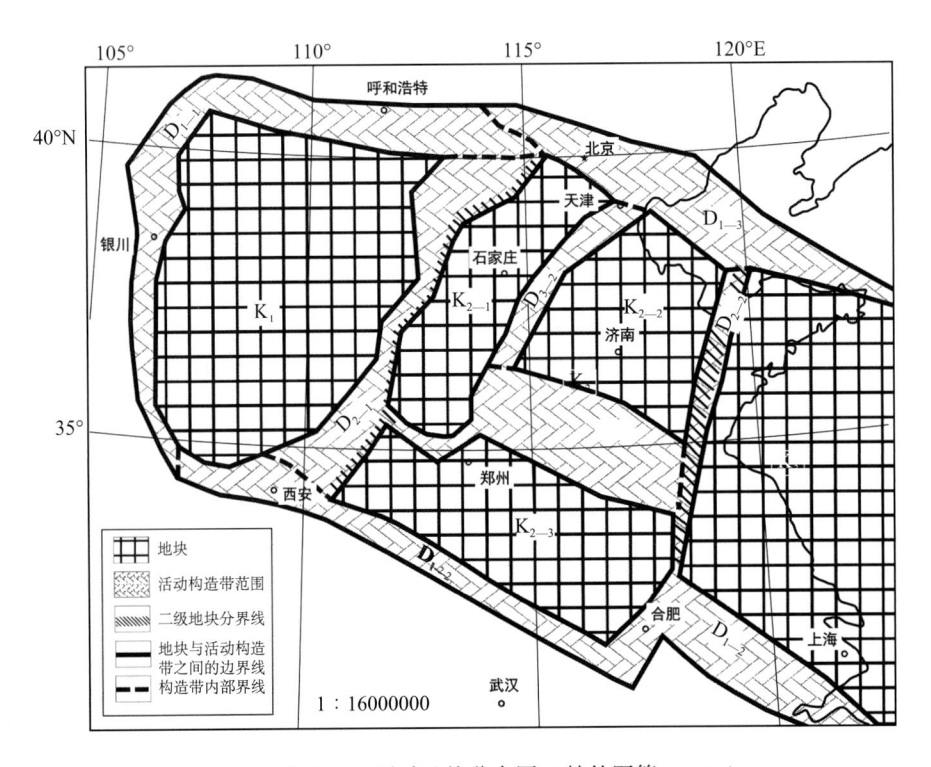

图 5.7 华北地区活动地块分布图（韩竹军等，2003）

一级地块：华北地块；二级地块：鄂尔多斯活动地块（K_1）、华北平原活动地块（K_2）和鲁东—黄海活动地块（K_3）；三级地块：太行山次级活动地块（K_{2-1}）、冀鲁次级活动地块（K_{2-2}）和豫淮次级活动地块（K_{2-3}）；一级活动地块边界带：鄂尔多斯西—北缘活动构造带（D_{1-1}）、秦岭—大别山活动构造带（D_{1-2}）、张家口—北京—蓬莱活动构造带（D_{1-3}）；二级活动地块边界带：山西断陷盆地带（D_{2-1}）、郯庐断裂带（D_{2-2}）；三级活动地块边界带：安阳—菏泽—临沂活动构造带（D_{3-1}）、唐山—河间—磁县活动构造带（D_{3-2}），不同级别的活动地块边界带空间上存在交叉关系，为了便于分析各级边界带的强震活动特征，在交叉部位，按照次级活动地块边界带迁就上一级的原则进行了处理从地震震级的分布也能看出活动地块内部与边界带，以及不同级别活动地块边界带之间的差别。5次$M \geq 8.0$级的特大地震都发生在一、二级活动地块的边界带上，三级活动地块边界带还没有发生过$M \geq 8.0$级的特大地震。这也从一个侧面说明三级活动地块边界带的活动强度小于一、二级活动地块边界带。21次7.0~7.9级地震中，20次都发生在边界带上，只有1次发生在鲁东—黄海活动地块的海域部分，其他所有活动地块内部只发生过6.0~6.9级地震。

上述地块内部与边界带地震活动强度的差异不是偶然的，反映了板内强震活动特点。即：大陆内部的现代构造特征可以用活动地块及其第四纪活动构造带来描述，地块内部相对稳定，具有整体性，地震活动强度低；各种构造变形和应力、应变调整主要通过边界带来完成，从而在边界带表现出强烈的地震活动性，与美国加州、日本、新西兰等地区线性分布的板缘地震构成鲜明对比。

二、华北地区地震地质构造标志

（一）$M \geq 7\frac{3}{4}$级地震的地质构造标志

华北地震区发生$M>7.5$级地震6次，其中山西带2次，张家口—渤海带2次，郯庐带1次，银川带1次。其构造标志如下：

（1）这些地震都发生在新生代大型活动块体边界断裂带上。这些断裂带或为挤压走滑型的深大断裂带（如郯庐带），或为断陷盆地带（如山西带），或为剪切—拉张带（张家口—渤海带）。发生在郯庐带上的有1668年郯城$8\frac{1}{2}$级地震，发生在山西带上的有1303年洪洞8级地震、1556年华县8级地震和张家口—渤海带上的2次地震。

（2）发生在山西带上的这类地震多与控制盆地发育的主断裂有关。北北东向展布的盆地内地震强度往往高于北东向展布盆地内的地震。

（3）该类地震的发震断层均为全新世活动断层。

（4）该类地震的发震断层在华北地区除1556年华县8级地震为近东西向断层外（尚有不同的认识），其余均为北北东向断层。

（5）这类大地震的控震构造带和发震构造有两种情况，一种情况是发震断层和控震构造带方向一致，如山西带、郯庐带；另一种是不一致，如张家口—渤海带，该带总体呈东西展布，而发震断层多为北北东—北东方向。

（6）这类地震多发生在新构造不同单元的交接地带，即现代地壳形变梯度带上。

（二）7.5级地震（$7\frac{1}{4} \leq M < 7\frac{3}{4}$级）的地质构造标志

华北地震区发生该类地震7次，其中山西带内3次，张家口—渤海带内2次，河北平原带内2次。其构造标志如下：

（1）该类地震与$M \geq 7\frac{3}{4}$级地震具有相同或者类似的构造条件。

（2）该类地震多发生在河北平原与山区交接地带，并多发生在隆起带的一侧，发震断层为北西—北西西向，与地貌、新构造单元交接方向垂直或者斜交。如1830年磁县$7\frac{1}{2}$级地震和1975年海城7.3级地震。

（3）在山西带上，该类地震全分布在北北东展布的断陷盆地内，如代县、忻县盆地内的 1038 年 7¼ 级地震和 512 年的 7½ 级地震。

（4）发生在渤海中的 1888 年 7½ 级地震和 1969 年的 7.4 级地震，从大地构造上看是发生在北北东向郯庐带与北西向的张家口—渤海带交会区，局部构造发生在渤中凹陷的周边隆起带上。余震展布方向表明，1969 年 7.4 级地震的发震构造方向为北北东向断裂。

（三）7.0 级地震（6¾≤M<7¼级）的地质构造标志

华北地震区发生该类地震 10 次，其中山西带 3 次，张家口—渤海带 4 次，郯庐带 1 次，河北平原带 2 次。其构造标志如下：

（1）该类地震与 M≥7¼ 级地震具有相同或者类似的构造条件。

（2）在山西带该类地震多发生在北东向展布的盆地内，并与控制这些盆地发育的北东向主边界断裂关系密切，如 1626 年灵丘地震等。

（3）在河北平原带内，该类地震发生在次级块体边界断裂上，如宁河 1976 年 6.9 级地震，以及发生在隐伏隆起上的狭窄的渐新世以来活动的地堑内，如邢台 1966 年 7.2 级地震。

（四）6.5 级地震（6≤M<6¾级）的地质构造标志

华北地震区发生该类地震 53 次，其中河套带 4 次，山西带 19 次，张家口—渤海带 11 次，河北平原带 6 次，河淮带 5 次，鲁西隆起 4 次，辽河隆起 1 次，辽东半岛上 2 次，太行山隆起上 1 次。其构造标志如下：

（1）该类地震与 M≥6¾ 级地震具有相同或类似的构造条件。

（2）该类地震的构造条件具有较大的随机性，不一定受活动构造带控制，一定数量的地震可以发生在隆起的山区和平原内部。

（3）发生在山区的几次地震都与局部构造活动有关，或表现为孤立的断陷盆地，如 1290 年宁城 6¾ 级地震和 1314 年涉县地震等；或表现为局部断裂活动，如鲁西隆起内的一些地震等。

（4）发生在平原内部的一些地震常发生次级隆起与凹陷的过渡地带，具体构造表现为规模不大的活动断裂及其控制的小型断陷，如 1967 年河间地震等。

三、邯郸地区中强地震震例分析

邯东断裂位于邯郸凹陷的东边界，控制着邯郸盆地。邯东断裂与大城东断裂同位于唐山—河间—磁县活动构造带内，沿大城东断裂发生过 1967 年河间 6.3 级地震。这两条断裂在活动时代、覆盖层厚度、断层走向、深浅部构造特征等方面比较相似。

（一）1967 年河间 6.3 级地震

1. 地震背景

1967 年 3 月 27 日，河北河间地区（38.5°N，116.5°E）发生了 M_S6.3 地震，地震活动类型为孤立型。地震发生在北东向的冀中凹陷和黄骅坳陷所夹持的北东向沧县隆起上的里坦新生断陷内，该次地震是继 1966 年邢台 7.2 级地震群之后，沿着北东向新生地震带发生的。

冀中坳陷为中新生代以来下降为主的大面积坳陷，北、西、南三面分别为燕山褶断带、太行山隆起和临清坳陷，东面与沧县隆起为斜坡超覆关系。坳陷呈西陡东缓不对称状，局部被北西向（或近东西向）断裂截切，新生代以来构造差异运动强烈。黄骅坳陷为中新生代以来下降为主的大型坳陷，东南部以断裂或超覆带连埕宁隆起，西以深大断裂连沧县隆起，北面以断裂和燕山褶断带接触，向东伸向渤海湾内，是一个南窄北宽、西陡东缓的不对称坳陷。沧县隆起为中生代以来的继承性隆起，东以深大断裂连黄骅坳陷，西与冀中坳陷为超覆和断裂接触关系，南北两端为东西或北西向断裂截止，分别与临清坳陷及燕山沉降区相连，呈明显的东陡西缓的不对称构造形态。

区域新生代以来新构造运动主要是以强烈的断块差异运动为特征，形成了两坳一隆的构造形态。坳陷区西断东超，隆起区东断西超。显而易见，这些构造部位差异运动强烈，易于集中应力而产生地震。

里坦断陷是沧县隆起上一个呈北东走向的古生代凹陷，奥陶系组成凹陷的基底，自中生代以来长期下沉，沉积了石炭系、二叠系，沉积中心偏于西北部，其上沉积了较完整的新近纪地层。断陷为两侧不对称的狭长带状，南北长约60km，东西宽约12km。西侧与大城凸起之间以大城断裂为界，断陷东侧为一斜坡，石炭系、二叠系呈剥蚀尖灭。断陷北部狭窄，南部宽阔，地层产状北陡南缓。断陷西部由背斜和穹隆组成。大城东断裂是里坦断陷的西部边界断裂，为长期发育的北东向高角度基底断裂，仅新近系落差即达350m，控制新生代中下部的沉积，新生代沉积厚度可达4400m。里坦断陷内的次级构造有：①南赵扶构造，为一长轴背斜，古近系底界埋深2600m；②里坦北构造，为南北向短轴背斜，古近系埋深3300m；③里坦南构造，为北北东向短轴背斜，古近系埋深3100m；④大王桥构造，可能为一穹隆，古近系埋深3000m；里坦断陷沉积中心部位，古近系底界最大埋深为4400m。可见新生代以来沉降作用之剧烈。

2. 震害情况

河间地震宏观震中烈度为Ⅶ度（图5.8），全县共破损房屋56816间，其中倒塌2390间。沧州各公社均有损失，其中以西花园、王祥庄、杜林、陈圩、大官亭、杜生、高川、皇帝铺等公社较重。大官亭公社原有房屋约10000间，溜山、倒檐、倒墙者约380间，明显裂缝须修理者约500间，微小裂缝者3600余间，倒坏门楼28处。小学校（1964年）的卧砖表砖房门窗角出现裂缝，南北墙有裂开的，墙头、门上有掉砖的。

枣城与里坦之间的Ⅵ度和Ⅵ度强区是沿大城东断裂出现的，为本次地震的极震区。而枣城西侧的Ⅶ度区被大城东断裂牵引的高烈度异常区，沿西诗经村东断层出现，长轴为南北向。在西部，沿西诗经村以西长轴呈北北东延伸的Ⅶ度强区，亦是受到大城东断裂牵引作用而沿西诗经村北断层出现的高烈度异常区。图5.8所示的高烈度区，实际上为东部极震区与西部两个北北东向高烈度异常区联合组成的。此外，在极震区及其附近，除了南部景和一个点外，地震时人感震动方向全为南北方向，与北北东向的深部破裂带较为一致说明了震害分布是受构造条件控制的。

3. 发震构造

华北平原地壳厚度与6.0级以上地震活动密切相关。这种密切相关虽然从现象上看与地壳厚度及其变化相关，但因为地壳厚度及其变化与地壳的密度、构造格架和地壳深断裂等综合效应有联系，这些效应最终反映在地壳厚度及其变化上。地壳厚度变化剧烈的地带称变异带，所以确切地说，华北平原地区6.0级以上地震与地壳厚度变异带密切相关。

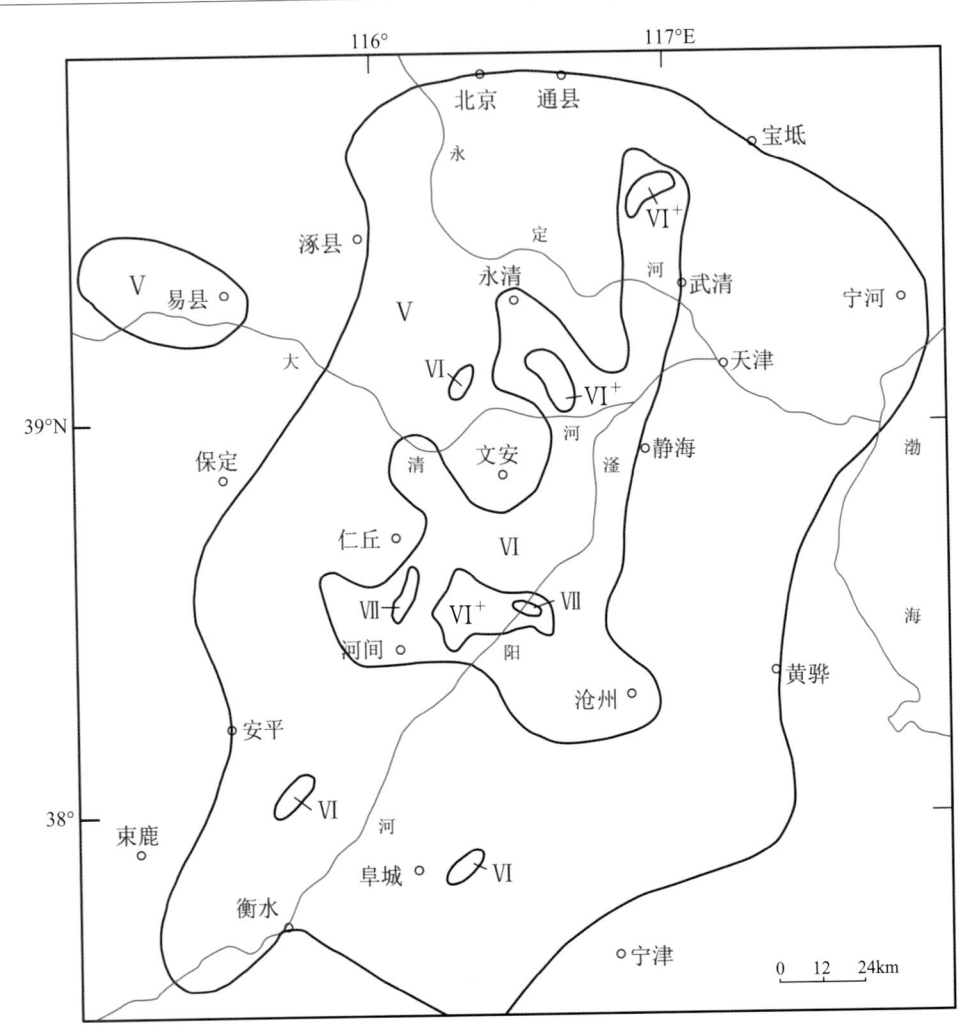

图 5.8　1967 年河间地震等烈度线图

河间 6.3 级地震发生在一个上地幔局部凹陷边缘区，深达 36~37km 的地壳厚度变异带上，这个上地幔局部凹陷区即里坦断陷。在布伽重力异常图上，里坦断陷反映得更为明显。

大城东断裂发育于沧县隆起内部，为里坦凹陷的西部边界断裂，发育在沧县隆起部位的一条北东—北北东向断裂，全长达百余千米，在里坦附近呈正断裂性质，最新活动错断中更新统未见切入晚更新统，埋深 120~130m，断距为 5~15m，总体判断为中更新世活动断裂。

大城东断裂、沧西断裂断错了中更新统，虽然在中国的活动构造研究实践中一般将晚更新世活动断裂定义为活动断裂（邓起东，2001），但中国东部地区的强震重复周期长，一些中更新世活动断裂也可能发生 6.0 级左右地震。

4. 大城东断裂

大城东断裂为唐山—河间—磁县地震构造带内部的一条次级断裂，总体走向北北东，倾向南东，倾角 15°~60°，是里坦凹陷西缘主控构造，控制凹陷的一段长 46km。古近系底面落差1000m左右，新近系底面落差350m（图5.9）。第四系等厚线资料揭示大城东断裂控制里坦断陷盆地的状况已不存在，里坦凹陷已停止发育。天津市地质矿产局资料显示，断裂两侧第四系厚度存在明显变化。沿断裂有小震活动，1967年大城6.3级地震发生在里坦凹陷内，与该断裂活动有关。

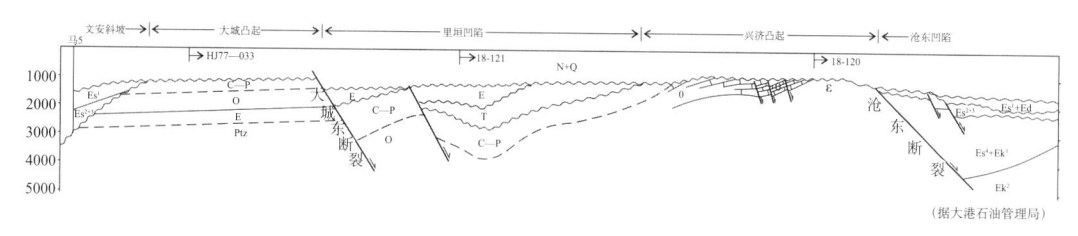

图5.9 沧县隆起地质剖面图

许多学者对大城东断裂的第四纪活动特征进行了研究。吕悦军等（2003）依据前人钻孔与石油勘探资料，发现断裂两侧的全新世海相地层分布存在高度差异，推测全新世可能有活动。徐新学等（2007）应用大地电磁测深资料研究断裂的深部特征，认为断裂切入到了新近系。根据天津市地震局在西青道和南口路跨断层的浅层地震勘探剖面，断裂错断的最浅界面为T_4界面，上断点最浅达150m左右，断至中更新统上部，即该处断裂的最新活动时间为中更新世。

依据活动性特征将断裂划分为南北两段，北段又称天津南断裂，走向北北东，邵永新等（2010）认为其最晚活动年代为中更新世。断裂南段称大城东断裂，总体走向北东—北北东，倾角50°，主要控制了东侧里坦凹陷的古近纪—第四纪沉积，陈宇坤等（2013）认为天津南断裂向南延伸与大城东断裂斜列排列，空间上存在一定差异。

大城凸起为沧县隆起上的二级构造单元，面积约2500km^2，顶部被新近系明化镇组、馆陶组和第四系所覆盖，其厚度一般为700~1200m，与其下覆古近系、中生界、古生界或中上元古界以不整合接触。里坦凹陷沿断裂呈北东走向，西南部与饶阳凹陷相连，饶阳地区新近系底界埋深达2500m，为冀中断陷的沉降中心之一。大城东断裂在里坦附近呈正断裂性质，视倾角为15°~60°，变化较大，古近—新近系底部落差为300m，最新活动错断中更新统未见切入晚更新统，埋深120~130m，断距为5~15m，总体判断为中更新世活动断裂。

华北地区发生的多次7级以上地震未形成或仅形成较短的地表破裂带，说明华北地区大地震的发震断裂埋藏较深，这是华北地区发震构造的特点之一。大城东断裂、沧西断裂错断第四系下部，反映这2条断裂仍具有一定的活动性，可以认为它们仍然具有发生大地震的构造条件。这也说明华北平原地区发震构造所具有的特殊性，此外覆盖的第四系较厚也是原因之一。根据最新探测结果，1679年三河—平谷8级地震南东向发现的牛东断裂、保定石家庄断裂也存在错断第四纪早期地层的现象（高战武等，2014），这种现象在华北平原地区应引起重视。

在《中国地震动参数区划图》（GB 18306—2015）编制的过程中，可发现中国东部大量6.0、6.5级潜在震源中并未包括晚更新世活动断裂（高孟潭，2015）。因此，学者认为大城东断裂、沧西断裂仍有发生6.0级左右地震的活动能力，并且和邢台地震群的发震构造有一定的相似性（徐锡伟等，2000）。

(二)华北地区震源机制分区特征

林向东等(2017)利用华北地区(36°~42°N,111°~125°E)2010年1月至2014年6月 $M_L \geq 2.5$ 级的918个地震事件波形资料,采用FOCMEC方法计算震源机制。根据震源机制类型及构造特点,从空间上对震源机制结果进行了分区分析。结果表明:华北地区中小地震的震源机制类型相对复杂,但仍能看出中小地震震源机制有显著的分区特征,震源机制主要类型是正断型和走滑型,并且大部分正断型震源机制分布在山西断陷带、唐山老震区、海城老震区内。该现象说明华北地区主要变形以走滑和拉张为主;4.0级以上地震震源机制类型主要以走滑型为主,走滑型应力在华北地区应力场上占绝对优势,但是局部地区的正断型应力也比较显著。在石家庄—邯郸一带的地震主要为走滑型与正断型地震(图5.10)。

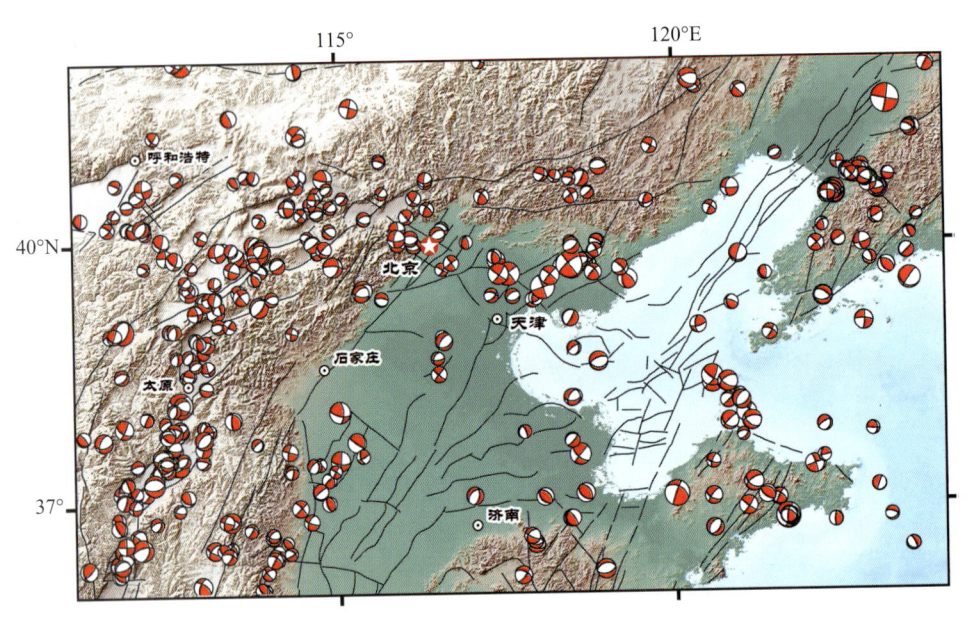

图 5.10 华北地区震源机制分区特征(震源机制解数据源自林向东等(2017))

四、邯东断裂最大潜在震级判定

探测区位于唐山—河间—磁县活动构造带(D_{3-2})南端(图5.8)。唐山—河间—磁县活动构造带不仅是一条新生地震构造带,而且是渤海拉分构造系统和太行山构造系统的最新边界带,可以作为一条区域性的活动地块边界,即三级活动地块边界。

华北平原活动地块中二级活动地块划分为太行山、冀鲁和豫淮等3个次级活动地块。三级活动地块边界带无论在活动强度、规模以及地震活动水平都要小于一、二级活动地块边界。大陆内部的现代构造特征可以用活动地块及其第四纪活动构造带来描述,地块内部相对稳定,具有整体性,地震活动强度低;各种构造变形和应力、应变调整主要通过边界带来完成,从而在边界带表现出强烈的地震活动性。华北地区 $M \geq 6.0$ 级的地震活动主要集中在活动地块边界带上。

综上，虽然邯东断裂规模较小，并且非晚更新世以来活动的断裂，然而考虑到华北地区的特殊性，在《中国地震动参数区划图》（GB 18306—2015）编制的过程中，可发现中国东部大量 6.0、6.5 级潜在震源中并未包括晚更新世活动断裂（高孟潭，2015）。邯东断裂位于邯郸凹陷的东边界，控制着邯郸盆地，这与大城东断裂上发生的 1967 年河间 6.3 级地震发震构造类似。因此，综合判断邯东断裂具备发生 6.5 级地震（$6 \leqslant M < 6\frac{3}{4}$ 级）的地质构造特征。

第三节　邯东断裂地震危险性评价

一、地震危险性评价方法

活动断裂地震危险性评价主要是综合利用地震地质与深部构造探察、断裂的综合地球物理探测、钻探与探槽开挖、断裂活动性鉴定等技术手段获得的反映区域地震构造环境、深部构造背景、目标断裂长期滑动习性等定性和定量资料，配合历史与现今地震活动性分析、地壳动力学分析，综合评价在未来较长时期内目标断裂的地震危险性，包括甄别出具有发生破坏性地震能力的断裂（段），估计出这些断裂（段）上潜在地震的最大震级以及在未来较长时期内的发震概率。

由于邯东断裂不具有全新世活动性，对这类断裂的地震危险性评价不能采用我国西部地区常用方法——根据活动断裂定量资料（破裂分段、滑动速率、古地震期次与复发间隔等）进行定量的、时间相依的概率评价（闻学泽等，1999）。因此本研究采用确定性方法，对邯东断裂进行潜在地震最大震级评估。

二、邯东断裂潜在地震最大震级评估

邯东断裂为更新世晚期以前活动断裂，长约 48km，总体走向北东 10°~20°，倾向北西西，高倾角。由于邯东断裂规模较大，且与磁县断裂相交，控制了邯郸盆地的东边界。该"更新世晚期以前活动断裂"虽不具有全新世地表错动的证据，但它可能比"一般断裂（段）"更具备发生中强地震的潜势，不排除沿该断裂发生"直下型"破坏性地震的可能性。因此，将邯东断裂归属于相对危险断裂。本研究采用 WC 经验关系和龙锋等（2006）建立的华北地区地震活动断裂的震级-破裂长度、破裂面积的经验关系来评估该断裂潜在地震的最大震级。

（一）WC 经验关系

美国学者 Wells 和 Coppersmith（1994）基于大量样本数，建立了全球不同类型地震断裂的破裂尺度（长度、面积）、同震位移量与矩震级的一系列经验关系式，简称为 WC 经验关系。

前文浅层地震探测与断层活动性分析结果中可知邯东断裂在 XK4 测线附近分为南北两段，北段上断点埋深普遍明显大于南段。北段最新活动时代为中更新世早中期，南段最新活动时代为更新世晚期。邯东断裂长度为 48km，其中北段长 26km，南段 22km。考虑到南段的活动性强于北段，并且邯东断裂南端与磁县断裂东段（临漳—大名段）在临漳附近相交。

因此，南段的地震危险性相对更高，设定震中位于邯东断裂南端附近，地震破裂长度为邯东断裂南段22km。

根据活动断裂探测结果，假定在地表所见的上述断裂段的长度与地震时震源可破裂的最大长度相当，根据 Wells and Coppersmith（1994）建立的全球不同类型断裂地震的地下（震源）破裂长度 SRL 与矩震级 M_W 的经验关系 $M=4.38+1.32×\lg(SRL)$，计算出邯东断裂未来地震的最大矩震级为 $M_W=6.1$ 级。在5.7~8.0级范围，矩震级与面波震级 M_S 没有系统误差，可以通用（Wells and Coppersmith，1994），得出相应的面波震级为 $M_S=6.1$ 级。

（二）华北地区活动断裂的震级-破裂长度、破裂面积的经验关系

已发表的与中国大陆有关的地震震级-破裂尺度参数经验关系，主要基于中国西部地区的活动断裂地表破裂长度等数据建立的，而中国东部地区，特别是华北地区的同类资料的数量明显不足以建立有效的经验关系（邓起东等，1992）。然而，华北是中国东部重要的强震区，适时地建立起相应的地震震级-破裂尺度经验关系，不仅是该区域城市活动断裂地震危险性评价的需要，也是该区域地震预测以及防震减灾工作的必要基础。

鄂尔多斯地块以东的华北地区与强震关系最密切的活动构造，是在中生代—新生代早期弧后扩张阶段北西向水平拉张环境下形成的盆岭构造系统的基础上、经历新近纪以来的北东方向水平挤压、发展而成的北东—北北东向与北西西向张—剪性活动断裂系统。其中，山西断陷盆地带的大部、华北平原—渤海—下辽河平原构造带的绝大部分、张家口—渤海构造带的部分，以及郯庐断裂带的部分等，地表均覆盖了数十米至数千米厚的第四系（徐锡伟等，2002），且松散沉积盖层的活动构造变形与基底的活动断裂往往不相连（王椿镛等，1993；徐锡伟等，2002）。因此，华北第四系覆盖区的强震震源断层较少有能直接断达地表的，即使是1976年河北唐山7.8级地震，地表也仅出现8km长的破裂（国家地震局《一九七六年唐山地震》编写组，1982）。这说明华北地区的特殊活动构造环境决定了不可能像中国西部那样能利用地震地表破裂资料建立起适用的活动断裂的震级-破裂尺度经验关系，而应转向试验性地发展震级-（地下）震源破裂尺度的经验关系。

最近40年来，华北地区发生了4次 $M_S≥7.0$ 级的大震、7次 $M_S6.0~6.9$ 的强震和数十次 $M_S5.0~5.9$ 的中—强震（含余震）。其中，大多数强震和大震具有较好的余震定位，且已有一部分强震和中—强震序列开展过震源的重新精确定位研究，获得了可靠的余震分布图像；对部分地震事件还开展过由地震波或大地形变信息反演震源破裂参数的研究。这些工作成果使得初步建立华北地区活动断裂的震级-破裂尺度经验关系成为可能。

为了建立适用于华北地区活动断裂的地震震级-震源破裂尺度经验关系，龙锋等（2006）系统收集和整理了1965年以来华北地区发生的地震中可从地震波谱、地形变和余震分布方法获得可靠破裂尺度参数的地震资料，针对性地提出进一步分析和判定的原则，并依据这些原则对有关地震的参数逐个进行综合分析，共判定出34次地震的可靠破裂尺度参数，基于这些参数分别建立起华北地区以走滑为主的活动断裂的震级 M_S-震源破裂长度 L 经验关系式以及震级 M_S-震源断层破裂面积 A 经验关系式，分别为：$M_S=3.821+1.860\lg(L)$ 和 $M_S=4.134+0.954\lg(A)$。两个关系式均相当稳定，能比已有的同类关系式更好地适用于华北和首都圈地区活动断裂的地震危险性评价、地震安全性评价以及中—长期地震预测。

设定震中位于邯东断裂南端附近，地震破裂长度为邯东断裂南段22km。由此根据龙锋

(2016) 华北地区活动断裂的震级-破裂长度、破裂面积的经验关系计算出邯东断裂未来地震的最大矩震级为 $M_S=6.3$ 级。

根据以上两种方法的评估,邯郸地区相对危险断裂邯东断裂潜在地震最大震级的估值(最大值)为 $M_S 6.5$(表 5.5)。

表 5.5 邯东断裂潜在地震最大震级综合评估结果

断裂类型	断裂名称	最大地震面波震级 M_S 估计		
		WC 经验关系	华北地区经验关系(龙锋等,2016)	综合考虑
相对危险断裂	邯东断裂	6.1	6.3	6.5

第四节 概率法地震危险性评价

一、评价方法

地震危险性概率分析方法的特点是可以将对地震地质条件的认识和地震活动性资料结合起来,并以某种定量的概率含义方式表达,其基本技术思路和计算方法可概述为:

(1) 确定地震统计单元(地震区带),并以此作为考虑地震活动时空非均匀性、确定未来百年地震发生的概率模型和地震危险性空间相对分布概率模型的基本单元。对每个统计单元采用分段的泊松过程模型。统计单元未来 t 年内发生 n 次 4 级以上地震的概率为:

$$P(N=n) = \frac{(\nu_4 t)^n}{n!} e^{-\nu_4 t} \tag{5.1}$$

式中,ν_4 为 4 级以上地震的年平均发生率。该值通过对地震带未来百年地震活动趋势预测结果得到,反映了统计单元地震活动水平的时间非均匀性。

统计单元内大小地震比例遵从修正的古登堡-李克特震级-频度关系,相应的地震震级概率密度函数为截断的指数函数:

$$j_M(M) = \frac{\beta \exp[-\beta(M-M_0)]}{1-\exp[-\beta(M_{UZ}-M_0)]} \tag{5.2}$$

式中,M_{UZ} 为该统计单元的震级上限;M_0 为相应单元的震级下限。$\beta=2.3b$,b 即地震活动性统计得到的震级-频度关系中的 b 值,它表征大小地震数量的比例关系。当震级小于震级下限和大于震级上限时,概率密度值为零。

(2) 在地震带(统计单元)内部划分地震构造区,地震构造区内划分潜在震源区。潜在震源区内地震危险性是均匀分布的。潜在震源区由几何边界、震级上限和分震级档的地震

空间分布函数 f_{i,M_j} 来描述。

（3）根据对该区地震等震线分布规律的研究和强震纪录的分析，确定该区的地震动（包括地震烈度、峰值加速度等）衰减关系式对地震影响场的估计，拟合出适合本地区的地震动（I、A 等）随震级和距离的衰减关系式。

（4）根据分段泊松分布模型全概率定理计算给定统计单元内所发生的一次地震在场点所产生的地震动值（A）超越给定值 a 的超越概率。

$$P_n(A > a) = 1 - \exp\left\{-\nu_4 \sum_{i=1}^{n} \iiint \sum_{i=1}^{m} P(M_j) \frac{f_{i,M_j}}{S_i} P(A > a | E) f_i(\theta) \mathrm{d}x \mathrm{d}y \mathrm{d}\theta\right\} \quad (5.3)$$

式中，$P(M_j)$ 为统计区内地震落在震级档 $M_j \pm \Delta M$ 内的概率。

$$P(M_j) = \frac{2}{\beta} f_M(M_j) \mathrm{sh}\left(\frac{1}{2}\beta \Delta M\right) \quad (5.4)$$

由以上两式可得：

$$P_n(A > a) = 1 - \exp\left\{-\nu_4 \sum_{i=1}^{n} \iiint \sum_{i=1}^{m} f_M(M_j) \mathrm{sh}\left(\frac{1}{2} \frac{\beta \Delta M}{S_i} P(A > a | E) f_i(\theta) \mathrm{d}x \mathrm{d}y \mathrm{d}\theta\right)\right\} \quad (5.5)$$

式中，$P_n(A>a)$ 为第 n 个地震带对场点地震动的年超越概率；n 为统计单元内能够发生 M_j 级地震潜在震源区总数；m 为震级分档档数；$P(M_j)$ 为地震带内地震落在 j 震级档 $M_j \pm \Delta M/2$ 内的概率；$f_i(\theta)$ 为破裂方向的取向概率。

（5）若有 N 个统计单元对场点有影响，则场点总的超越概率为：

$$P(A > a) = 1 - \prod_{n}^{N}(1 - P_n(A > a)) \quad (5.6)$$

二、主要参数选取

（一）潜在震源区的划分

潜在震源区划分是工程地震危险性分析的重要步骤，它是在研究区域内确定未来潜在发生破坏性地震的区域。潜在震源区划分是在前述区域地震活动性、地震构造研究成果的基础上，按一定的原则和方法，划分出可能发生强震的分布区域和潜在地震的最大强度及有关参数。

1. 潜在震源区划分的原则和方法

潜在震源区划分的原则可概括为历史地震重演和构造类比两条基本原则。

历史地震重演原则，是认为历史上发生过大地震的地方，将来还可能发生类似的地震。

为此，研究历史地震的地点和强度，结合现代强震活动及中小地震活动特点和规律，如强震活动空间分布规律的研究、地震活动带划分、现代小震活动图像等，是划分潜在震源区的基础。

构造类比原则，是根据已发生强震的地区发震构造条件的研究，外推到具有相同或类似构造条件的区域。需要指出，大地震并不是在深和大的构造带上均匀发生，而只在某些具有特定发震构造条件的部位或地段发生。因此，潜在震源区划分是在研究地震活动性、强震活动与地球物理场及深部构造的相关性、强震活动与现代构造运动的相关性以及现代构造应力场的基础上，结合本章分析给出的本区大地震发生的构造环境条件，进而划分不同级别的潜在震源区。

2. 判断潜在震源区的标志

1) 地震地质标志

（1）活动断裂标志：强烈活动的主干断裂或深大断裂本身就是地震活动带。但是，地震并不是在活动断裂的任何部位都能发生，而只是在一些特殊的构造部位才能发生，如不同方向的活动断裂带的交会复合部位，活动断裂的拐弯处和强烈活动的闭锁段以及端部。

（2）新生代盆地标志：断陷盆地与地震活动有较好的一致性，坳陷的周围、断陷盆地的端部，尤其是多角盆地顶角部位和盆地内两组活动断裂的交会部位都是中强地震发生的有利部位。

（3）新构造运动标志：新构造运动时期升降运动强烈的地带往往是地震活动带。

（4）地壳形变标志：地壳形变幅度大，速率线密集，差异运动明显的地区强震较多。在较长的时期内地壳形变总趋势稳定的地区与不同形变带相交的地区，特别是形变梯级带发生畸变，转弯和扭曲部位是地震易发生的部位。

2) 地球物理场和深部构造标志

（1）地球物理场标志：重、磁异常梯级带，不同方向重、磁异常梯级带相交部位或区域重、磁异常梯度带与其他方向次级异常的交会部位；重、磁异常发生转折或畸变的部位；高磁异常区中心，负异常交替的线性异常或局部异常的相交处和磁异常发生急剧变化的地方。地热场中热区向冷区过渡的地带。

（2）深部构造标志：强震多发生在地壳厚度的变化带，即莫氏面的陡坡上；莫氏面的斜坡带的扭曲部位和波状起伏的拐点附近；上地幔高导层隆起的边缘地带等都是地震易发的地方。

3) 地震活动标志

（1）历史上发生过强地震地区。

（2）地震网络的结点。

（3）小地震活动与现代构造一致的地区。

（4）强震的余震区和现今中小地震的密集区（带）或地震活动性标志（频度、活动度等）所揭示的历史上和现代地震活动水平相对高的区域。

（5）地震活动有特征性图像的地区包括地震周围空区和较大地震条带上的空段。

3. 潜在震源区震级上限确定的依据

潜在震源区的震级上限是指该潜在震源区发生概率趋于 0 的极限地震的震级，通常与潜在震源区一并确定。震级上限按 0.5 个震级单位为间隔确定，如 5.0、5.5、6.0、6.5、7.0、7.5、8.0 和 8.5 级等几个震级段。

潜在震源区是指未来具有发生破坏性地震潜在可能性的地区。潜在震源区震级上限相当于该潜在震源区内发震构造的最大潜在地震。据此，潜在震源区震级上限的确定将综合考虑下列两项依据。

1) 地震活动性依据

历史地震资料给出了各地区曾发生过的地震记载情况，其最大震级并不足以表示未来可能发生的最大地震的震级。一般情况下，各潜在震源区的震级上限不应低于区内最大历史地震的震级。对于已有历史地震记载的潜在震源区，若历史地震记载时间悠久且资料比较充分，可以将历史上发生的最大地震震级作为震级上限。在资料不完整的地区，则根据历史地震记载及该区地震构造分析的结果，将历史地震的最大震级加半级作为震级上限。在有古地震资料的地方，古地震的强度也应是确定潜在震源区震级上限的依据之一。

2) 地震构造依据

根据目前我国地震研究的状况，确定发震构造的最大潜在地震时，主要考虑活动断裂的方向和性质，以及构造规模对该断层上发生地震的最大震级的控制作用，现分述如下：

(1) 发震断层的方向和变形性质与最大震级的关系。

近年来，我国对 1940 年以来发生的 $M \geqslant 6.0$ 级地震都进行了震源机制研究，根据震源机制结果可以推断发生该地震的发震断层性质。据全国各地区震源机制解的统计结果表明，同一种类型断层上地震的最大震级在全国各地都大致相同（表 5.6）。其中，走滑断层上发生地震的比例最大，最高震级达 8.6 级；逆断层上发生地震的震级一般都在 7.5 级以下，最大震级为 8 级；正断层上发生的地震一般都在 7 级以下，最大震级为 7.1 级（唐山大地震的余震）。由此可见，断层变形性质对该断层上发生地震的最大震级具有明显的控制作用（环文林等，1994，1995）。

表 5.6 全国各区震源机制解得到的断层类型与最大震级统计

分区	走滑断层		逆断层		正断层		备注
	百分比	M_{max}	百分比	M_{max}	百分比	M_{max}	
中国及邻区	55%	8.6	34%	8	11%	7.1	据环文林等（1994）
中国大陆及邻区	52%	8.5	44%	7.25	4%	6.9	据鄢家全等（1979）
华北地区	70%	7.8	27%	4.5	3%	7.1	据李钦祖等（1980）
西南地区	86%	7.8	8%	6.8	6%	6.8	据阚荣举（1977）
四川地区	84%	7.9	11%	7.2	5%	6.8	据成尔林等（1981）

汪素云等（1997）将全国及邻区 $M \geq 4.0$ 级的 355 个地震震源机制解的两个节面相对应的滑动角加在图 5.11 中，按质量分为 A、B、C 三类，并将正断层、走滑断层、逆断层三种断层性质的中间类型也区分出来。

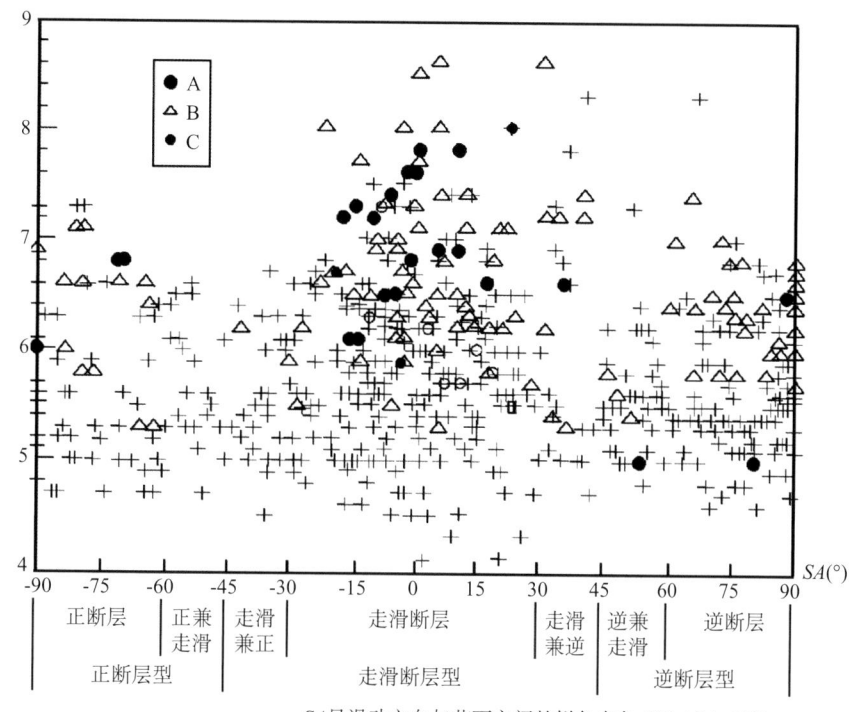

图 5.11　浅源地震震级 M 与断层滑动角 SA 的关系（汪素云等，1997）

SA 是滑动方向与节面之间的锐角夹角 $-90° \leq SA \leq 90°$

从图 5.11 上可以看出，三种类型的结果与表 5.7 的统计结果基本一致。此外还可看出，走滑断层中的走滑兼正断层的震级上限与正断层一致，均小于 7.0 级；以逆为主的逆兼走滑断层和纯逆断层的震级上限为 7.5 级；走滑断层和走滑兼逆断层的震级上限最高，震级上限为 8.6 级。

根据以上统计结果，可以得到发震断层性质与发生地震的最大震级的关系（表 5.7）。由此看出，发震断层性质对发生地震的最大震级具有明显的控制作用。

表 5.7　发震断层性质与发生地震的最大震级

断层性质	正断层		走滑断层			逆断层	
	正	正兼走滑	走滑兼正	走滑	走滑兼逆	逆兼走滑	逆冲
最大震级	7.0		7.0	8.6		7.5	

对本区处于现代构造应力场之内的活动变形场研究的结果表明，在现代构造应力场的作用下，断层的活动性质与断层的方向有关。本区的断层主要有北东—北东东和北西—北西西

方向。活动断层的方向和活动性质是确定发震构造最大潜在地震的重要依据之一。

(2) 发震断层长度与震级的关系。

许多研究表明，发震断层长度与地震震级具有明显的关系。

环文林等（1993）在华北地区、青藏高原以及天山、阿尔泰地区几条调查比较深入的著名活动大构造带上，选取了44个走滑型发震断层长度和相应地震最大震级的数据，并得到走滑型发震断层分段长度与该段上发生地震的最大震级之间具有明显的关系，发震断层越长，发生地震的震级越大（表5.8）。

表5.8 走滑型发震断层段上各震级段地震的发震断层段长度

断层类型与长度	震 级 段						参考文献
	6.0	6.5	7.0	7.5	8.0	8.5	
走滑型发震断层长度/km	15	30	45	80	140	240	环文林等，1993

我国许多研究者都对断层长度与震级的关系做过研究。由于这些关系式地区性很强，加之不同作者对断层的分段标准、断层长度的定义和资料选取各不相同，其结果有一定的差异。本研究选取一些较能反映震源错动性质的关系式，并综合考虑不同作者所得结果的变化范围，提出了各级地震相应的断层长度的变化范围，如表5.9所示。

表5.9 根据不同作者的结果综合考虑得到的断层分段长度与震级关系表

震级	6.0	6.5	7.0	7.5	8.0
断层长度/km	15~25	30~40	50~60	80~100	100~200

董瑞树等（1993）根据我国12个不同作者的有关断层长度与震级的统计关系，综合回归了中国东部的断层长度与震级的关系式，根据这个关系式得到断层长度与震级对应表（表5.10）。

表5.10 断层分段长度与震级关系对应表（中国东部）（董瑞树等，1993）

震 级	6.0	6.5	7.0	7.5	8.0
断层长度/km	15 10~20	30 20~40	55 40~70	100 70~140	180 120~250

由此可以看出，各级地震对应的断层长度的大致范围，不同作者统计结果的趋势是大致相同的，因此，断层长度与震级的关系可以作为判定发震构造最大潜在地震的依据之一。

(3) 潜在震源区震级上限的综合评定。

本章在确定潜在震源区震级上限时，不是以某一个条件作为依据，也不是采用个别震例简单的构造对比，而是综合考虑潜在震源区内地震活动的状况、地震发生的构造环境、现代

4. 潜在震源区边界的确定

1) 高震级（包括上限8.5、8.0、7.5和7.0级）潜在震源区

在确定潜在震源区范围时，考虑到高震级的潜在震源区的发震构造条件较为明确，地震多发生在一些特殊构造部位，因此对于构造条件较为明确、发震构造较清楚的高震级潜在震源区应尽可能划小，勾划出震中可能的分布范围，以突出大地震活动空间不均匀性的特点，减少由于高震级档潜在震源区过大引起的平均稀释效应。这类潜在震源区宽度一般为15~20km。对于发震构造由两条以上发震断裂平行分布的高震级档潜源，可适当划大一些，宽度一般20~30km。

2) 低震级（上限6.5级及以下）潜在震源区

对于发震构造条件不十分清楚、空间分布不确定性因素较大、发生过6.5级以下地震的较低震级地震的潜在震源区，该潜在震源区适当划大或划多一些，以适应当前对这类地震的认识水平和进行不确定性分析。

5. 潜在震源区划分

根据区域地震构造特征、地震活动特征的分析、邯郸市活断层探测、邢台市活断层探测、邯东断裂探测等工作成果以及各级地震发震构造条件的研究结果，参考《中国地震动参数区划图》（GB 18306—2015）的潜源划分方案（图5.12）。现将对区域影响较大的几个潜在震源区分述如下：

1) 邢台潜在震源区

本区位于华北平原地震构造带上。区内历史记录的破坏性地震有：1000年邢台5级、1708年旧永年5½级和1805年邢台5级地震。此外，1968年5月18日沙河4.2级、1977年1月14日永年北4.2级和1982年5月29日邯郸4.4级地震也发生在区内。从小震活动来看，小地震密集成带，纵贯本区，它是华北平原小地震密集带的组成部分，由此推断地壳深处存在一条活动性深断裂带。与此相应，冯锐等根据人工地震测深资料推断的天津—邢台上地壳深断裂带也南延通过本区。

在地质构造上，本区横跨华北平原凹陷区和太行山隆起区。两区之间存在一条太行山山前断裂，在本潜源中太行山山前断裂被曲陌断裂分为南北两段，其中北段称为邢台断裂，南段称为邯郸断裂。它是控制东西两个构造单元发育的断裂，并构成华北平原坳陷西部边缘凹陷的主边界断裂，使之成为单地堑盆地，并且控制着古近纪新近纪沉积地层的发育。北北东向的邢台东断裂切割了奥陶系、石炭—二叠系、三叠系，断层上端延入新近系和第四系之中。在该断裂东侧邯郸凹陷中古近纪地层的厚度向西逐渐变小，在接近断层处尖灭。在太行隆起区也存在活动断裂，这是北北东向的紫山西断裂。该断裂自邯郸西北的新城一带向西南沿紫山西侧延伸，至鼓山西南的和村一带消失。地貌上断裂东侧的紫山隆起西翘东俯，西侧武安盆地也是西高东低。断裂控制武安盆地的发育，靠近断裂一侧，由于断裂的活动形成了一条成条形深槽，深380m，其中新近系厚度达300m，第四系的砾石层、棕红色黄土和黄土厚达73m。

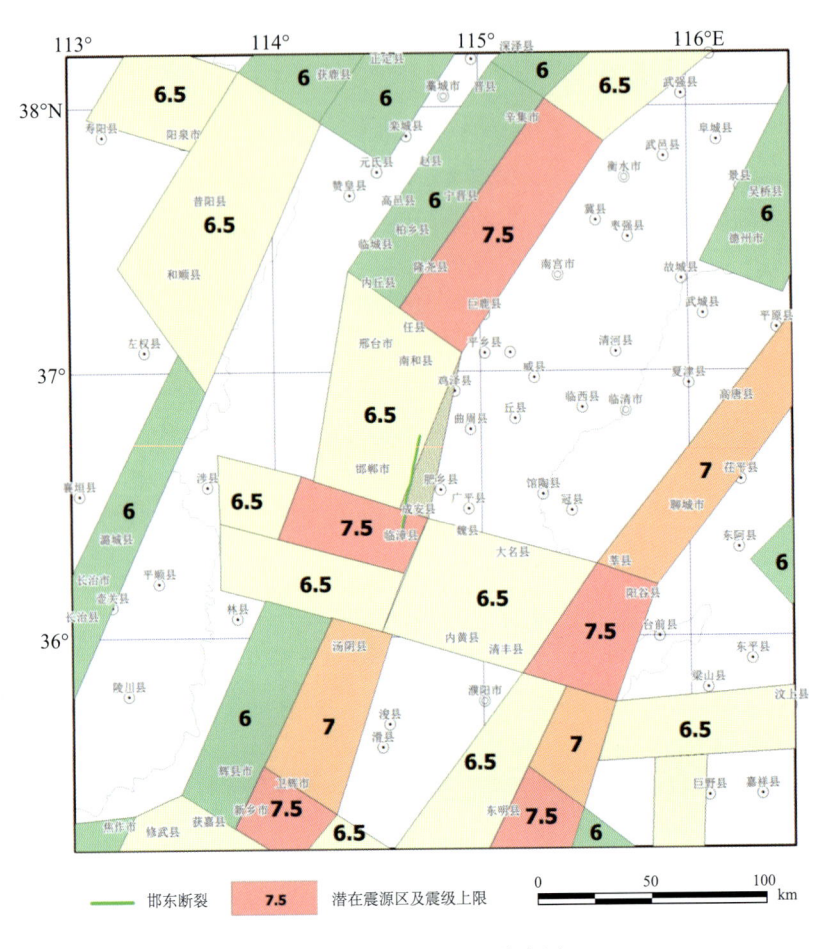

图 5.12 潜在震源区分布图

本潜在震源区北界为邢台地震序列北北东向地震密集带的南界；南界取磁县的涉县北西西向小震密集带的北界；东界取北北东向小震密集带的东界；西界以北北东向小震密集带西界和紫山西断裂为界。邯东断裂位于此潜源边界部位，本研究将此断裂划入邢台潜源内，同时考虑到断裂对发震位置的影响，向东扩大了邢台潜源的范围（图 5.12）。鉴于邯东断裂的最大发震能力，该潜在震源区的震级上限仍定为 6.5 级。

2）磁县潜在震源区

本区内发生过 1830 年磁县 7½ 级地震，该地震历史记载丰富，并经过了多次的考察，得到可靠的等震线图，极震区呈北西西向，据江娃利等（1994，1996，1997）的研究及项目组野外考察的结果，证实存在一条地震地表破裂带，呈北西西向展布，为 1830 年磁县 7½ 级地震的发震断层，东自南山村附近西至甘泉村以西，长约 40km，向西延出磁县 7½ 级地震Ⅸ度区的范围。磁县地区现今小地震十分活跃，形成一条北西西向密集带，该密集带整体上与断裂形变带展布一致。由此可以确认发震断裂是地壳深处的北西西向活动断裂。在磁县东的平原区存在一条北西西向磁县—大名断裂，为临清坳陷和内黄隆起的分界，西延则与太行山隆起上磁县地震的地震断裂相接，在地壳深部可能整体上是一条大断裂。磁县潜在震源区的边界取北西西小地震密集区的分布范围和磁县地震极震区及地震断层的分布范围。震级上限定为7.5级。

3）隆尧潜在震源区

本区位于华北平原地震构造带上，1966年邢台地震序列发生在区内，该序列包括3月8日隆尧东6.8级、3月22日宁晋东南6.7级、3月22日宁晋东南7.2级、3月26日束鹿南6.2级和3月29日巨鹿北6.0级地震。整个序列形成一条北东30°左右的地震密集带，带长110km，宽30~40km。震源机制和大地测量资料表明，序列的主体破裂面为北东东向的右旋走滑性质。邢台地震序列的主要部分发生在以新河断裂为主边界断裂的束鹿断陷内、束鹿断陷盆地呈北东向长条形，长约70km，宽14~20km。盆地东以新河断裂与新河凸起相接；盆地西缘的宁晋凸起呈斜坡状延伸到盆地之下；北部经北西向衡水断裂与深县断陷盆地相通；南部则与隆尧凸起相连。

新河断裂走向北北东，倾向北北西，正断层性质，长约70km。北段主要发育于古生界、中上元古界的蓟县系和长城系以及前长城纪变质岩层中，直接控制了古近系的发育，其沉积中心位于断裂附近，古近系厚度4000~5000m。断层向上穿过新近系并延入第四系。断裂剖面上为上陡下缓的铲状形态，它下延伸达10000m。新河断裂及其南段主要发育于古生界、蓟县系和长城系及其与前长城纪变质岩之间，控制了中生界和古近系分布，向上延入第四系（地下200m深处），下端深达8500m。在束鹿断陷南段和西缘发育有宁晋断裂，走向北北东至北东，倾向南东，长16km，发育于中新统、古生界、蓟县系和长城系中。断裂上端深600m，下端深6500m。

本区的边界主要考虑到邢台地震序列的震中分布范围和束鹿断陷的边界。由于邢台地震序列超出了束鹿断陷边界，所以以北北东向地震密集带的展布范围为边界，束鹿断陷包含在边界内。震级上限定为7.5级。

（二）地震活动性参数确定

在地震危险性分析中，各潜在震源区的地震活动水平是由地震活动性参数表示的，如震级上限M_u、震级下限M_0、震级频度关系、各级地震的年平均发生率ν及椭圆衰减的长轴取向等，本节主要是阐述确定这些参数的方法及结果。

1. 原则及方法

在我国近年开展的华北地震区划及地震安全性评价工作实践中，逐步产生了一套考虑时空不均匀性的地震活动性参数确定原则和方法，其要点如下：

（1）以地震带为基本统计单元。目前使用的地震危险性分析方法，要求地震活动服从泊松模型，大小地震之间的频次关系满足修正的古登堡-李克特震级频度关系式。这就是说，研究中所确定的地震活动性参数应该反映地震活动在空间上和时间上的分布特征。由于地震带内地震活动在空间上同受一个新构造活动带的控制，构造成因具有相似性，地震活动在时间过程上也有一定的规律性。因而，以地震带为确定地震活动性参数的基本统计单元是适宜的。

（2）为保持地震事件的独立性、随机性，应消除大地震的余震及震群活动的影响。大地震序列中的前震、主震和余震之间不是独立随机事件。因而应尽可能删除大地震的前震和余震。在一些特定的地区，常在很短的时间内发生若干次震级相差不大的震群。对于这样的震群，只要保留其中最大的一次地震即可。

（3）由地震活动趋势分析来衡量与评价未来地震活动水平。对历史地震的研究表明，一个地震带中的地震活动常出现相对平静与显著活动交替出现的似周期性。分析地震带中地震活动的历史，判断目前和未来百年内地震可能所处的活动阶段，可以对地震带总的地震活动水平做出估计。这种估计可以用来对表征地震活动水平的年平均发生率 ν 进行某些限制。

（4）按震级区间来分配年平均发生率。在一个地震活动带内可以分出若干个具有不同震级上限的潜在震源区。在将地震带内的地震年平均发生率分配到各潜在震源区去时，常常按历史地震频度或面积加权原则来进行分配。由于各潜在震源区最大地震不同，特别是具有高震级上限的潜在震源区个数很少时，上述分配方法将导致低估大地震的影响。为了保证高震级地震的影响不被低估，本研究采用按震级档来进行年发生率的分配，并采用空间分布函数来描述地震活动的时、空不均匀性。

（5）用综合概率法来确定空间分布函数。在确定对各潜在震源区分配年平均发生率的空间分布函数时，采用多项因子的综合评定方法来确定。

2. 地震带活动性参数的确定

1）震级上限 M_{UZ}

震级上限是指在地震带震级-频度关系式中，累积频度趋于零的震级极限值。确定震级上限的依据主要有两个：首先是历史地震判断，在历史地震资料足够长的地震带，若确认该带已经过了几个地震活动周期，则可认为该带的最大地震已经显露，可以按该带已发生过的最大地震强度确定；其次是构造类比，在同一大地震活动区内，按已知的大地震发生的构造条件进行类比外推，认为具有相似构造环境的地带，可能发生同样强度地震。根据五代图中地震活动性分析结果，汾渭地震带的震级上限定为 8.5 级，华北平原地震带的震级上限定为 8.0 级。

2）起算震级 M_0

起算震级是指对工程场点可能有影响的最小震级。由于我国大陆地区绝大多数是浅源地震，历史上不少 4.0 级左右的地震也造成轻破坏效应，因此将起算震级 M_0 定为 4.0 级。

3）b 值及地震年平均发生率

b 值代表着地震带内不同大小地震频数的比例关系，其表达式为 $\lg N = a - bM$，它和地震带内应力状态及地壳的破裂强度有关。地震年平均发生率 ν_4 是指在一定区域内（如地震带）平均每年发生不小于起算震级 M_0 的地震数，它代表了统计区的地震活动水平。地震年平均发生率的大小，对地震危险性分析计算结果影响很大。影响地震带地震年平均发生率的主要因素是 b 值的大小和选取资料的统计时段。据黄玮琼等（1989）的研究结果，本专题取震级间隔为 0.5 级。

（1）华北平原地震统计区为强震活动区，最大地震震级达到 8.0 级。该区最早地震记载始于公元前 1767 年河南偃师 6 级地震。1484 年之前，地震缺失较多，1484 年 $M5$ 地震记录基本完整，1950年以来4.0级以上地震记录较全。公元1485年和1791年是两个地震活动相对密集期的开始，未来地震活动水平不应低估长期的平均地震活动水平。

图5.13给出了理论计算值与实际统计数据点的比较，确定华北平原地震统计区地震活动性参数为$b=0.82$，$\nu_4=4.6$。结果可以看出，所得b、ν_4参数计算得到的理论发生率在小震级段，与1950年以来的水平大致相当；在中强震级段与1791年以来的平均地震活动水平相当，该活动期以中强地震活动为主要特征；而在高震级段，以1484年以来的发生率控制。

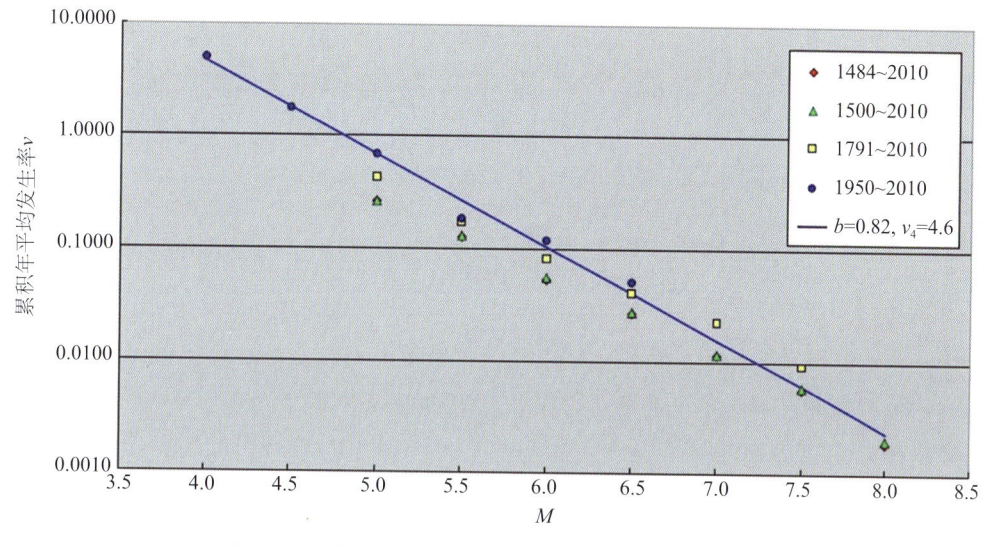

图5.13　华北平原地震带各时段实际统计与理论结果对比

（2）汾渭地震统计区为强震活动区，最大地震震级达到8¼级。该区最早的地震记载始于公元前23世纪，公元1000年前地震资料缺失严重，公元1000年以来$M≥6$级地震记录较为连续，1500年以来$M5$以上地震资料较完整，1950年以来$M4$以上地震记录较全。公元1209和公元1484年是两个地震活动相对密集期的开始，而1484年以来的地震活动水平要高于前一个活动期。未来地震活动水平不应低估活跃期地震活动水平。

图5.14给出了理论计算值与实际统计数据点的比较，确定汾渭地震统计区地震活动性参数为$b=0.78$，$\nu_4=2.5$。结果可以看出，所得b、ν_4参数计算得到的理论发生率在小震级段，与1950年以来的水平大致相当；在中强震级段以及高震级段，均与1484年、1500年以来的地震活动水平相当。

3. 潜在震源区活动性参数的确定

潜在震源区活动性参数包括：震级上限M_u、空间分布函数f_{i,M_j}、椭圆等震线长轴取向及分布概率。各潜在震源区的震级上限在划分潜在震源区时，依据潜在震源区本身的地震活动性及地震构造特征已经确定。

1）空间分布函数f_{i,M_j}的确定

在地震带内，须把地震带各震级档地震的年平均年发生率分配给各相应的潜在震源区。

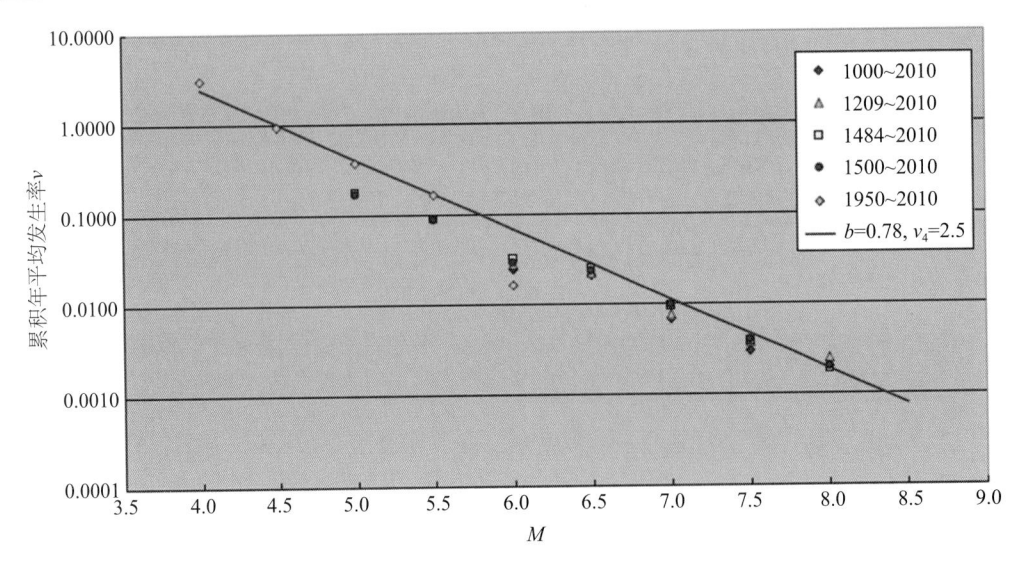

图 5.14 汾渭地震带各时段实际统计与理论结果对比

这里采用按震级档分配地震年平均发生率的方法,引进空间分布函数,根据各潜在震源区发生不同震级档地震可能性的大小,对地震年平均发生率进行不等权分配。

空间分布函数 $f_{i \cdot M_j}$ 的物理含义是一个地震带内发生一次 M_j 档震级的地震落在第 i 个潜在震源区内概率的大小。在同一个地震带内空间分布函数 $f_{i \cdot M_j}$ 应满足归一条件。

各潜在震源区的地震年平均发生率是按各震级档和相应空间分布函数确定的,即在得出统计单元(地震带)的地震年平均发生率之后,按(5.7)式进行分配。

$$\nu_{i \cdot M_j} = \begin{cases} \dfrac{2\nu_0 e^{-\beta(M_j - M_0)} \cdot \text{sh}(\beta \cdot \Delta M/2)}{1 - e^{-\beta(M_{uz} - M_0)}} \cdot f_{i \cdot M_j} & M_0 \leq M_j \leq M_{UZ} \\ 0 & \text{其他} \end{cases} \quad (5.7)$$

式中,$\nu_{i \cdot M_j}$ 为第 i 个潜在震源区在 M_j 档内的地震年平均发生率;ν_0 为统计单元内震级大于或等于 M_0 的地震年平均发生率;M_0 为震级下限;M_j 为第 j 个分档区间中心对应的震级值;$\beta = b \cdot \ln10$ 是表示大小地震比例关系的系数;ΔM 为震级分档间隔值;M_{uz} 为统计单元的震级上限;M_{ui} 为第 i 个潜在震源区的震级上限;$\text{sh}(\frac{1}{2}\beta\Delta M)$ 是自变量为 $\frac{1}{2}\beta\Delta M$ 的正弦双曲函数;$f_{i \cdot M_j}$ 即为第 i 个潜在震源区 M_j 档内的空间分布函数,亦称权系数。本研究中,M_j 共分成 7 个震级档,即 4.0~4.9、5.0~5.4、5.5~5.9、6.0~6.4、6.5~6.9、7.0~7.4、≥7.5。

$f_{i \cdot M_j}$ 的确定是个复杂的问题,不同地震档次的发震条件不同,确定的方法也不同,对 6.0 级以下的地震,因其受构造控制不明显故可直接按潜在震源区的面积来确定,即:

$$f_{i \cdot M_j} = \frac{S_i}{\sum_j S_i} \tag{5.8}$$

式中，S_i 为第 i 个潜在震源区的面积；$\sum_j S_i$ 为统计单元内各潜在震源区的面积之和。对其他各震级档次的 $f_{i \cdot M_j}$ 要综合考虑地震地质条件、地震活动性、中长期地震预报研究结果的应用、减震作用和强震重复性等多方面的因素来确定。

原邢台潜源中涉及到北北东向的紫山西断裂、太行山山前断裂（北段为邢台断裂、南段为邯郸断裂）和近东西向的曲陌断裂。其中，曲陌断裂为前第四纪断裂，其他断层均为早—中更新世活动断裂。本研究对邯东断裂进行了综合探测与地震活动性分析，该断裂走向北北东向，活动时代为早—中更新世。在断层走向、长度、活动性方面与原邢台潜源中 3 条北北东向断层比较相似。因此本研究在调整了邢台潜源边界的同时，还考虑了邯东断裂发震能力对潜源空间分布函数的贡献，根据周边相似构造潜源类比，按比例调整了邢台潜源的空间分布参数（表5.11）。

表 5.11 主要潜在震源区的地震活动性参数

潜在震源区	4.0~4.9	5.0~5.4	5.5~5.9	6.0~6.4	6.5~6.9	7.0~7.4	≥7.5	θ_1	P_1	θ_2	P_2
磁县	0.0078	0.00752	0.01508	0.0126	0.03318	0.04592	0	150	1	0	0
邢台	0.00906	0.0073	0.01432	0.0305	0	0	0	60	1	0	0

2）等震线长轴取向及分布概率

我国大陆地震等震线多呈椭圆形，地震动在长轴和短轴方向衰减特征不同。在计算各潜在震源区对场点的影响时，必须确定长轴方向。所以对每个潜在震源区都给出方向性因子。由于各潜在震源长轴取向大多与各潜在震源区构造走向一致。对小部分具有共轭断层的潜在震源区，依照两个方向作用的大小，给予不同的概率值。本研究主要依据这两方面来确定各潜在震源区的长轴取向及概率。主要潜在震源区的结果见表5.11。表中的角度是指断裂构造走向与正东方向间的夹角。

3）与邯东断裂相关的潜在震源区破坏性地震平均复发间隔与发震概率估计

将表5.11中的空间分布函数，以及地震带的地震活动性参数 ν_0 值、b 值代入公式（5.7），即可求出潜在震源区内给定震级档的地震年平均发生率，通过年平均发生率即可求出给定震级档的复发间隔及给定周期值（50 年、100 年）的发震概率，具体计算结果见表5.12。

表 5.12　邯东断裂及周边潜在震源区破坏性地震平均复发间隔与发震概率估计

潜源名称	震级档	年发生率	复发间隔	50年一遇的概率	100年一遇的概率
磁县	4.0~4.9	0.005107	195.7979	0.225873	0.400728
磁县	5.0~5.4	0.001829	546.6191	0.087489	0.167324
磁县	5.5~5.9	0.001363	733.6709	0.065923	0.127501
磁县	6.0~6.4	0.000423	2363.372	0.020938	0.041438
磁县	6.5~6.9	0.000414	2415.607	0.02049	0.040561
磁县	7.0~7.4	0.000213	4697.867	0.010588	0.021064
邢台	4.0~4.9	0.005932	168.5677	0.257327	0.448437
邢台	5.0~5.4	0.001776	563.0926	0.085039	0.162847
邢台	5.5~5.9	0.001294	772.6088	0.062705	0.121479
邢台	6.0~6.4	0.001024	976.3439	0.049947	0.0974

第五节　主 要 结 论

（1）采用 SBAS-InSAR 技术，对邯东断裂及其周边地区进行了地表形变场动态监测，获取了邯东断裂 2017~2021 年的综合形变速度场及月度累积形变量，并结合多源数据对形变机理及形变特征进行解译。监测结果表明，邯东断裂是该区域的主要构造形迹，是区域隆升形变和沉降形变的分割线。邯东断裂西侧表现为隆升，东侧表现为沉降。西侧平均抬升速度为 0.51mm/a，与太行山整体隆升速率基本一致；东侧平均沉降速度为 -29.8mm/a，主要为地下水超采所致，受构造活动影响的可能性较小。

（2）邯东断裂为规模较大的更新世晚期以前活动断裂。由于邯东断裂规模较大，且与磁县断裂相交，控制了邯郸盆地的东边界，因此，将邯东断裂归属于相对危险断裂。结合构造类比分析，采用 WC 经验关系与华北地区震级-破裂长度、破裂面积的经验关系两种方法来评估，邯东断裂潜在地震最大震级的估值（最大值）为 $M_S6.5$。

（3）邯东断裂位于邢台潜源边界部位，本研究将此断裂划入邢台潜源内，同时考虑到断裂对发震位置的影响，向东扩大了邢台潜源的范围。鉴于邯东断裂的最大发震能力，该潜在震源区的震级上限仍定为 6.5 级。原邢台潜源中涉及到北北东向的紫山西断裂、太行山山前断裂（北段为邢台断裂、南段为邯郸断裂）和近东西向的曲陌断裂。因此本研究在调整了邢台潜源边界的同时，还考虑了邯东断裂发震能力对潜源空间分布函数的贡献，根据周边相似构造潜源类比，按比例调整了邢台潜源的空间分布函数。

第六章 邯东断裂地表强变形带预测研究

浅层人工地震勘探剖面揭示，邯东断裂为高角度正断裂，视倾角平均70°，视倾向西。断裂总体近北北东走向，可分辨上断点均延伸至第四系，且埋深呈南浅北深的特点。前期石油剖面揭示，邯东断裂向下切错了寒武系底界，断面主体呈铲型，具上陡下缓的特征，断距向上逐渐减小，新生代地层基本水平产出。宽频带流动台阵深部探测三维速度结构结果表明，邯东断裂对探测区上地壳的速度分布具有明显的控制作用。

地震危险性评价结果显示，邯东断裂未来最大潜在地震为6.5级。根据《中国地震活动断层探测技术系统技术规程》（JSGC—04）有关规定，本章内容针对邯东断裂开展地表强变形带预测研究。

第一节 邯东断裂地震构造模型

一、几何学参数

脆性破裂面底界深度：在华北平原区，1966年邢台7.2级地震的震源深度为9km，其余震深度-频度曲线分布则显示20km处为频度峰值；1975年海城7.3级地震发生在16km深处，而其余震深度在10km处为优势分布；唐山7.8级地震震源深度是11km，其余震深度分布峰值也在10km附近。由华北平原区3个典型震例可以看出：虽然它们的余震深度分布状态各有特征，但主震震源深度和余震分布的优势深度均在10～20km深度范围内（图6.1）。

区域小震重新定位表明，小震主要分布在磁县断裂与太行山山前断裂、紫山西断裂的交会部位及磁县断裂中、西段，太行山山前断裂以东小震活动微弱，表明深部沿磁县断裂分布的小震受限于太行山山前断裂和紫山西断裂。小震深度分布，主要集中在5～25km，以10～20km居多。宽频带流动台阵深部地壳结构探测表明，在横向上探测区下地壳速度结构较为均匀，上、下地壳的分界深度约在16～20km。前文根据地质调查、人工地震探测以及地震学等方面的研究成果，构建了邯东断裂的地震构造模型，结合华北地区震源深度分布特征，确定邯东断裂设定地震的深度为13km。

地震断层长度：前文浅层地震剖面与跨断层钻孔探测成果清晰揭示出邯东断裂具有明显的分段特征，基本以XK4测线为界，分为南北两段，北段长度26km，南段长度22km。北段上断点埋深大于南段，北段的活动时代早于南段。邯东断裂设定地震位于邯东断裂与磁县断裂（临漳—大名段）交会地区。

剖面形态：为了尽可能地反映邯东断裂在深度的铲形形态，用3个子断面表示断裂（图6.2），有关各个子断面的参数见表6.1。由上向下，子断面倾角从70°变化到20°，随着深度增加倾角愈来愈小，显示出铲形形态，顶部存在一套松散覆盖层。

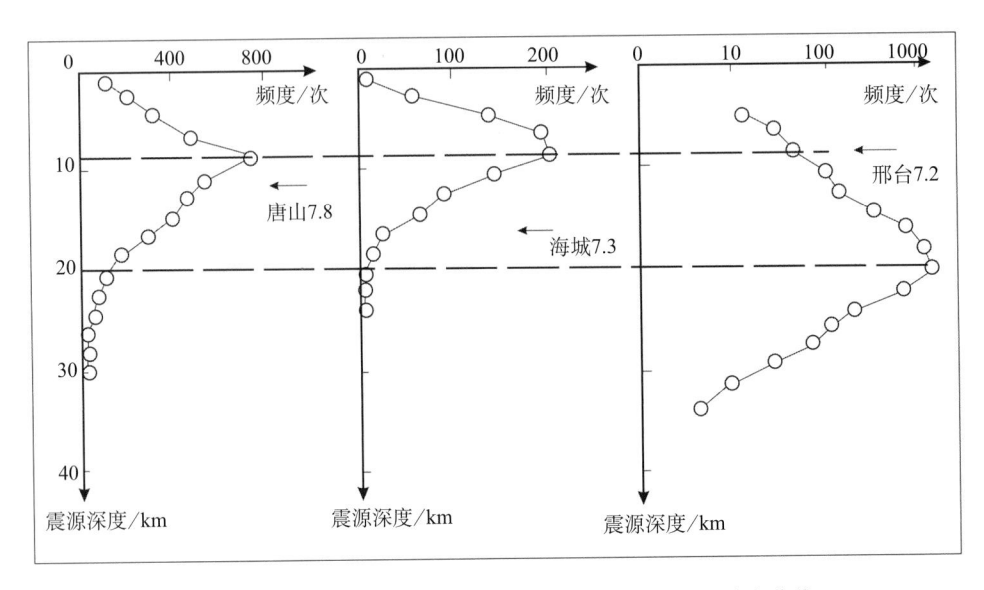

图 6.1　华北平原区大地震以后的余震震源深度–频度分布曲线
(《中国岩石圈动力学地图集》编委会，1991)

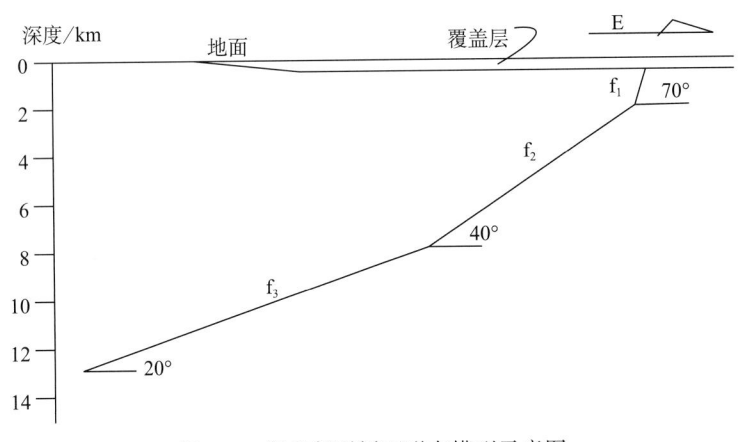

图 6.2　邯东断裂剖面形态模型示意图

表 6.1　邯东断裂剖面模型子断面参数一览表

子断面	底界深度/m	倾角（°）	子断面宽度/m
上断点平均埋深		92	
f1	2000	70	2120
f2	8000	40	9334
f3	13000	20	11695

二、介质参数

断裂剪切模量：对于壳内断裂通常取 $3\times10^{11}\mathrm{dyne/cm^2}$（Hanks and Kanamori，1979）。

上断点埋深：围绕邯东断裂开展浅层人工地震探测，共完成测线 17 条，解释构造断点 15 个，均为邯东断裂的主断点，综合分析认为邯东断裂为高角度正断层，视倾角平均为 70°，视倾向西；断裂总体上近北北东走向，断层可分辨上断点埋深南浅北深，断层可分辨上断点均延伸至第四系内部地层。跨断层探测工作共完成 3 个场地，获得了断层的精确定位以及上断点埋深的精确数值，最终根据跨断层探测工作获得上断点平均埋深为 92m。

三、运动学参数

运动学参数主要指地震断层面上的位错量（U）和滑动方向（Rake）。

（一）地震断层面上的位错量（U）

1. 地震断层面位错量分布特征

自 20 世纪 80 年代以来，国内外不少学者（Hartzell et al.，1983；Wald et al.，1992，1996；吴忠良，2004）开展了地震断层位错分布特征的研究，获得了不少典型地震断层面上位错分布特征图。地震断层面的位错量分布特征与地表变形观察数据（地质调查数据和大地测量数据）以及地震矩释放图像之间存在密切关系（图 6.3），那么，根据地面的 GPS 观测数据、宽频带地震仪记录结果以及水准测量、强地面记录等可以反演地震断层面位错量的分布特征。

邯东断裂潜在地震最大震级为 $M_S6.5$，故下面着重介绍与之相当的地震断层面位错量分布特征研究成果。

图 6.4 给出了 1979 年 10 月 15 日美国 Imperial 谷 6.6 级地震断层面位错分布特征（Hartzell et al.，1983），从中可以看出较大的位错量（>150cm）出现在地下 7~10km，长度为 15km 左右。在大部分地段，地下 3km 深度处位移量开始小于 50cm，近地表沿地震断层面相对位移趋于 0。但在局部地段，地表可出现相对位错。吴忠良（2004）根据 Archuleta（1984）的数据，给出了此次地震断层面上三维分布的一个立体图像（图 6.5），这里对垂直向坐标（位移量）做了夸大，且沿走向的坐标标度与沿倾向的坐标标度并不相等。从该示意性分布图可以看出：地震断层面的位错量较大的地段主要位于地下 5~15km，峰值出现在 10km 深度上，一般为 400~500cm，最大可达 800cm 以上。

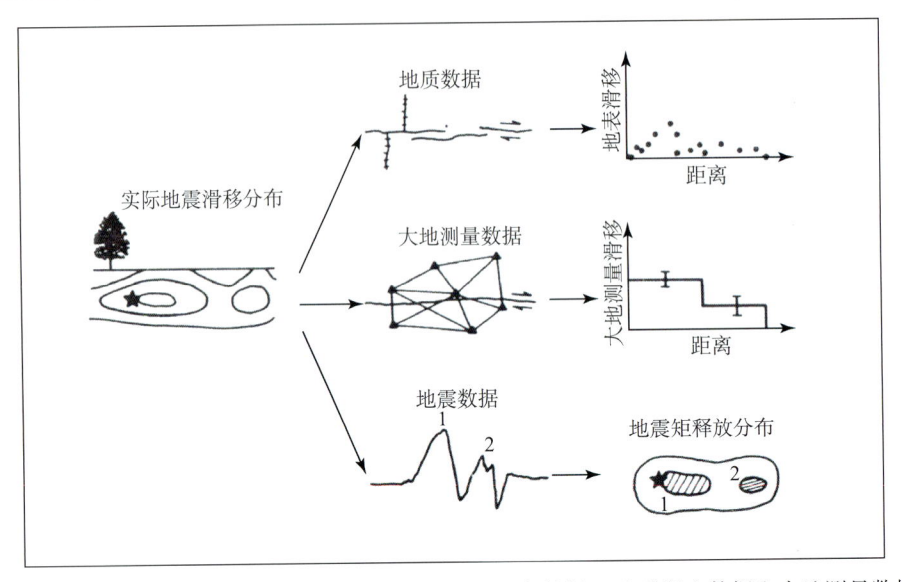

图 6.3　实际的地震断层面上位错量分布与地表变形观察数据（地质调查数据和大地测量数据）、
地震矩释放图像之间的关系示意图（Thatcher and Bonilla，1984）

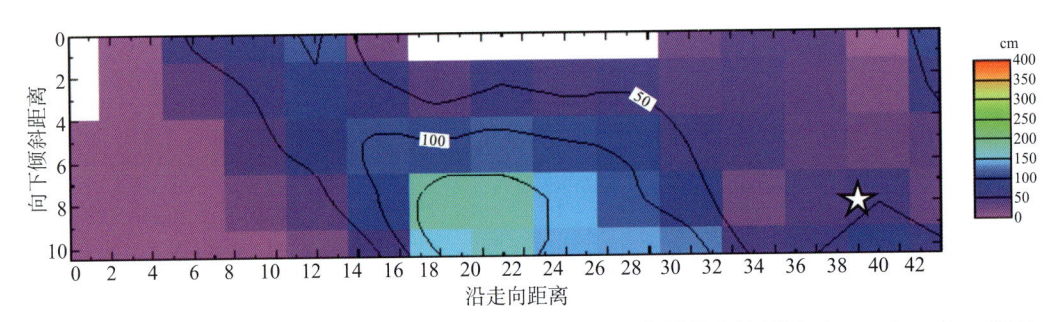

图 6.4　1979 年 10 月 15 日美国 Imperial 谷 6.6 级地震断层面位错分布特征图（Hartzell et al.，1983）

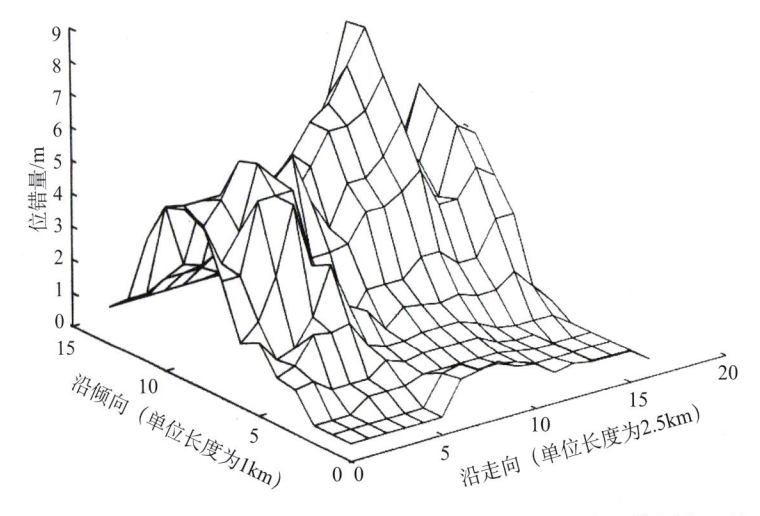

图 6.5　1979 年 10 月 15 日美国 Imperial 谷 6.6 级地震断层面位错分布立体图像（吴忠良，2004）

Wald et al. (1996) 较完整地揭示了1994年1月17日美国 Northridge 6.7级地震断层面上分布特征（图6.6），从中可以看出：地震断层面上的位错集中发生在地下7~10km处，最大位错量大于250cm，出现明显位错的断层面长度为15km。在地下深度2km以上至地表，沿地震断层面的位错量小于50cm。

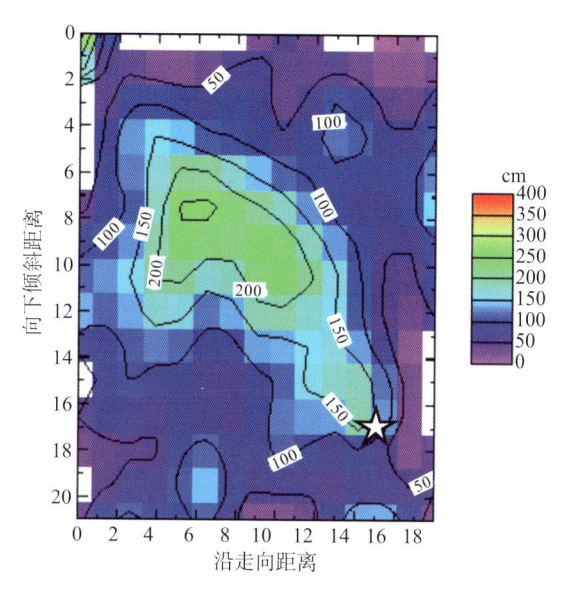

图6.6 1994年1月17日美国 Northridge 6.7级地震断层面位错分布特征
（Wald et al.，1996）

根据上述地震断层面位错量分布特征的分析讨论，可以看出：对于6.5级左右的地震，地震断层面上的位错主要发生在地下5~10km深度范围内，向上或向下，沿着地震断层面的位错量均明显下降；即地震断层面上的位错量分布在深度上可以简单分为3部分，中间的最大，上下两部分较小。

图6.7为目前国内外研究报告中所能收集到的震源位错量分布特征图。虽然上述地震断层的运动性质与邯东断裂情况有所差别，但根据 Wells 和 Coppersmith（1994）对77次历史地震的统计回归建立的全球不同类型断层地震的地下（震源）破裂长度（RLD）与矩震级 M_W 的经验关系（图6.7），可以看出：不同类型断层之间的差异性很小。在地表同震平均位错（AD）与矩震级 M_W 的经验关系及其建模样本分布图上（图6.8），也很难看出不同类型地震断层之间的差异性，但高震级、大位移以及长度很大的破裂带都与走滑断裂相关。对于震级小于7.5级的地震，很难看出不同类型的地震断层之间的差别。这种差异性不大的物理基础在于震级一定时，释放的能量是一样的。因此，在目前也很难获得同样运动性质的地震断层面位错分布特征时，可以在震级相当的前提下，借鉴其他类型地震震源面反演结果。

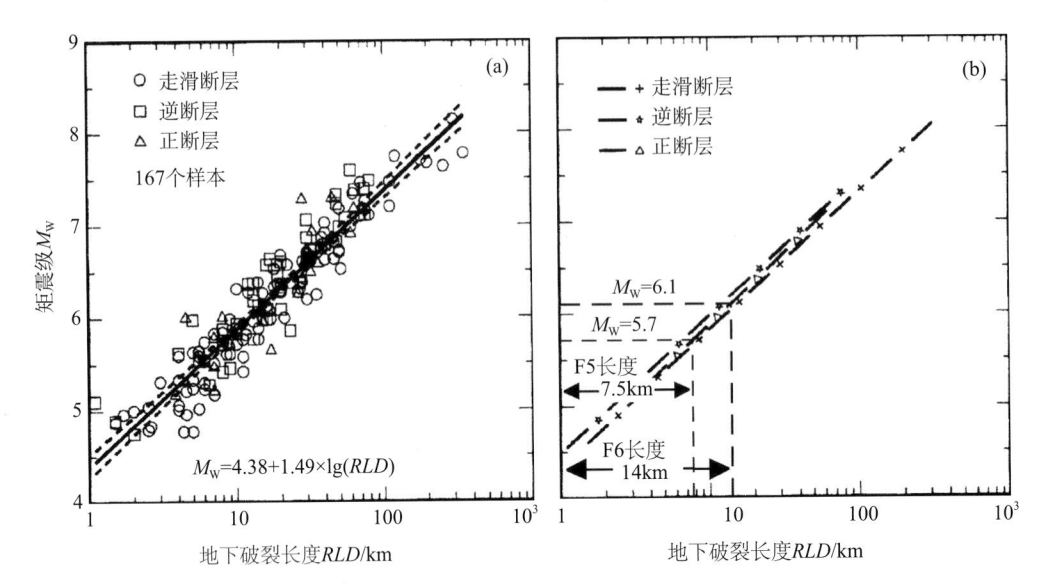

图 6.7　全球不同类型断层上地震破裂长度 RLD 与矩震级 M_W 的经验关系
（Wells and Coppersmith，1994）

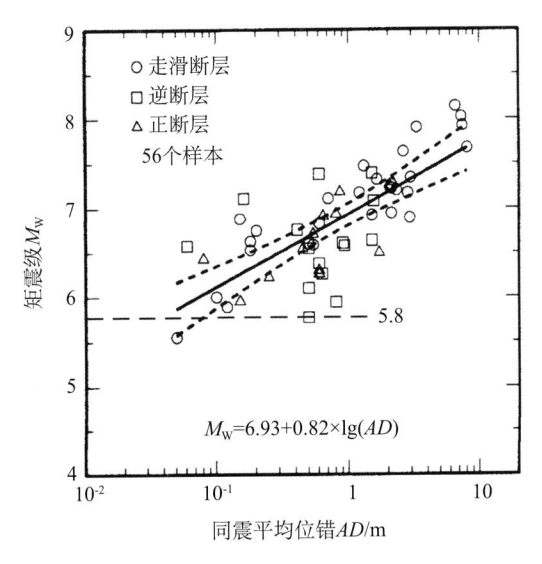

图 6.8　全球不同类型断层上地震地表同震平均位错 AD 与矩震级 M_W 的
经验关系（Wells and Coppersmith，1994）

(二) 6.5 级地震中的邯东断裂位错量分布模型

上面讨论了地震断层面在不同深度上位错量分布的总体特征。这些内容都只涉及到沿地震断层面的不连续变形，地表强变形带的预测研究还需要进一步研究地震断层面不连续变形在穿越第四纪松散覆盖层后的变形分布。为了定量评估这种地表变形规模，首先需要建立目标地震断层上位错量分布模型，其中一个最重要的约束条件是地震矩（M_0）的大小。

根据 Wells 和 Coppersmith（1994）给出的中国大陆 1973～1988 年 M_S6.9～7.6 的矩震级 M_W 数据，统计得到这两种震级的关系式为：

$$M_S = 1.372 + 0.853 M_W \qquad \sigma = 0.14 \qquad (6.1)$$

邯东断裂可能发生的最大震级指面波震级为 $M_S=6.5$ 级，根据地震矩 M_0 与面波震级 M_S 的经验公式（Chen et al.，1989）：

$$\lg M_0 = M_S + 19.2 \qquad (6.2)$$

Chen et al.（1989）曾指出：地震矩 M_0 为 5.012×10^{25} dyne·cm。式（6.2）中 $M_S \leqslant 6.4$ 级，在这里延伸到 6.5 级。

根据前面邯东断裂地震断层面（最大深度为 20km）划分为如下 3 个断片，各断片的深度范围为：0（0.092km）～2km（f1）、2～8km（f2）和 8～13km（f3）。根据已有地震断层面的位错量分布特征，在 6.5 级地震过程中，邯东断裂地震断层面长度为 15km。在前面的构造类别中，曾提到华北平原地震带在相同地震震级的条件下，地震地表破裂带的规模普遍偏小，其原因可能与地壳岩石力学性质、第四纪松散覆盖层有关，也可能是由于地表位错量较小（如≤30cm）不宜识别导致的。因此，在考虑 6.5 级地震断层长度时，取值 15km 是比较合理的，以保证沿着断层以一定位错量发生错动时有足够的释放能量。

根据地震断层面在不同深度上位错量分布量总体特征，近地表断片（f1）、中间断片（f2）和最下面断片（f3）上位错量的比值为 2∶3∶1（韩竹军等，2008）。

根据地震矩 $M_0 = \mu \sum_{n=1}^{3}(D_n A_n)$，其中 μ 为剪切模量，取 3×10^{11} dyne/cm^2，D_n 是地震断片 $n(n=1,2,3)$ 上的平均位移，A_n 是地震断裂面 $n(n=1,2,3)$ 的面积，可以求得近地表断片（f1）、中间断片（f2）和最下面断片（f3）上的位错量分别为 57、38 和 19cm。如果把能量释放局限在局部的几个障碍体上，那么位错量将会有明显的增加。限于目前的认识水平，本研究对地震断层面上的位错量分布模型进行了适当简化处理，由此必然带来一定的不确定性，这种不确定性还包括参数的选取（如剪切模量等）、换算关系式等，但总体变化特征与已有的认识相符，即地震断层中间分布最大，向上或向下均较小。

第二节 邯东断裂地表强变形带预测方法

地震断层地表变形指具有物理意义的永久性静态变形（static deformation）。设已知地震断层面的突然错动在地表引起的位移（displacement）分布，则可以求出任意相邻两点之间的位移量差值，即变形量（deformation）。

一、位移量的计算

Okada（1992）推导了弹性半空间中，任意一个长方形断层发生剪切和张性破裂所诱发静位移和应变的计算表达式（图 6.9），并提供 FORTRAN 计算源程序。静位移是与动位移相对应的一个概念，指永久性变形；而动位移、动应变和动应力是暂态的（Hill et al., 1992; Kilb et al., 2000）。显然，地震断层在地表引起的静位移正是本研究所要求解的。

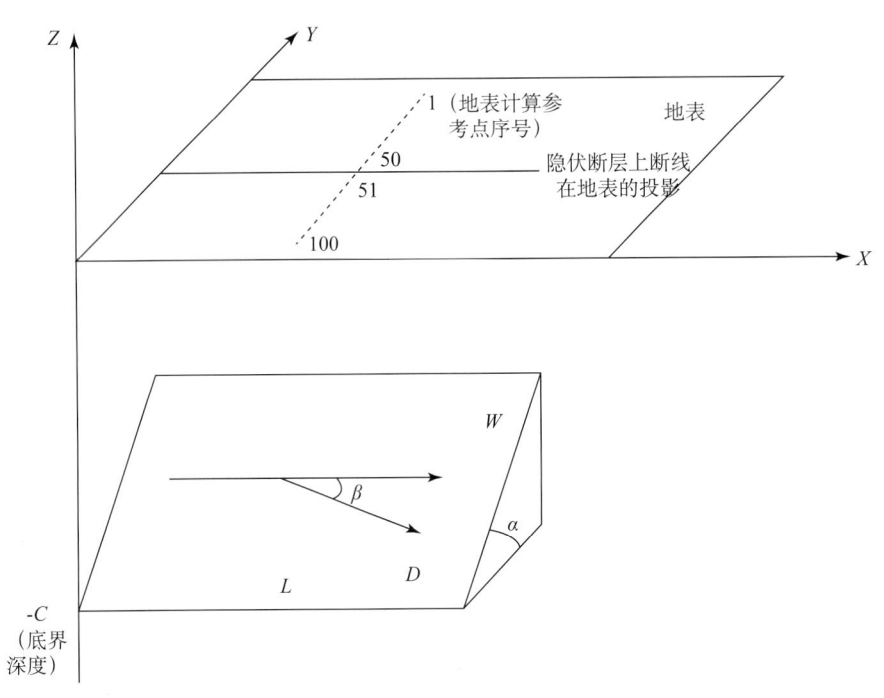

图 6.9 弹性半空间隐伏断层模型示意图（韩竹军等，2002）
L. 断层长度；W. 断层面宽度；C. 发震层深度；D. 断面上的位错量；α. 断层倾角；β. 断层擦痕侧伏角

计算静位移时，通过参数 α 描述弹性介质的特性，其定义为：

$$\alpha = 1 - (v_S/v_P)^2 \tag{6.3}$$

式中，v_S 为介质的横波波速；v_P 为纵波波速。根据静位移，可以求出静应变；再由 Hook 定律，计算静应力。1992 年美国 Landers 7.5 级地震后，Harris（1992）应用 Okada（1992）公式和库仑破坏方程（Coulomb failure function），获得了 Landers 地震在邻近断层上引起的静应力变化，很好地解释了 $M>4.5$ 级的强余震分布。此后，弹性半空间地震断层位移场计算方法，在一定程度上还得到 1994 年美国 Northridge 6.7 级地震、1995 年日本神户地震（$M_W=6.5$）和 1999 年土耳其 Izmit 7.4 级地震的检验（Toda et al., 1998; Stein et al., 1999; Pinar et al., 2001, McGinty et al., 2001）。

基于弹性半空间地震位错模型的位移场计算属于解析解（Okada，1992），求解过程稳定。因此，近年来仍为许多研究者所广泛采用（傅征祥等，2001；Pinar et al.，2001；McGinty et al.，2001；Toda et al.，2003；Perniola et al.，2004；Lin et al.，2004；Parsons et al.，2008）。当覆盖层较厚（一般大于65m）或者地震震级不大（一般在6级左右）时，地表变形量较小，采用解析方法可以减少计算误差。

隐伏地震活动断层地表强变形带预测研究的目的是给出该断层未来在一定范围内可能遭遇到的最大变形量，从而为跨断层的抗震设防提供一个可以参考的依据。因此，一般根据隐伏断裂中间位置上（图6.9中以虚线表示的参考线）的位错分布特征来确定强变形带的规模（宽度和变形量），以获得该隐伏断裂发生最大潜在地震时可能遭遇的最大变形量等相关参数。

二、强变形带宽度和变形量的计算

对于一个与断裂活动相关的空间位移场而言，空间上任意一点的位移矢量可以通过3个分量来描述，即垂直位移（Uz）、平行断裂走向的水平位移（Ux）和垂直断裂走向的水平位移（Uy）。对于空间相邻两点 i 和 $i+1$，若它们的位移矢量（方向和量值）相同，那么，它们之间没有相对变形。当它们的位移矢量不同时，也就产生了位移差（dislocation）、即相对变形，i 点上相对变形量 ΔU_i 可以由下式计算获得：

$$\Delta U_i = \sqrt{\Delta U x_i^2 + \Delta U y_i^2 + \Delta U z_i^2} \tag{6.4}$$

式中，ΔUx_i、ΔUy_i 和 ΔUz_i 分别为平行断裂走向（x）、垂直断裂走向（y）和垂直方向（z）上的相对变形量，由于方向相同，因此，各个方向上当相对变形量可以直接由下面的公式获得：

$$\Delta Ux_i = Ux_{i+1} - Ux_i \tag{6.5}$$

$$\Delta Uy_i = Uy_{i+1} - Uy_i \tag{6.6}$$

$$\Delta Uz_i = Uz_{i+1} - Uz_i \tag{6.7}$$

在实际计算过程中，需要把地表离散化为一系列的点。由于断裂活动的地表变形中，每个点的位移矢量（尤其是方向上）都存在一定的差异性，因此，总变形量并不只是每个计算点上相对变形量的简单相加。通过公式（6.4）计算每个点的相对变形量的意义在于获得最强烈变形点以及强变形带的地段。

根据《中国地震活动断层探测技术系统技术规程》（JSGC—04），"把断层两侧集中了80%~90%变形量的地段，作为地表变形带中最强烈部位，即强烈变形带"。据此，从最强烈变形点向两侧确定满足上述条件的范围。设隐伏地震活动断层强变形带起始点为 m 和终止点为 n，由公式：

$$\Delta Ux = Ux_m - Ux_n \tag{6.8}$$

$$\Delta Uy = Uy_m - Uy_n \tag{6.9}$$

$$\Delta Uz = Uz_m - Uz_n \tag{6.10}$$

强变形带内总变形量 ΔU 计算公式为：

$$\Delta U = \sqrt{\Delta Ux^2 + \Delta Uy^2 + \Delta Uz^2} \tag{6.11}$$

变形量是一个依赖于两点之间距离的变量，即当两点之间的距离发生变化时，变形量也会发生改变。如果把两点之间的距离看作为断层之上或邻近地带的建筑物的跨度，则可以预测该跨度的建筑物在未来地震活动断层突然错动中可能遭遇到的变形量，从而为断层之上或邻近地带的抗震设防提供具体的依据。

设计算点间距为 L，则强变形带宽度 W 为：

$$W = L \times (m - n) \tag{6.12}$$

由此获得强变形带分布范围和宽度。

第三节　邯东断裂地表强变形带数值模拟

一、位移分布总体特征

前文华北地区中小地震震源机制有显著的分区特征，震源机制主要类型是正断型和走滑型，表明华北地区主要变形以平移和拉张为主；同时通过 4.0 级以上地震震源机制类型主要为走滑型可得出，走滑型应力在华北地区应力场上占绝对优势，但是局部地区的正断型应力也比较显著。考虑到唐山—河间—磁县地震构造带内主要地震 1976 年唐山 7.8 级、1966 年邢台 7.2 级、1967 年河间 6.3 级地震均为走滑型地震，虽然邯东断裂的空间展布形态为大型铲式正断层，但在本研究中将邯东断裂分别设定为正倾滑运动性质与水平走滑运动两种模型进行模拟计算。

根据正倾滑运动模型，对该断裂强变形带的预测研究主要涉及到 1 个位移变量的计算，即垂直地表面的垂直位移（Uz）。图 6.10 给出了邯东断裂未来地震活动断层段地表垂直位移分布。从中可以看出：上盘的位移量明显高于下盘。尽管位移分布范围较广，但如前所述，只有当位移量出现差异时，才能出现变形，并有可能导致不同程度的危害性。地表垂直位移量的变化高度集中在断裂地表线两侧，离开一定距离后，位移量变化非常平缓，说明地表变形主要集中在断裂地表投影线附近，随着离开断裂距离的增大，变形强度明显降度。

图 6.11 给出了水平走滑运动模型的地震活动断层的地表水平位移分布特征。图面上方

的中间位置为断裂上断点地表垂直投影（把断裂走向旋转到正南北方向）。在断裂上盘水平位移值最大值为150mm；下盘水平位移值最大值为132mm。从中可以看出：在沿断层面水平走滑运动中，断层两盘的相对滑动量相当。

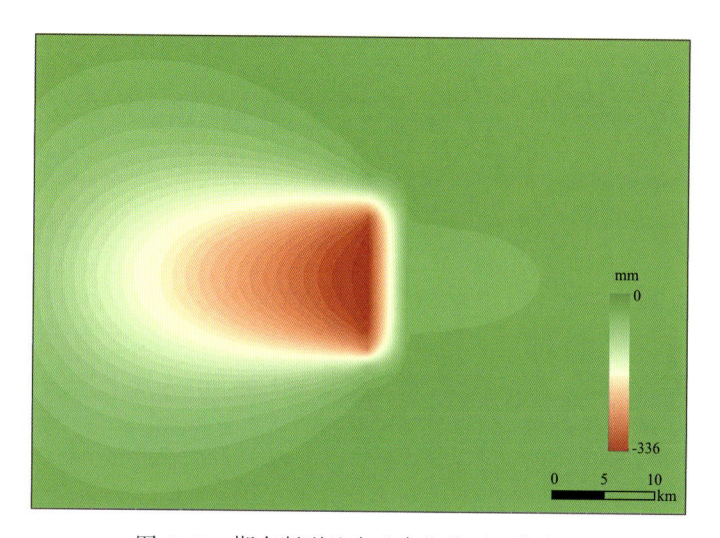

图 6.10　邯东断裂地表垂直位移平面分布图

图面上方的中间位置为断裂上断点地表垂直投影（把断裂走向旋转到正南北方向）。

在断裂上盘的表现为沉降区，位移值最大336mm。在沿断层面倾滑运动中，以断层上盘下掉为主

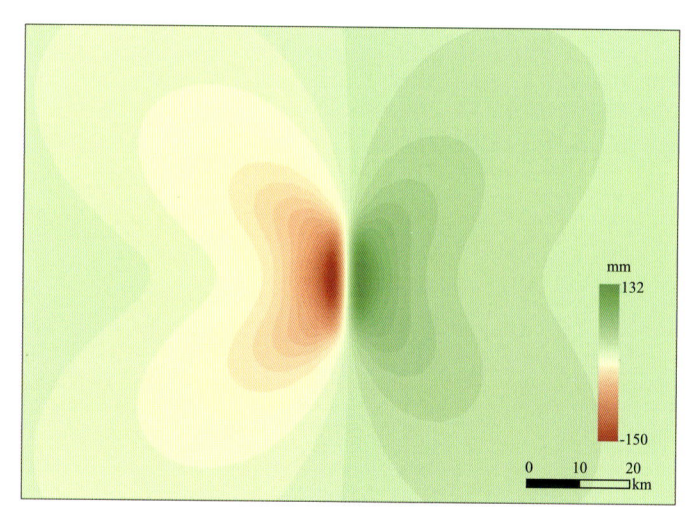

图 6.11　邯东断裂地表水平位移平面分布图

图面上方的中间位置为断裂上断点地表垂直投影（把断裂走向旋转到正南北方向）。

在断裂上盘水平位移值最大值为150mm；下盘水平位移值最大值为132mm。

在沿断层面水平走滑运动中，断层两盘的相对滑动量相当

二、变形量分析

前已述及,位移分布总体上也是表现出高度集中在断裂地表线两侧,离开一定距离后,位移量变化非常平缓,说明地表变形主要集中在断裂地表投影线附近,随着离开断裂距离的增大,变形强度明显降低。因此,一般根据隐伏断裂中间位置上的位移分布特征来确定强变形带的规模(宽度和变形量),以获得该隐伏断裂发生最大潜在地震时可能遭遇的最大变形量等相关参数。

表6.2、表6.3分别给出了邯东断裂中间位置上一条以断裂上断点地表投影迹线为中心、长1000m、共计100个计算点上的垂直位移量(图6.12)与水平位移量(Uz_i)(图6.13),及根据两两计算点之间的位移量差值(公式(6.7))获得的10m间隔内的相对变形量(ΔUz_i)(图6.14、图6.15)。从图6.12可以看出:由于受铲形正断层的影响,在靠近断裂的下盘也出现了下降,只不过量值较小。从表6.2、图6.13可以看出:最大的相对变形量ΔU_i位于51号计算点,即从断裂地表投影迹线向下盘偏离了5~10m。

表6.2 邯东断裂中间位置上垂直位移量及变形量一览表

位置/(10m)	Uz_i/mm	ΔUz_i/mm
1	−242.15	0.27
2	−242.42	0.29
3	−242.71	0.30
4	−243.01	0.32
5	−243.33	0.34
6	−243.67	0.36
7	−244.03	0.38
8	−244.41	0.41
9	−244.82	0.43
10	−245.25	0.45
11	−245.7	0.49
12	−246.19	0.52
13	−246.71	0.56
14	−247.27	0.60
15	−247.87	0.64
16	−248.51	0.70
17	−249.21	0.74
18	−249.95	0.80
19	−250.75	0.87
20	−251.62	0.95
21	−252.57	1.02
22	−253.59	1.11
23	−254.7	1.21
24	−255.91	1.32
25	−257.23	1.44

续表

位置/（10m）	Uz_i/mm	ΔUz_i/mm
26	−258.67	1.58
27	−260.25	1.73
28	−261.98	1.93
29	−264.37	2.13
30	−266.5	2.33
31	−268.83	2.56
32	−271.39	2.80
33	−274.19	3.05
34	−277.24	3.31
35	−280.55	3.56
36	−284.11	3.78
37	−287.89	3.96
38	−291.85	4.03
39	−295.88	3.94
40	−299.82	3.62
41	−303.44	2.93
42	−306.37	1.81
43	−308.18	0.10
44	−308.28	−2.21
45	−306.07	−5.15
46	−300.92	−8.53
47	−292.39	−12.09
48	−280.3	−15.40
49	−264.9	−18.12
50	−246.78	−19.92
51	−226.86	−20.73
52	−206.13	−20.60
53	−185.53	−19.71
54	−165.82	−18.33
55	−147.49	−16.68
56	−130.81	−14.92
57	−115.89	−13.20
58	−102.69	−11.60
59	−91.09	−10.13
60	−80.96	−8.84
61	−72.12	−7.70
62	−64.42	−6.72
63	−57.7	−5.87
64	−51.83	−5.13
65	−46.7	−4.51
66	−42.19	−3.96

续表

位置/（10m）	Uz_i/mm	ΔUz_i/mm
67	−38.23	−3.50
68	−34.73	−3.10
69	−31.63	−2.75
70	−28.88	−2.45
71	−26.43	−2.19
72	−24.24	−1.90
73	−21.81	−1.71
74	−20.1	−1.55
75	−18.55	−1.40
76	−17.15	−1.28
77	−15.87	−1.15
78	−14.72	−1.05
79	−13.67	−0.96
80	−12.71	−0.88
81	−11.83	−0.80
82	−11.03	−0.74
83	−10.29	−0.68
84	−9.61	−0.63
85	−8.98	−0.58
86	−8.4	−0.54
87	−7.86	−0.50
88	−7.36	−0.46
89	−6.9	−0.43
90	−6.47	−0.39
91	−6.08	−0.38
92	−5.7	−0.34
93	−5.36	−0.33
94	−5.03	−0.30
95	−4.73	−0.28
96	−4.45	−0.27
97	−4.18	−0.25
98	−3.93	−0.23
99	−3.7	−0.22
100	−3.48	−0.21

表 6.3　邯东断裂中间位置上水平位移量及变形量一览表

位置/（10m）	Uz_i/mm	ΔUz_i/mm
1	−169.92	−0.19
2	−169.73	−0.21
3	−169.52	−0.23
4	−169.29	−0.24
5	−169.05	−0.27
6	−168.78	−0.3
7	−168.48	−0.32
8	−168.16	−0.34
9	−167.82	−0.38
10	−167.44	−0.4
11	−167.04	−0.44
12	−166.6	−0.47
13	−166.13	−0.5
14	−165.63	−0.55
15	−164.93	−0.6
16	−164.33	−0.65
17	−163.68	−0.7
18	−162.98	−0.75
19	−162.23	−0.82
20	−161.41	−0.88
21	−160.53	−0.95
22	−159.58	−1.02
23	−158.56	−1.12
24	−157.44	−1.2
25	−156.24	−1.31
26	−154.93	−1.41
27	−153.52	−1.54
28	−151.98	−1.68
29	−150.3	−1.83
30	−148.47	−1.99
31	−146.48	−2.18
32	−144.3	−2.39
33	−141.91	−2.63
34	−139.28	−2.88
35	−136.4	−3.18
36	−133.22	−3.51
37	−129.71	−3.88
38	−125.83	−4.29
39	−121.54	−4.77
40	−116.77	−5.29
41	−111.48	−5.87

续表

位置/（10m）	Uz_i/mm	ΔUz_i/mm
42	−105.61	−6.51
43	−99.1	−7.21
44	−91.89	−7.96
45	−83.93	−8.73
46	−75.2	−9.51
47	−65.69	−10.24
48	−55.45	−10.89
49	−44.56	−11.39
50	−33.17	−11.7
51	−21.47	−11.78
52	−9.69	−11.63
53	1.94	−11.26
54	13.2	−10.71
55	23.91	−10.03
56	33.94	−9.28
57	43.22	−8.5
58	51.72	−7.8
59	61.27	−6.83
60	68.1	−6.15
61	74.25	−5.55
62	79.8	−5
63	84.8	−4.51
64	89.31	−4.06
65	93.37	−3.68
66	97.05	−3.33
67	100.38	−3.01
68	103.39	−2.75
69	106.14	−2.5
70	108.64	−2.28
71	110.92	−2.08
72	113	−1.91
73	114.91	−1.75
74	116.66	−1.61
75	118.27	−1.48
76	119.75	−1.36
77	121.11	−1.26
78	122.37	−1.16
79	123.53	−1.07
80	124.6	−1
81	125.6	−0.92
82	126.52	−0.85

续表

位置/（10m）	Uz_i/mm	ΔUz_i/mm
83	127.37	−0.8
84	128.17	−0.73
85	128.9	−0.69
86	129.59	−0.63
87	130.22	−0.59
88	130.81	−0.55
89	131.36	−0.51
90	131.87	−0.47
91	132.34	−0.44
92	132.78	−0.41
93	133.19	−0.38
94	133.57	−0.35
95	133.92	−0.33
96	134.25	−0.3
97	134.55	−0.28
98	134.83	−0.26
99	135.09	−0.24
100	135.33	−0.21

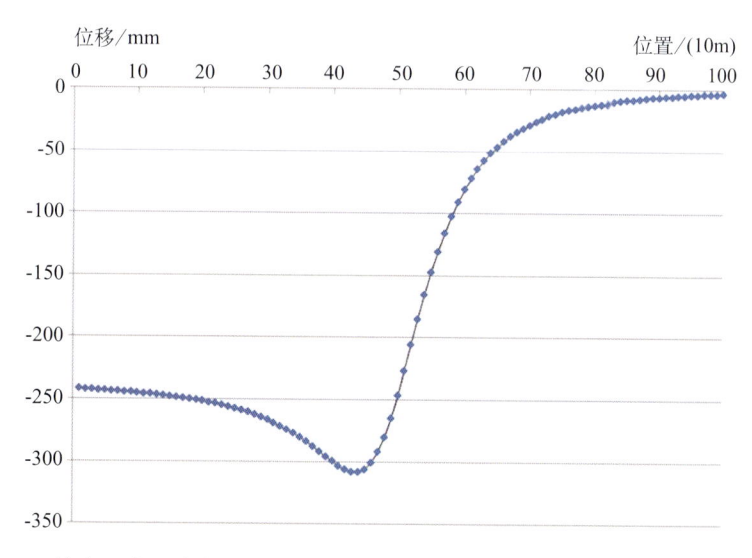

图 6.12　邯东地表垂直断裂走向垂直位移分布图（两侧各 500m、合计 1000m 范围）
图面上方的中间位置为断裂上断点地表垂直投影

图 6.13　邯东断裂中间位置地表垂直总相对变形量分布图

横轴标尺 50 数值处为隐伏断层在地表的投影位置，左侧为断层上盘，右侧为断层下盘

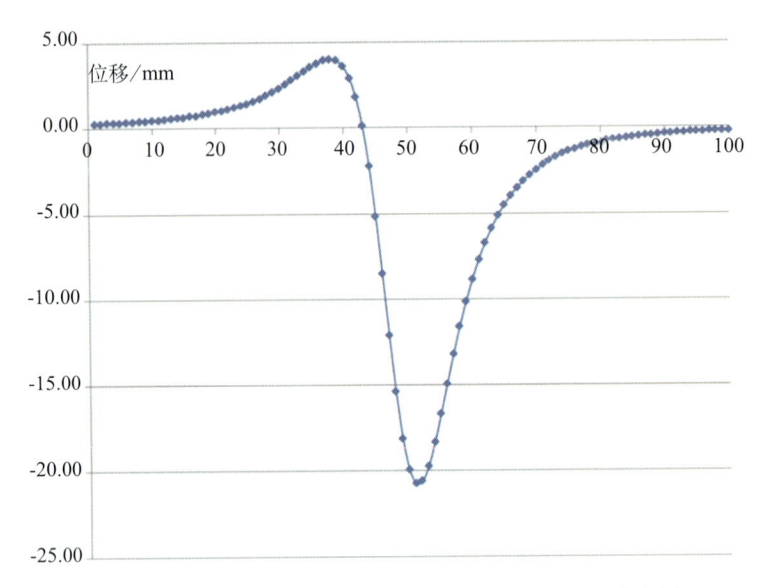

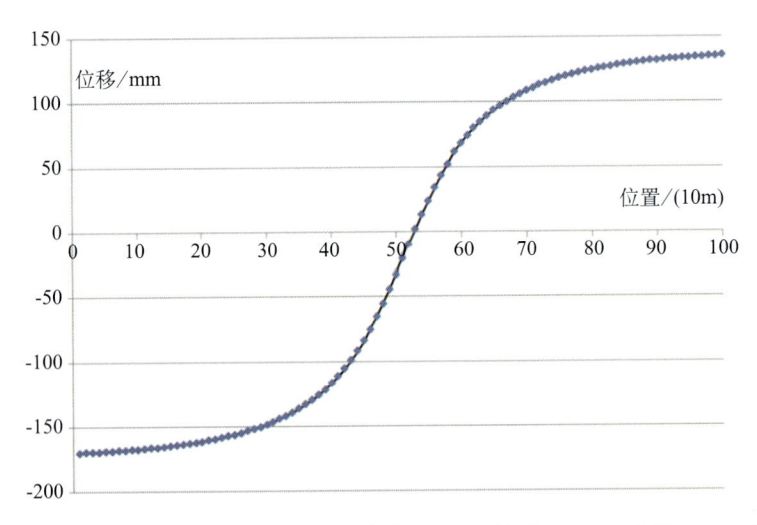

图 6.14　邯东地表垂直断裂走向水平位移分布图（两侧各 500m、合计 1000m 范围）

图面上方的中间位置为断裂上断点地表垂直投影

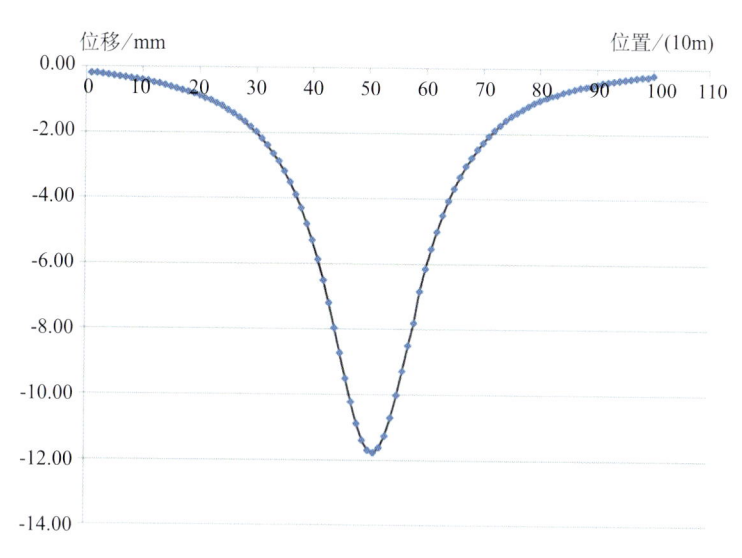

图 6.15 邯东断裂中间位置地表水平总相对变形量分布图
横轴标尺 50 数值处为隐伏断层在地表的投影位置，左侧为断层上盘，右侧为断层下盘

在正倾滑模型中，计算点 51 号（即变形量最大的位置）的变形量绝对值为 20.73mm。在 10m 范围内，最大变形量不超过 3cm。在断层两侧各 50m，即 100m 范围内可能遭遇到的最大变形量为 18.5cm。对于一般的构建筑物而言，该量值处于一个可以承受的挠曲变形范围内，因此，在邯东断裂附近进行工程建设时，可以不考虑该断裂段在未来 6.5 级地震过程中可以引起的永久变形问题，即不存在强变形带问题。

在水平走滑运动模型中，计算点 51 号（即变形量最大的位置）的变形量绝对值为 11.78mm。在 10m 范围内，最大变形量不超过 2cm。在断层两侧各 50m，即 100m 范围内可能遭遇到的最大变形量为 10.9cm。对于一般的构建筑物而言，该量值处于一个可以承受的挠曲变形范围内。同样，在邯东断裂附近进行工程建设时，可以不考虑该断裂段在未来 6.5 级地震过程中可以引起的永久变形问题，即不存在强变形带问题，但是对于对位移量比较敏感的工程，在跨断层时应考虑可能的震时位移。如需要考虑跨断层的抗永久变形设计，可以参考上述两组数据（表 6.2、表 6.3）。

第四节 主 要 结 论

本章针对邯东断裂开展了强变形带预测研究。在收集、分析地震断层面位错分布特征研究成果的基础上，建立了地震构造模型。其中，为了描述邯东断裂运动学参数在倾向上的变化特征，给出了 3 个次级断片的相关参数。在此基础上，采用正倾滑运动与水平走滑运动两种模型进行地表位移场模型计算，获得了有关地表强变形带的预测结果，基本结论归纳如下：

（1）地震断层面位错量分布特征的研究成果表明：地震断层面上的位错量分布在深度

上可以分为3段,中段位错量大、上下段较小。地震构造建模分析结果显示,近地表 f1 断片(深度 0.092~2km、倾角 70°)的正倾滑量为 38cm、f2 断片(深度 2~8km、倾角 40°)的正倾滑量为 57cm、f3 断片(深度 8~13km、倾角 20°)的正倾滑量为 19cm。

(2)充分考虑华北地区近年震源机制规律,对邯东断裂进行了正倾滑运动与水平走滑运动 2 种运动方式的数值模拟。结果表明在 10m 范围内,垂直最大变形量不超过 3cm;在断层两侧各 50m,即 100m 范围内可能遭遇到的最大变形量为 18.5cm。在 10m 范围,水平最大变形量不超过 2cm;在断层两侧各 50m,即 100m 范围内可能遭遇到的最大变形量为 10.9cm。对于一般的构建筑物而言,该量值处于一个可以承受的挠曲变形范围内,因此,在邯东断裂进行工程建设时,可以不考虑该断裂段在未来 6.5 级地震过程中可以引起的永久变形问题,即不存在强变形带问题。

(3)设防建议:在邯东断裂沿线,一般新建、改建和扩建工程,可以不考虑强变形带的影响,但是对于对位移量比较敏感的工程,在跨断层时应考虑可能的震时位移。

第七章　活断层探测数据库与信息系统

21世纪以来，随着计算机网络、信息通信与地理信息系统等技术的日益发展，信息化已成为政府决策、城市科学、高效管理的重要基础，构建一个基于三维可视化技术的城市活断层探测数据信息管理平台成为当前城市活断层探测工作的趋势。在技术方法上则更加强调多学科、多方法的融合，注重3S技术的运用，尤其在三维建模与可视化方面更是研究的热点与难点。

城市活断层探测数据库与信息系统建设是城市活断层探测与地震危险性评价项目的重要成果之一。在"邯郸市邯东断裂综合定位与地震危险性评价"项目实施过程中，收集整理了大量石油地震剖面，获取了遥感影像、地球物理勘探、跨断层钻孔、深部地震构造分析、地震危险性评价及地表强变形带预测等成果数据。为了有效地利用和管理这些数据和资料，建设了直接服务于项目的集成果存储、查询、管理、分析和编辑的数据平台。该平台是一个能够反映邯东断裂几何学、运动学及动力学特征，记载断裂定位、测年和活动性等各种原始探测记录及综合分析结果的信息数据库，可供城市建设规划、土地利用、重大工程选址、建筑抗震设防和震时灾害的快速评估、政府决策、指挥部门应急救灾使用。

第一节　活断层探测数据库建设

一、数据库建设内容

数据库建设内容主要包含基础地理数据库、专题数据库与地图成果。根据活断层数据库建设的技术要求，选用ArcGIS Geodatabase面向对象的地理信息数据库格式建库。该模型是在汲取以往数据模型工作成果的基础上，采用面向对象的思想而提出的一种适用于关系型数据库管理的空间数据模型。在ArcGIS的Geodatabase模型下，每个不同的数据类型用一个数据集（dataset）来组织，每个数据集内含有若干要素类（Feature Classes）和对象类（Object Classes）。对象类是不含空间几何图形的实体类，用一个数据库表（Table）存储。要素类是有空间几何形状的对象类，也以数据库存储，其中的几何图形（空间信息）存储为表中的一个BLOB字段，一个要素即为表中的一个行。Geodatabase是定义地理信息的一般模型。在Geodatabase中，支持面向对象的矢量数据模型，实体被表示为对象，具有属性、行为和关系，数据是按要素类、对象类和要素数据集进行组合的。Geodatabase模型支持各种各样的地理对象类型，这些类型包括：简单对象、地理要素、网络要素、注释要素、特殊要素等。要素类是具有同样几何类型和属性的要素集合，对象类是Geodatabase中存储数据库表，要素数据集是有相同空间参考的要素类的集合。

活断层数据库建设工作贯穿整个项目全过程，从方案设计、勘察探测到室内分析与成果集成，各阶段的数据均要根据规范录入数据库。图 7.1 显示了各阶段工作所需录入数据库的主要内容。

```
┌─────────────────────── 第一阶段 ───────────────────────┐
│  A1_InvestigationRegion                                 │
│  参考文献及规划调查方案                                  │
│                                                         │
│  A2_Geography1        A2_Geography5    A2_Geography25  │
│  1:1万基础地理数据    1:5万基础地理数据  1:25万基础地理数据│
│                                                         │
│  A3_RemoteSensing     A4_GeophysicalField  A5_WorkMapPre│
│  遥感影像             地球物理场资料      地质背景资料   │
│                                                         │
│  A6_Seismic                                             │
│  地震资料目录                                            │
└─────────────────────────────────────────────────────────┘

┌─────────────────────── 第二阶段 ───────────────────────┐
│  B1_GeologicalSurveyMapping  B2_GeomorphySvy  B3_Drill │
│  地质调查野外资料            微地貌测量       钻探资料  │
│                                                         │
│  B4_Sample          B5_GeophysicalSurvey  B6_Geochemical│
│  采样资料           地球物理测量          地球化学      │
│                                                         │
│  B7_Volcano                                             │
│  火山填图                                                │
└─────────────────────────────────────────────────────────┘

┌─────────────────────── 第三阶段 ───────────────────────┐
│  C1_Geology1         C1_Geology5       C1_Geology25    │
│  1:1万地质填图成果   1:5万地质填图成果  1:25万地质填图成果│
│                                                         │
│  C2_Cartography      C2_CartographySub                  │
│  制图辅助            柱状图与剖面图                     │
│                                                         │
│  C3_SeismicRiskAnalysis    C4_SeismicHazard             │
│  地震危险性               地震危害性                    │
└─────────────────────────────────────────────────────────┘
```

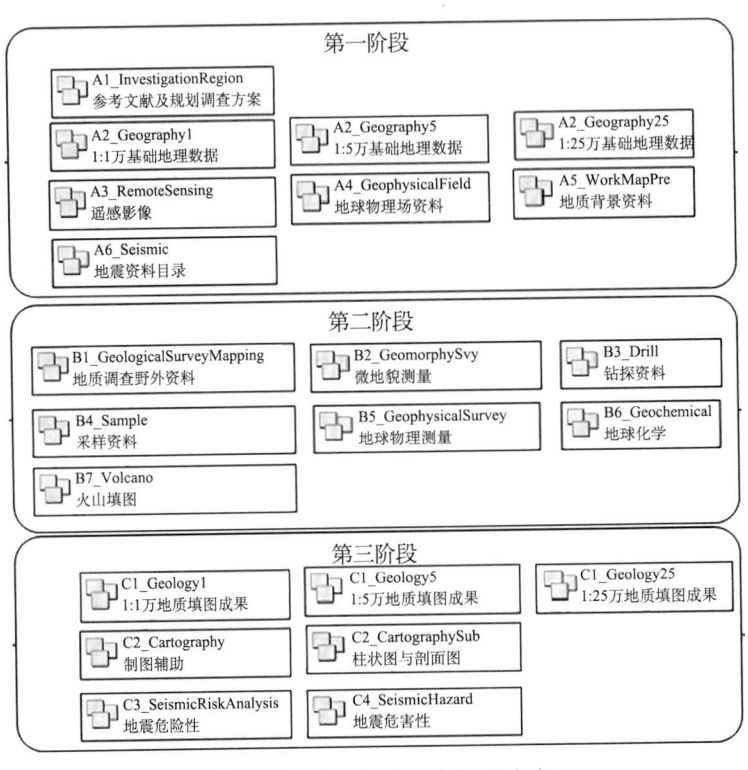

图 7.1　活断层数据库的主要内容

国家地震活断层研究中心给出了各阶段数据库的分类和内容标准，依据这一标准，本研究对涉及六个专题的数据进行了重新分类和整理。各专题的入库数据内容见表 7.1，具体录入的数据集和要素集见图 7.2、表 7.2，建立的活断层专业数据库的内容大类见表 7.3、表 7.4，包括了基础地理数据、编图数据、地质地球物理探测数据、危险性与危害性评价及参考文献等。

表 7.1　各专题入库数据内容

编号	专题名称	数据内容
1	浅层人工地震勘探	测线位置、断点位置、测线时间剖面、测线深度剖面、专题技术报告
2	跨断层钻孔探测与断层活动性评价	钻孔场地位置、钻孔位置点、跨断层钻孔联合剖面、专题技术报告
3	深浅部构造三维综合建模与分析	专题技术报告、收集钻孔数据等

续表

编号	专题名称	数据内容
4	地震危险性评价与地表强变形带预测	专题技术报告
5	1∶1万断层带状图编制及说明书	地层面、第四系等厚线、断层线、专题技术报告
6	邯东断裂数据库与信息系统	1∶5万、1∶1万基础地理地图，含全要素数据、专题技术报告

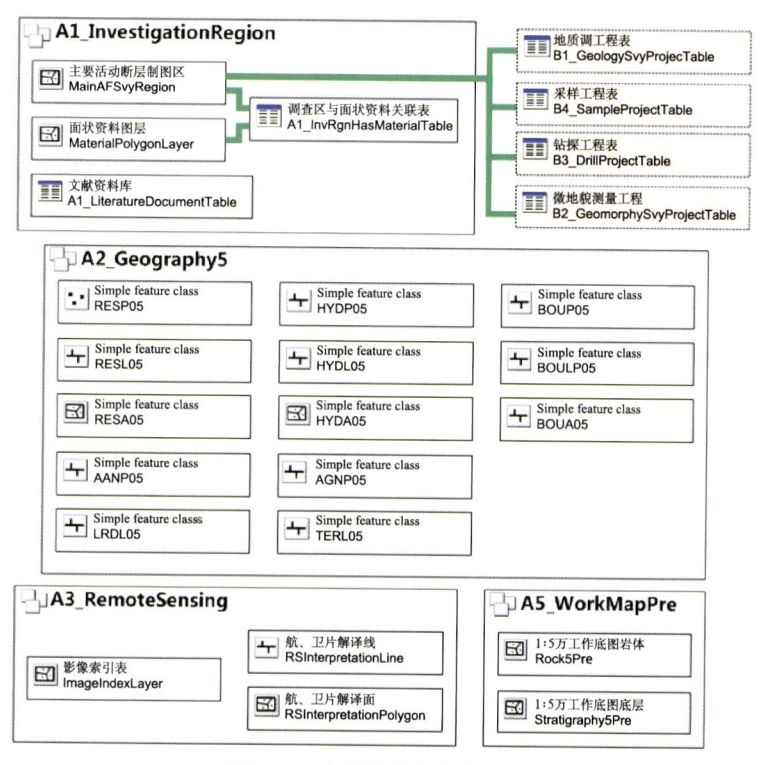

图 7.2　专题数据表内容示例

表 7.2　数据集分类及内容

数据集名	工作阶段	数据内容
A1_InvestigationRegion	准备阶段	参考文献、工作区域等
A2_Geography1	准备阶段	1∶1万基础地理数据
A2_Geography5	准备阶段	1∶5万基础地理数据
A3_RemoteSensing	准备阶段	遥感数据
A4_GeophysicalField	准备阶段	地球物理场
A5_WorkMapPre	准备阶段	制图工作区域、地层线等

续表

数据集名	工作阶段	数据内容
A6_Seismic101	准备阶段	小震重定位
B1_GeologicalSurveyMapping	野外阶段	地质区域调查制图
B2_GeomorphySvy	野外阶段	地形调查
B3_Drill101	野外阶段	收集钻孔、跨断层钻孔、标准孔等
B4_Sample101	野外阶段	采样点
B5_GeophysicalSurvey	野外阶段	浅勘测点、浅勘测线、浅勘断点等
B6_Volcano	野外阶段	火山采样点
B7_Geochemical	野外阶段	地球化学点、地球化学测线等
B8_SeismicRiskAnalysis	野外阶段	危险性评价、避让带等
C1_Geology1	制图阶段	1∶1万地质编图
C1_Geology5	制图阶段	1∶5万地质编图
C2_Cartography	制图阶段	地图制图
C2_CartographySub	制图阶段	地图制图

表 7.3 入库数据集及其主要内容

数据集	要素类	中文含义
A1_InvestigationRegion	WorkRegion	项目工作区
	TargetRegion	项目目标区
A2_Geography1	CPTL、CPTP、HYDA、HYDL、HFCA、HFCL、HFCP、RESA、RESL、RESP、RFCA、RFCL、RFCP、LRDL、LFCL、LFCP、PIPL、PIPP、BOUA、BOUL、TERL、TERP、VEGA、AANP、AGNP	1∶1万基础地理底图，全要素数据集，要素说明参考相关国家标准
A2_Geography5	BRIA、BRIL、BRIP、CPTP、HYDA、HYDL、HYDP、RESA、RESL、RESP、LRDL、LRDP、PIPL、PIPP、BOUA、BOUL、TERL、TERP、VEGA、VEGP、AGNL、AGNP、OTHA、OTHL、OTHP	1∶5万基础地理底图，全要素数据集，要素说明参考相关国家标准
A4_GeophysicalField	AviationMagnetic	航磁异常
	GravityField	布格重力异常
A6_Seismic	ISCatalog	1970年以来地震目录
	RelocationISCatalog	小震重新定位目录

续表

数据集	要素类	中文含义
B3_Drill	CollectedDrillHole	收集钻孔
	DrillFaultPoint	跨断层钻探断点
	DrillHole	钻孔
	DrillProfile	跨断层钻探剖面
B5_GeophysicalSurvey	GeophySvyFaultPoint	地球物理探测断点
	GeophySvyLine	地球物理测线
	GeophySvyPoint	地球物理测点
B8_SeismicRiskAnalysis	FSeismicRiskAnalysis	断层地震危险性分析
	PotentialSourceRegion	潜在震源区分布
C1_Geology5	Fault5	1∶5万断裂
	StraIsoline5	地层等厚线
	Stratigraphy5	1∶5万地层

表 7.4 入库数据表及其主要内容

数据表	中文名	表内容
A1_LiteratureDocumentTable	文献资料库	项目文献资料
B3_DrillProjectTable	钻探工程表	跨断层钻孔探测描述数据
B5_GeophySvyProjectTable	地球物理探测工程表	浅层人工地震勘探描述数据
E_ArchiveImageTable	图像档案表	剖面图像文件索引
E_ArchiveRawDataTable	原始档案表	原始数据文件索引
E_ArchiveReportTable	报告档案表	项目专题技术报告索引
InternalDataTable	内部数据表	剖面、报告、原始数据二进制存储

二、数据库建设流程

国家地震活断层研究中心提供的数据库模版是按照不同专业进行分类存储，分为基础地理、地球化学、地球物理、地震地质调查、地质、地表形变等数据。主要包括断层探测过程所获得的地球物理探测、钻孔勘探、探槽开挖、地震危险性鉴定等方面的内容以及基础地理、地球物理场、地震目录、小震定位及原始探测成果的数据，并对这些数据进行规范化设置。

由于数据库建库规定要求包含专题库和专业库两种存储方式，在标准模板中已经对专业库做了详细的划分，因此首先需要对专题库进行轮廓搭建工作。

（一）专题数据填表

按照国家地震活断层研究中心的数据规范要求和数据模板，首先要进行专题的要素集填表，所填表格为 excel 格式，内容包括数据成果和文档编号等。各类文档资料要按照规范要求进行格式规范化，并按目录进行分类整理。

（二）数据统一编码

按照规范要求对各专题要素集、要素类、要素、表 ID、工程表 ID 及工程记录档案等进行编码，具体编码规则见表 7.5。

表 7.5　数据库编码规则表

编码类型	编码名称	编码规则
图像档案属性ID（20）	钻孔单孔柱状图	130400（邯郸行政区划码）101（城市活动断层探测项目）B3（钻孔）-1（图片）NZ1-1（钻孔号）##（补码）
	岩芯对比图	130400（邯郸行政区划码）101（城市活动断层探测项目）B3（钻孔）-1（图片）-1（岩芯对比图）NZ1（采取岩芯场地号）##（补码）
	钻孔联合剖面图	130400（邯郸行政区划码）101（城市活动断层探测项目）B3（钻孔）-1（图片）-2（联合剖面图）NZ1（联合钻孔剖面场地号）##（补码）
	浅勘深度剖面图	130400（邯郸行政区划码）101（城市活动断层探测项目）B5（浅勘）-1（图片）NZ（探测城市）001（剖面编号）##（补码）
	收集钻孔柱状图	130400（邯郸行政区划码）101（城市活动断层探测项目）B3（钻孔）-1（图片）K01（钻孔号）####（补码）
	5万活动断层分布图	130400（邯郸行政区划码）101（城市活动断层探测项目）C5（五万编图）-1（图片）NZ（探测城市）001（地图编码）##（补码）
	25万活动断层分布图	130400（邯郸行政区划码）101（城市活动断层探测项目）C25（25万编图）-1（图片）NZ（探测城市）001（地图编码）#（补码）
原始数据属性ID（20）	钻孔单孔柱状图	130400（邯郸行政区划码）101（城市活动断层探测项目）B3（钻孔）-2（原始数据）NZ1-1（钻孔号）##（补码）
	岩芯对比图	130400（邯郸行政区划码）101（城市活动断层探测项目）B3（钻孔）-2（原始数据）-1（岩芯对比图）NZ1（采取岩芯场地号）##（补码）
	钻孔联合剖面图	130400（邯郸行政区划码）101（城市活动断层探测项目）B3（钻孔）-2（原始数据）-2（联合剖面图）NZ1（联合钻孔剖面场地号）##（补码）
	浅勘深度剖面图	130400（邯郸行政区划码）101（城市活动断层探测项目）B5（浅勘）-1（图片）NZ（探测城市）001（剖面编号）##（补码）

续表

编码类型	编码名称	编码规则
原始数据属性ID（20）	浅勘综合解释剖面	130400（邯郸行政区划码）101（城市活动断层探测项目）B5（浅勘）-2（原始数据）NZ（探测城市）-2（浅勘综合解释剖面图）001（剖面编号）
	5万活动断层分布图	130400（邯郸行政区划码）101（城市活动断层探测项目）C5（五万编图）-2（原始数据）NZ（探测城市）001（地图编码）##（补码）
	25万区域地震构造图	130400（邯郸行政区划码）101（城市活动断层探测项目）C25（五万编图）-2（原始数据）NZ（探测城市）001（地图编码）#（补码）
要素类属性ID	钻孔测点	130400（邯郸行政区划码）101（城市活动断层探测项目）B3（钻孔）NZ1-1（钻孔编号）#（补码）
	钻孔测线（跨断层钻探剖面）	130400（邯郸行政区划码）101（城市活动断层探测项目）B3（钻孔）NZ1（测线场地号）###（补码）
	地球物理测点（浅勘测点）	130400（邯郸行政区划码）101（城市活动断层探测项目）B5（浅勘）TF-BL（测线代码，若无四位用#补齐）01（测点编号）
	地球物理测线（浅勘测线）	130400（邯郸行政区划码）101（城市活动断层探测项目）B5（浅勘）TF-BL（测线代码，若无四位用#补齐）##（补码）
	地球物理探测断点（浅勘断点）	130400（邯郸行政区划码）101（城市活动断层探测项目）B5（浅勘）F1-1（断点编码）##（补码）
	收集钻孔测点	130400（邯郸行政区划码）101（城市活动断层探测项目）B3（钻孔）K01（收集钻孔编号，若无三位用#补齐）###（补码）
	小震重定位	130400（邯郸行政区划码）101（城市活动断层探测项目）700421（发震时间）01（地震编号，用于区分一天之中有多次地震）
	5万断裂	130400（邯郸行政区划码）101（城市活动断层探测项目）C5（五万编图）F1（断裂编码）####（补码）
要素类属性ID	5万地层面	130400（邯郸行政区划码）101（城市活动断层探测项目）C5（五万编图）3332（地层年代）01（地层面编码）
	5万第四系等厚线	130400（邯郸行政区划码）101（城市活动断层探测项目）C5（五万编图）DHX（地层等厚线）001（地层线编码）
	25万断裂	130400（邯郸行政区划码）101（城市活动断层探测项目）C25（25万编图）F01（断裂编码）##（补码）
	25万地层面	130400（邯郸行政区划码）101（城市活动断层探测项目）C25（25万编图）Qh（地层年代，如不足两位，使用#补齐）001（地层面编码）
	25万第四系厚线	130400（邯郸行政区划码）101（城市活动断层探测项目）C25（五万编图）DDX（地层线）01（地层线编码）

（三）专题数据入库

将各专题的数据表入库，若表属性为"点、线、面"，先利用 ArcGIS 软件生成 shape 文件之后入库，若为属性表，则直接入库。入库采用国家地震活断层研究中心提供的入库软件（图 7.3）。

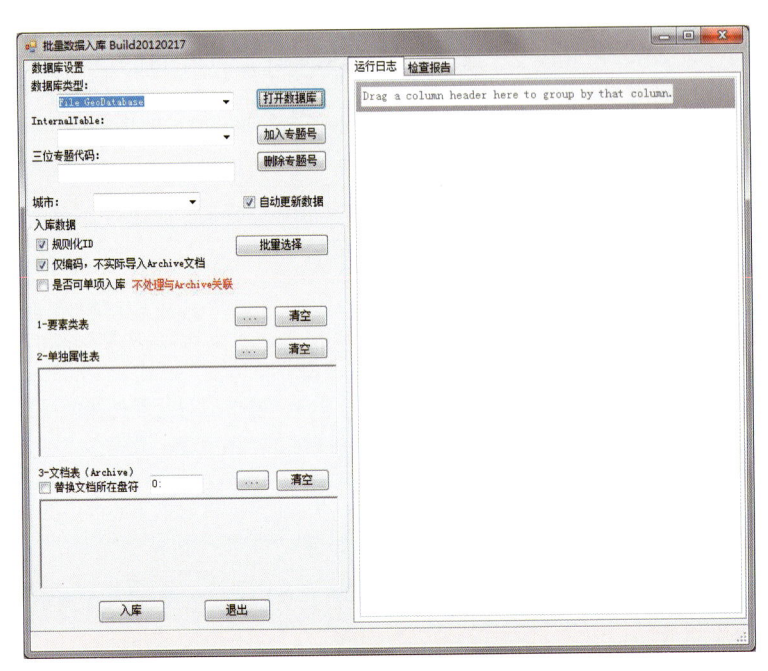

图 7.3 数据入库程序界面

三、数据库建设主要成果

通过对基础数据的加工处理，最终得到基础底图数据、地质探测数据集、地球物理勘探数据集、地质学数据集等。

（一）基础地理数据库

基础底图数据为 1∶10000 比例尺、1∶50000 比例尺地质辅助制图数据集，图层主要有村、乡镇、居民点、高速公路、国道、省道、乡道、村道、铁路、绿地、水系、水域、工作区。

（二）地质探测数据

专业库 GeologicalSurveyMapping 为地质调查数据集，该集主要包括活断层（ActiveFault）、跨断层钻探断点（DrillFaultPoint）、钻孔（DrillHole）、跨断层钻探剖面（DrillProfile）、断点表（GeoGeomorphySvyPoint）等要素类。

（三）地球物理探测数据集

专业库 B5_GeophysicalSurvey 为地球物理探测数据集，该集包括地球物理探测断点（GeophySvyFaultPoint）、地球物理测线（GeophySvyLine）、地球物理测点（GeophySvyPoint）、

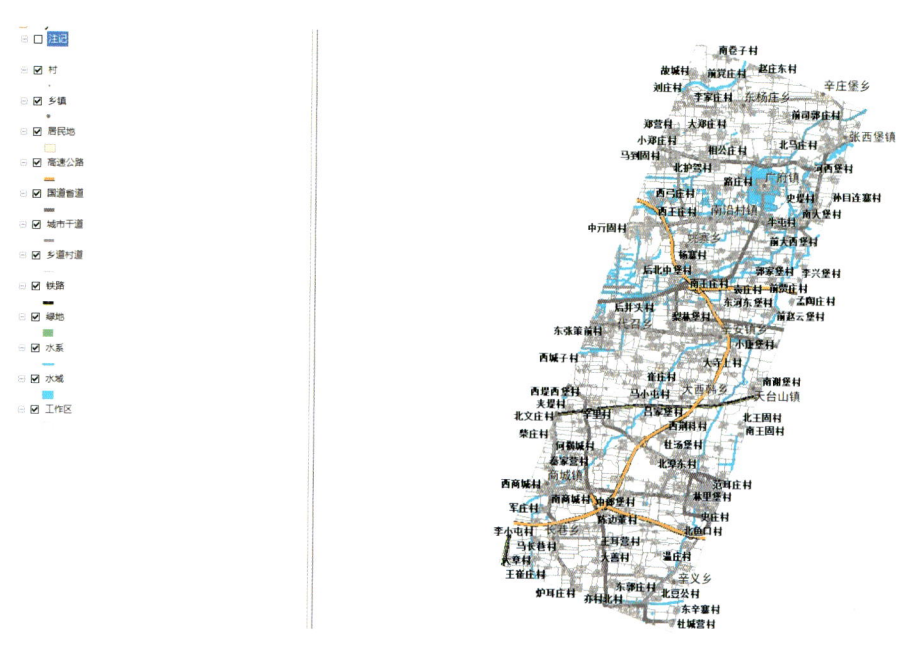

图 7.4　1∶50000 地形图

浅层地震测线拐点（GeophySvyLnHasGeophySvyPt）。

（四）地质学数据集

专业库 C1_Geology 为地质学数据集该库主要 1∶10000 数字地形数据，该集包括盆地（Basin）、断层（Fault）、断层产状（FaultAttitude）、地层（Stratigrahy）等要素类。

第二节　信息管理与查询系统

一、系统总体框架

（一）系统概述

本研究在活断层探测数据库建库与数据管理方面采用国家地震活断层研究中心的数据库标准，用户可基于国家标准的技术平台进行数据管理和查询。考虑到国家标准的技术平台在图件与探测成果展示方面，尤其是三维展示方面不能满足本研究的要求，根据邯郸市防震减灾工作的具体需要，为了充分展示探测成果并便于用户对项目成果的使用，在国家地震活断层研究中心数据库技术系统基础上开发了邯东断裂探测成果的展示与查询系统。

系统实现了各类成果图件展示与信息查询，包括图件制作与显示、查询漫游、成果信息查询，以及探测剖面等成果的交互式查询显示。系统主界面提供成果图件列表，点击可显示相应的成果图件，包括目标区活断层分布图、地震危险性评价图、地表强变形带预测图、浅勘测线及钻探场地分布图等。可基于地理信息平台提供常规的缩放、漫游和信息查询功能，实现对地图的浏览、查询。点击相应的探测成果要素，如浅勘测线、探测钻孔等，可显示相应的成果剖面。

系统开发选取.NET4.5框架进行开发，开发语言为 C#，开发环境为 VS2013，地图引擎为 ArcGIS Engine 10.7。

主要功能包括：

（1）展示和查询各类成果图件（区域地震构造图、目标区活断层分布图、浅勘测线和钻探场地分布图等）的功能。

（2）展示和查询三维地下（浅层和深层）构造图像的功能。

（3）各类建筑物和目标建设用地距活动断层的距离查询功能。

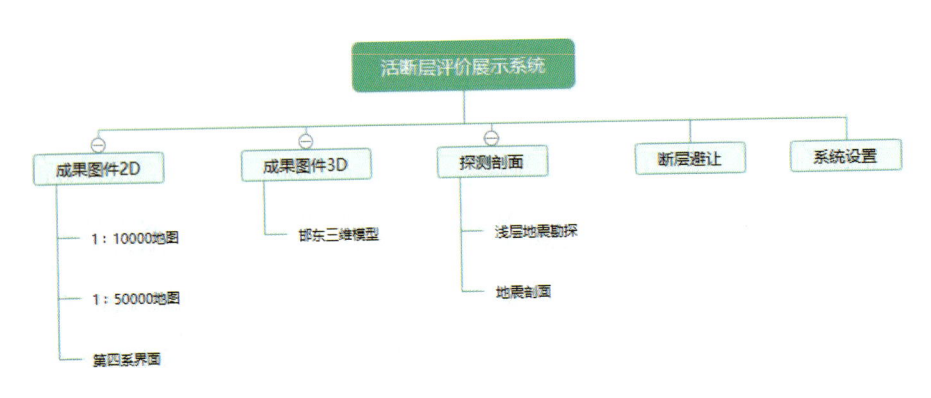

图 7.5 系统功能

（二）总体界面

界面是软件与用户交互最直接的层，界面的好坏决定用户对软件的第一印象。通过合理的功能划分，统一各功能的操作可减少用户的学习成本。软件总体界面分为四部分，分别为菜单区、功能操作区、地图显示区与地图工具区。

1. 功能区

可通过点击操作切换不同的功能。

2. 操作区

切换不同的功能后，根据左侧功能区可进行地图切换、剖面查看、查询与导出等功能。

3. 地图显示区

用于显示地图与三维信息，同时也负责接收用户点击选取经纬度的功能。

4. 地图操作区

二维状态下，提供全图、定位、平移、刷新、放大缩小与查找功能，三维状态除提供以上功能外还提供飞行与漫游等操作。

图 7.6　系统总体界面

二、成果图件展示

本功能模块包括图件制作与显示、漫游、成果信息查询等。系统主界面提供成果图件列表，主要图件包括1∶10000、1∶50000地理地图、第四纪地层界面与1∶10000断层廊带图（图7.7至图7.9）。提供了基于地理信息平台的常规缩放、漫游和信息查询功能，实现对地图的浏览、查询、切换与打印输出。点击可显示相应的成果图件，包括目标区活动断层分布图、地震危险性评价图、地表强变形带评价图、浅勘测线及钻探场地分布图。

工具栏功能如下：

（1）点击可实现全图效果；
（2）点击会弹出经纬度输入框，输入后可跳转到指定的经纬度；
（3）地图浏览工具，选中后地图可用鼠标拖动与鼠标滚轮放大缩小地图；
（4）刷新地图；
（5）点击后鼠标状态切换为放大模式，点击地图时以地图为中心放大地图；
（6）点击后鼠标状态切换为缩小模式，点击地图时以地图为中心缩小地图；
（7）选中后可通过点击地图上的要素查询出相关的字段以及位置信息；
（8）点击后会弹出一个用于输入字段值的输入框，通过输入关键字可查询出包含此关键字的数据。

图 7.7　成果图件 1∶10000 地理底图

图 7.8　成果图件 1∶50000 地理底图

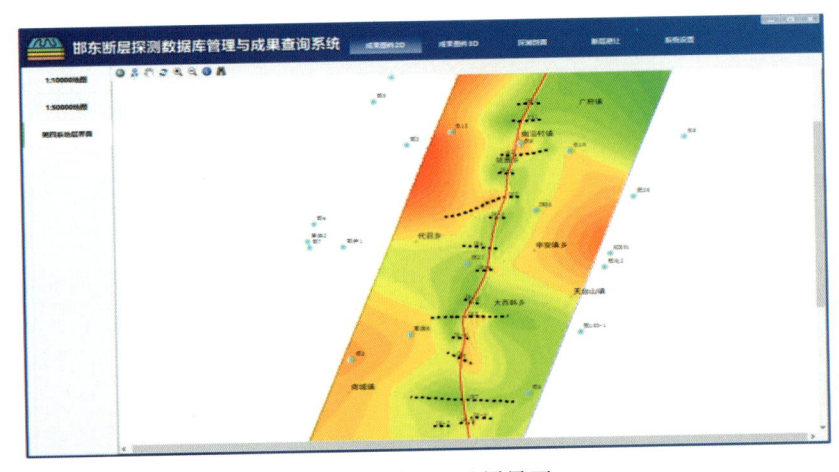

图 7.9　第四纪地层界面

三、勘探剖面查询

为解决邯东断裂探测剖面的查询问题，提供了快速查询模块（图7.10）。本模块实现了对探测相关的浅层地震勘探剖面、钻孔联合剖面、钻孔柱状图和地图互查，支持点击列表查询或基于剖面的空间位置查询。浅勘剖面的展示包括时间剖面和深度剖面，可同步缩放。钻孔探测剖面显示的是每个场地的钻孔联合剖面。显示剖面的同时，地图界面可显示剖面所在位置，便于空间分析和比较（图7.11至图7.13）。

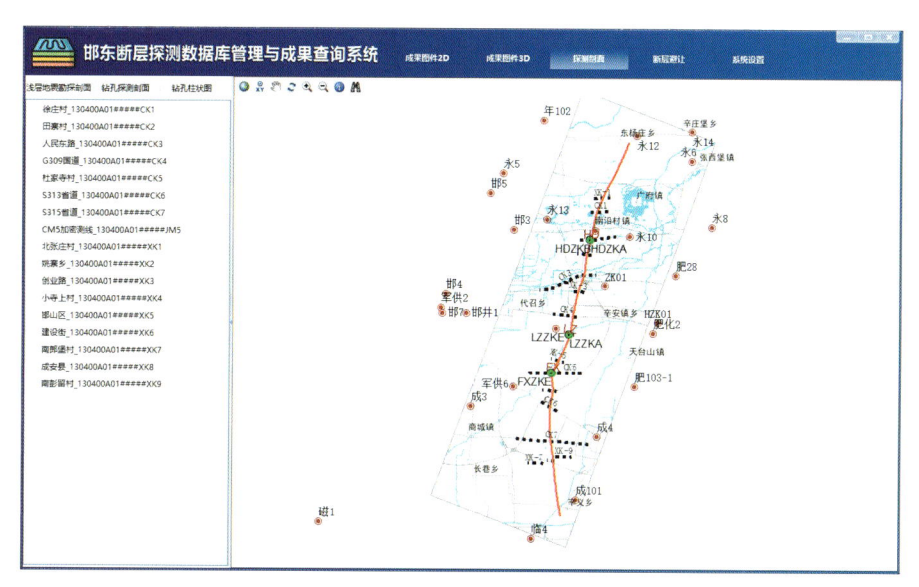

图7.10 浅层地震勘探剖面图

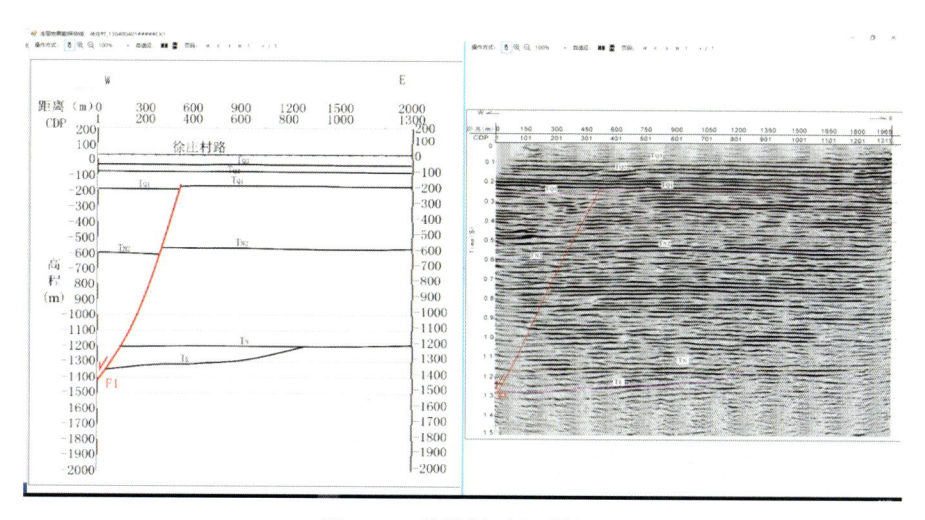

图7.11 浅勘剖面查看界面

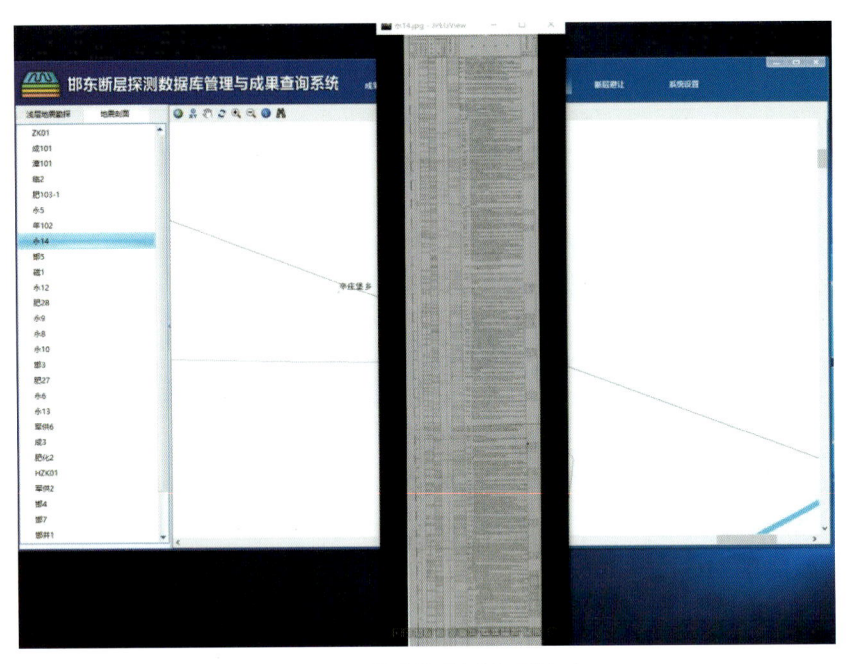

图 7.12　钻孔柱状图查看界面

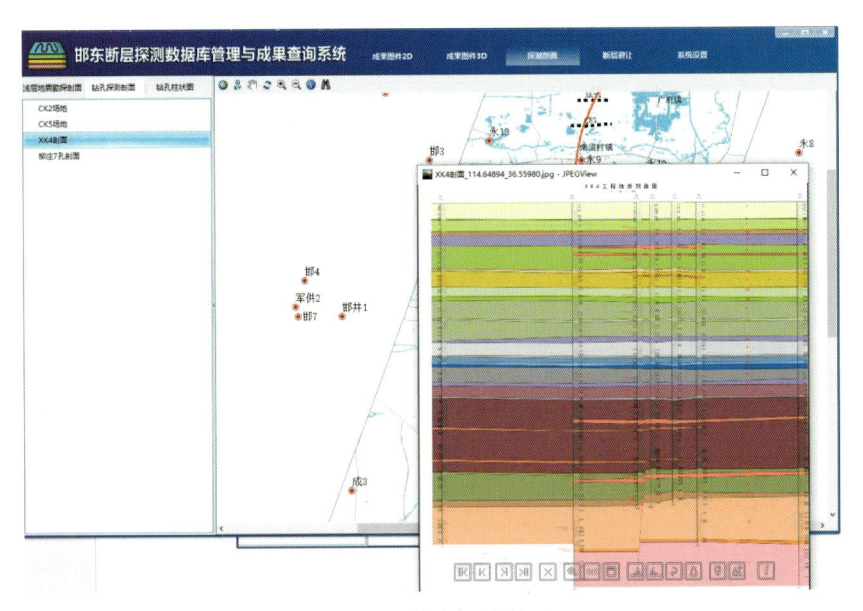

图 7.13　钻孔探测剖面

界面左侧可选择浅层地震勘探剖面、钻孔联合剖面和钻孔柱状图，右侧为空间地图显示。当选择浅层地震勘探剖面时，点击左侧列表可将地图定位到目标位置并显示相关的时间与深度剖面；当选择的为钻孔联合剖面时，点击左侧列表可显示跨断层钻孔探测图；当选择钻孔柱状图时，点击左侧列表可显示钻孔柱状图。

四、三维构造模型显示

本模块实现了二维分析结果的三维建模和集成，提供了构造建模分析成果的三维展示与查询功能，能够在三维环境下查询活断层探测成果信息。系统主界面提供三维模型列表，点击可显示相应的三维建模成果，可基于地理信息平台提供三维环境下的缩放、漫游和信息查询功能，实现三维环境下的基础信息、探测成果和三维模型的信息查询（图7.14）。右侧地图支持基本的地图浏览与要素点击功能。工具栏功能如下：

（1）扩大视野；
（2）点击后鼠标状态切换为放大模式，点击地图时以地图为中心放大地图；
（3）点击后，可通过鼠标左键拖动的方式放大或缩小地图；
（4）点击后鼠标状态切换为缩小模式，点击地图时以地图为中心缩小地图；
（5）点击后进入飞行模式，屏幕会跟随鼠标位置移动；
（6）点击恢复全图；
（7）点击后可使用鼠标拖动地图；
（8）点击后可使用鼠标左键进行旋转，右击放大缩小。

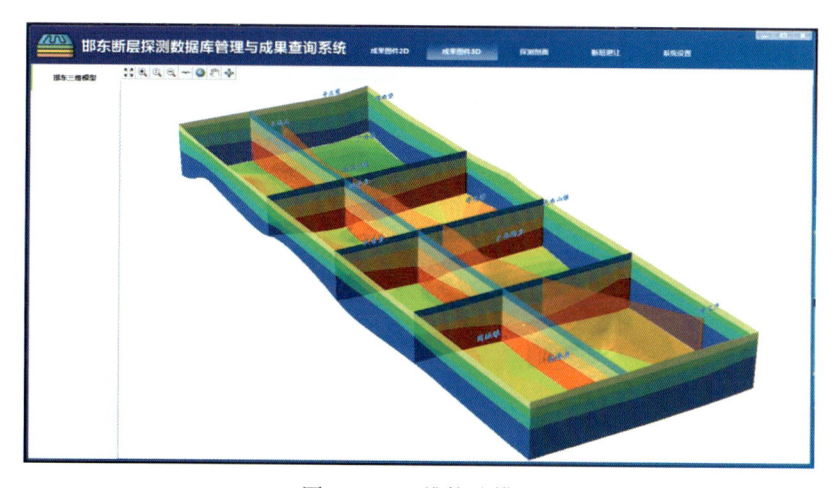

图7.14 三维构造模型

五、断层距离查询

本模块提供了输入坐标点查询与断层距离的功能，实现了根据坐标点或文件定位邯东断裂距离的功能。为方便在日常管理中易于应用，提供了基于单点和数据文件输入（目前支持shp与csv格式数据）等方式的查询功能，便于快捷地查询中小学或工程建设场地（以经纬度坐标点输入）距探测活动断层的距离（图7.15、图7.16），为工程建设规划提供参考。

（一）单点查询

（1）在经纬度输入框中输入经纬度信息或点击【点选】按钮后点击地图上的位置，经纬度会自动填充到输入框；

（2）点击查询按钮即可显示结果。

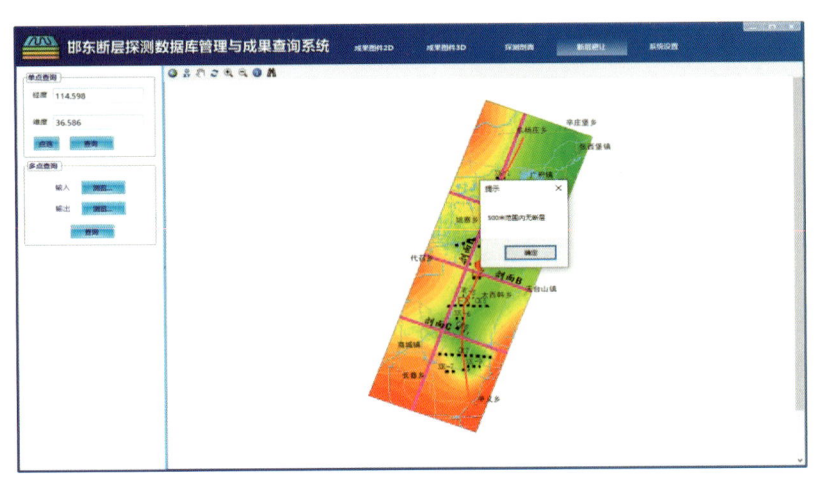

图7.15　单点距离查询

（二）批量查询/多点查询

（1）点击浏览输入文件后选择一个shp或csv输入（注：仅支持shp点数据，csv数据表头依次为id、x、y）；

（2）选择保存位置，如不选择保存位置则默认使用【Result_源文件.csv】进行保存。

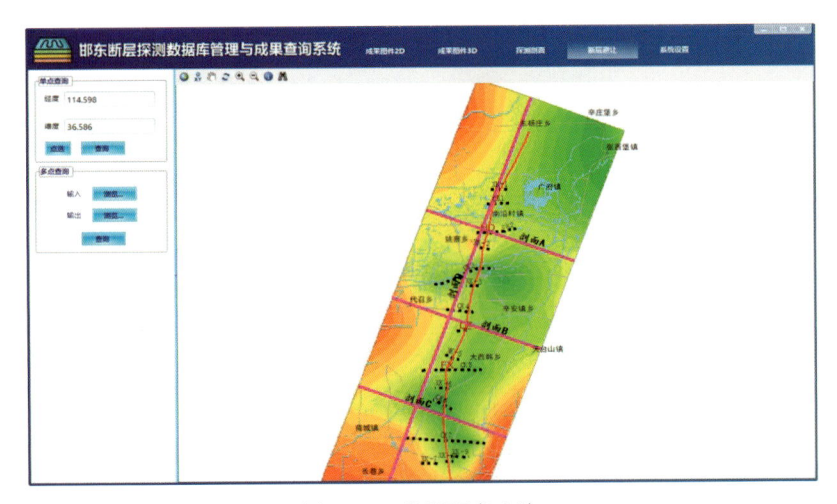

图7.16　批量距离查询

参 考 文 献

边庆凯，2000. 华北地区中强地震活动周期的一些特征 [J]. 山西地震，01：27~30.

柴炽章，孟广魁，杜鹏，等，2006. 隐伏活动断层的多层次综合探测——以银川隐伏活动断层为例 [J]. 地震地质，04：536~546.

陈发景，2003. 调节带（或传递带）的基本概念和分类 [J]. 现代地质，17（2）：186.

陈发景，赵海玲，陈给年，等，1996. 中国东部中新生代伸展盆地构造特征及地球动力学背景 [J]. 地球科学，21（4）：357~365.

陈国光，徐杰，马宗晋，等，2004. 渤海盆地现代构造应力场与强震活动 [J]. 地震学报，26（4）：396~403.

陈国星，田勤俭，任利生，1997. 1830 年磁县 7½ 级地震发震构造及强震复发间隔研究 [J]. 地震，17（S）：19~26.

陈国星，郑传贝，任利生，1994. 京西黄庄—高丽营断层西段晚更新世末的一次粘滑性活动 [J]. 地震，3：23~28.

陈连旺，陆远忠，刘杰，等，2001. 1966 年邢台地震引起的华北地区应力场动态演化过程的三维粘弹性模拟 [J]. 地震学报，05：480~491.

陈文寄，李大明，戴橒，等，1992. 大同第四纪玄武岩的 K-Ar 年龄及过剩氩//中国新生代火山岩年代学与地球化学 [M]. 北京：地震出版社，81~92.

陈宇坤，赵国敏，闫成国，等，2013. 天津市活动断层探测与地震危险性评价 [M]. 北京：科学出版社，1~308.

成尔林，1981. 四川及其邻区现代构造应力场和现代构造运动特征 [J]. 地震学报，03：231~241.

楚全芝，汪良谋，1994. 华北地区构造应力场、断层滑动速率与强震的关系 [J]. 华北地震科学，01：9~20.

邓起东，2002. 城市活动断裂探测和地震危险性评价问题 [J]. 地震地质，24（4）：601~605.

邓起东，范福田，1980. 华北断块新生代现代地质构造特征 [M]//华北断块区的形成与发展. 北京：科学出版社，190~205.

邓起东，徐锡伟，张先康，等，2003. 城市活动断裂探测的方法和技术 [J]. 地学前缘，01：93~104.

邓起东，于贵华，叶文华，1992. 地震地表破裂参数与震级关系的研究//活动断裂研究（2）[M]. 北京：地震出版社，247~264.

刁桂苓，王兆军，1999. 用现今小地震研究历史强震的震源断层——以 1830 年河北磁县 7½ 级地震 [J]. 地震地质，21（2）：121~126.

丁国瑜，1992. 有关活断层分段的一些问题 [J]. 中国地震，8（2）：1~10.

丁国瑜，卢演俦，1983. 华北地块新构造变形基本特征的讨论 [J]. 华北地震科学，1（2）：1~9.

董瑞树，冉洪流，高铮，1993. 中国大陆地震震级和地震活动断层长度的关系讨论 [J]. 地震地质，04：395~400.

杜春涛，孟宪棵，业成之，等，1982. 唐山大震前后地壳形变与断裂活动特征 [J]. 地壳形变与地震，03：52~58.

房立华，吴建平，苏金蓉，等，2018. 四川九寨沟 M_S7.0 地震主震及其余震序列精定位 [J]. 科学通报，63（07）：649~662.

房立华，吴建平，王未来，等，2013. 四川芦山 M_S7.0 级地震及其余震序列重定位 [J]. 科学通报，58（20）：1901~1909.

房立华, 吴建平, 张天中, 等, 2011. 2011 年云南盈江 M_S5.8 地震及其余震序列重定位 [J]. 地震学报, 33（02）: 262~267.

傅征祥, 刘桂萍, 陈棋福, 2001. 青藏高原北缘海原、古浪、昌马大地震间相互作用的动力学分析 [J]. 地震地质, 01: 35~42.

高孟潭, 2015. GB 18306—2015 中国地震动参数区划图宣贯教材 [M]. 北京: 地震出版社, 1~264.

高旭, 马宗晋, 1982. 近期华北地区的三次震情事件 [J]. 地震, 01: 15~18.

高战武, 吴昊, 李光涛, 等, 2014. 太行山山前断裂带中北段第四纪活动性研究 [J]. 震灾防御技术, 9（02）: 159~170.

顾方琦, 1985. 华北地震区第三、第四活动期 $M \geq 6\frac{3}{4}$ 级地震时、空分布对比分析 [J]. 地震学刊, 04: 24-29+78.

顾方琦, 张春芝, 黎捷, 1995. 大华北地区地震活动的周期性时空演化特征 [J]. 中国地震, 04: 341~350.

国家地震局《一九七六年唐山地震》编辑组, 1982. 一九七六年唐山地震 [M]. 北京: 地震出版社.

国家地震局地球物理研究所, 1986. 一九六六年邢台地震实录 [M]. 福州: 福建科学技术出版社.

国家地震局地学断面编委会, 1992. 上海奉贤至内蒙古阿拉善左旗地学断面说明书 [M]. 北京: 地震出版社.

国家地震局震害防御司, 1995. 中国历史强震目录 [M]. 北京: 地震出版社.

国家地震局震害防御司, 1999. 中国近代地震目录（公元1912年—1990年 $M_S \geq 4.7$）[M]. 北京: 中国科学技术出版社.

虢顺民, 李志义, 程绍平, 等, 1977. 唐山地震区域构造背景和发震模式的讨论 [J]. 地质科学, 04: 305~321.

韩竹军, 董绍鹏, 谢富仁, 等, 2008. 南北地震带北部 5 次（1561~1920 年）$M \geq 7$ 级地震触发关系研究 [J]. 地球物理学报, 51（6）: 1776~1784.

韩竹军, 冉勇康, 徐锡伟, 2002. 隐伏活断层未来地表破裂带宽度与位错量初步研究 [J]. 地震地质, 04: 484~494.

韩竹军, 徐杰, 冉勇康, 等, 2003. 华北地区活动地块与强震活动 [J]. 中国科学（D 辑）, 33（增）: 108~118.

河北省地震局, 1986. 一九六六年邢台地震 [M]. 北京: 地震出版社.

河北省地质矿产局, 1989. 河北省　北京市　天津市区域地质志 [M]. 北京: 地震出版社.

侯立臣, 1986. 邢台地震是我国地震事业发展的里程碑——纪念邢台地震二十周年 [J]. 华北地震科学, 02: 5~10.

环文林, 时振梁, 1993. 中国大陆内部走滑型发震断层的长度与震级的关系//中国地震区划文集 [M]. 北京: 地震出版社, 42~48.

环文林, 汪素云, 宋昭仪, 1994. 中国大陆内部走滑型发震构造的构造应力场特征 [J]. 地震学报, 04: 455~462.

环文林, 张晓东, 宋昭仪, 1995. 中国大陆内部走滑型发震构造的构造变形场特征 [J]. 地震学报, 02: 139~147.

黄金莉, 赵大鹏, 2005. 首都圈地区地壳三维 P 波速度细结构与强震孕育的深部构造环境 [J]. 科学通报, 50（4）: 348~355.

黄玮琼, 时振梁, 曹学锋, 1989. b 值统计中的影响因素及危险性分析中 b 值的选取 [J]. 地震学报, 04: 351-361.

黄媛, 杨建思, 张天中, 2006. 2003 年新疆巴楚-伽师地震序列的双差法重新定位研究 [J]. 地球物理学报，01：162~169.
嘉世旭，张先康，2005. 华北不同构造块体地壳结构及其对比研究［J］. 地球物理学报，03：611~620.
江娃利，肖振敏，王焕贞，等，2001. 内蒙古大青山山前活动断裂带的地震破裂分段特征［J］. 地震地质，01：24~34.
江娃利，张英礼，1996. 河北磁县北西西向南山村—岔口活动断层带活动特征与1830年磁县地震［J］. 地震地质，18（4）：349~357.
江娃利，张英礼，1997. 华北平原周边北西向强震地表地震断层及全新世断层活动特征［J］. 中国地震，13（3）：263~270.
江娃利，张英礼，侯智华，1994. 河北磁县西部山区最新地表破裂带的发现与1830年磁县7.5级地震的关系［J］. 中国地震，10（4）：357~362.
蒋铭，马宗晋，1985. 华北第三、四地震活跃期的对比［J］. 地震，06：5~11.
阚荣举，张四昌，晏凤桐，1977. 我国西南地区现代构造应力场与现代构造活动特征的探讨［J］. 地球物理学报，20（2）：96~109.
雷启云，柴炽章，孟广魁，等，2008. 银川隐伏断层钻孔联合剖面探测［J］. 地震地质，01：250~263.
雷世和，胡胜军，赵占元，1994. 河北阜平、赞皇变质核杂岩构造及成因模式［J］. 河北地质学院学报，17（1）：54~64.
李钦祖，1980. 华北地壳应力场的基本特征［J］. 地球物理学报，23（4）：376~388.
林向东，袁怀玉，徐平，等，2017. 华北地区地震震源机制分区特征［J］. 地球物理学报，60（12）：4589~4622.
刘德来，王伟，马莉，1994. 伸展盆地转换带分析——以松辽盆地北部为例［J］. 地质科技情报，13（2）：613~619.
刘德林，1988. 1830年河北磁县7.5级地震的若干问题［J］. 山西地震，（1）：18~22.
刘福田，1984. 震源位置和速度结构的联合反演（Ⅰ）——理论和方法［J］. 地球物理学报，27（2）：167~175.
刘国栋，1985. 华北平原新生代裂谷系及深部过程［M］//现代地壳运动研究. 北京：地震出版社，32~39.
刘和甫，梁慧社，李晓清，等，2007. 中国东部中新生代裂陷盆地与伸展山岭耦合机制［J］. 地学前缘，7（4）：477~486.
刘红艳，陈宇坤，闫成国，等，2013. 天津近海海域隐伏断裂地震危险性评价［J］. 震灾防御技术，8（02）：146~155.
刘剑平，汪新伟，汪新文，2004. 临清坳陷变换构造研究［J］. 地质科技情报，23（4）：51~54.
刘俊昌，李金铭，马为，等，2007. 大地电磁测深（MT）在构造研究中的应用［C］//第8届中国国际地球电磁学讨论会论文集：413~417.
龙锋，闻学泽，徐锡伟，2006. 华北地区地震活断层的震级—破裂长度、破裂面积的经验关系［J］. 地震地质，28（4）：511~535.
龙汉春，1988. 试论华北地区地壳拉张、挤压与裂谷、推覆构造的成因联系［J］. 地质论评，3：105~113.
罗灼礼，闻学泽，罗伟，1995. 中国大陆原地复发强震的基本特征及其预测［J］. 地震，01：1~11.
吕悦军，唐荣余，刘育丰，等，2003. 渤海PL19-3油田设计地震动参数研究. 防灾减灾工程学报，23（4）：26~32.
马杏垣，刘昌铨，刘国栋，1991. 江苏响水至内蒙古满都拉地学断面［J］. 地质学报，3：199~215.
马杏垣，刘和甫，王维襄，等，1983. 中国东部中、新生代裂陷作用和伸展构造［J］. 地质学报，57

(1): 22~32.
马杏垣, 索书田, 1984. 论滑覆及岩石圈内多层次滑脱构造[J]. 地质学报, 58 (3): 205~213.
马杏垣, 吴正文, 谭应佳, 等, 1979. 华北地台基底构造[J]. 地质学报, 53 (4): 293~304.
马宗晋, 1980. 华北地壳的多应力集中点场与地震[J]. 地震地质, 2 (1): 39~47.
马宗晋, 1982. 1966~1976年中国九大地震[M]. 北京: 地震出版社.
梅世蓉, 1995. 唐山地震序列的复杂性与成因[J]. 地震, S1: 31~39.
梅世蓉, 梁北援, 1989. 唐山地震孕震过程的数值模拟[J]. 中国地震, 03: 11~19.
梅世蓉, 宋治平, 薛艳, 1996. 中国巨大地震前地震活动环形分布图象与规律[J]. 地震学报, 04: 2~8.
闵伟, 张培震, 邓起东, 等, 2001. 海原活动断裂带破裂行为特征研究[J]. 地质论评, 01: 75~81.
牛树银, 1994. 太行山阜平、赞皇隆起是中新生代变质核杂岩[J]. 地质科技情报, 13 (2): 15~16.
牛树银, 董国润, 1995. 太行山中北段褶皱构造序列[J]. 地质论评, 41 (4): 301~310.
曲国胜, 张华, 叶洪, 1993. 黄骅坳陷井壁崩落法地应力测量[J]. 华北地震科学, 11 (3): 9~18.
全国地层委员会, 2001. 中国地层指南及中国地层指南说明书[M]. 北京: 科学出版社.
邵永新, 李振海, 陈宇坤, 等, 2010. 天津断裂第四纪活动性研究[J]. 地震地质, 32 (01): 80~89.
沈正康, 王敏, 甘卫军, 等, 2003. 中国大陆现今构造应变率场及其动力学成因研究[J]. 地学前缘, 10 (增刊): 93~100.
时秀朋, 李理, 2007. 鲁西隆起晚中生代以来伸展构造物理模拟[J]. 新疆石油地质, 28 (4): 490~493.
时振梁, 环文林, 曹新玲, 等, 1974. 中国地震活动的某些特征[J]. 地球物理学报, 01: 1~13.
宋键, 唐方头, 邓志辉, 等, 2017. 沧口断裂黄岛段断裂几何结构和活动特征[J]. 北京大学学报(自然科学版), 53 (06): 1011~1020.
孙若昧, 刘福田, 1995. 京津唐地区地壳结构与强震的发生——Ⅰ. P波速度结构[J]. 地球物理学报, 05: 599~607.
孙若昧, 赵燕来, 吴丹, 1996. 京津唐地区地壳结构与强震的发生——Ⅱ. S波速度结构[J]. 地球物理学报, 03: 347~355.
孙武城, 李松林, 杨玉春, 1985. 华北东部地区地壳结构的初步研究[J]. 地震地质, 7 (3): 1~11.
唐方头, 2003. 华北地块近期构造变形和强震活动特征研究[D]. 中国地震局地质研究所.
王椿镛, 1993. 邢台地震区地壳细结构的研究[J]. 地球物理学进展, 01: 116~117.
王椿镛, 胡鸿翔, 唐景见, 1994. 华北地区壳幔边界反射特征的研究[C]//1994年中国地球物理学会第十届学术年会论文集: 121.
王鸿祯, 杨森楠, 李思田, 1983. 中国东部及邻区中、新生代盆地发育及大陆边缘区的构造发展[J]. 地质学报, 57 (3): 213~223.
王景明, 陈国顺, 郑文俊, 等, 1981. 唐山7.8级和7.1级地震地裂缝及地震成因探讨[J]. 长安大学学报(地球科学版), 02: 58~69.
王俊勤, 刘育丰, 吕悦军, 等, 2003. 渤海海域及邻区地震活动环境分析[J]. 中国海上油气工程, 02: 28~31.
王敏, 沈正康, 牛之俊, 等, 2003. 现今中国大陆地壳运动与活动块体模型[J]. 中国科学 (D辑), 33 (增刊): 21~32.
汪素云, 许忠淮, 俞言祥, 等, 1997. 我国大陆应力场特征和强震关系的分区研究[M]//中国大陆2005年前强震危险性预测研究. 北京: 地震出版社.
韦士忠, 陈培善, 辛书义, 等, 1987. 用中小地震波谱研究华北北部地区的应力场和地震危险性[J]. 地震, 02: 1~9.
闻学泽, 1999. 中国大陆活动断裂段破裂地震复发间隔的经验分布[J]. 地震学报, 06: 616~622.

吴忱，2001. 华北山地的水系变迁与新构造运动 [J]. 华北地震科学，04：1~6.

吴忠良，2004. 地震断层面上的位错分布 [J]. 地震学报，26（5）：489~494.

向宏发，王学潮，虢顺民，等，2000. 聊城—兰考隐伏断裂第四纪活动性的综合探测研究 [J]. 地震地质，04：351~359.

徐杰，方仲景，杨理华，1988. 1966年邢台7.2级地震的构造背景和发震构造 [J]. 地震地质，04：51~59.

徐杰，高战武，宋长青，等，2000. 太行山山前断裂带的构造特征 [J]. 地震地质，22（2）：111~122.

徐杰，高战武，孙建宝，等，2001. 区域伸展体制下盆-山构造耦合关系的探讨 [J]. 地质学报，75（2）：165~174.

徐杰，洪汉净，赵国泽，1986. 华北平原新生代裂谷盆地的演化及运动学特征 [M] //现代地壳运动研究（1）. 北京：地震出版社，26~40.

徐杰，牛娈芳，王春华，等，1996. 唐山—河间—磁县新生地震构造带 [J]. 地震地质，18（3）：193~198.

徐杰，王若柏，王春华，1998. 我国华北和西南地区两条新生地震构造带的初步研究 [J]. 西北地震学报，20（2）：1~7.

徐菊生，袁金荣，等，1999. 利用GPS观测结果研究华北地区现今构造应力场 [J]. 地壳形变与地震，19（2）：81~89.

徐锡伟，计凤桔，于贵华，等，2000. 用钻孔地层剖面记录恢复古地震序列：河北夏垫断裂古地震研究 [J]. 地震地质，01：9~19.

徐锡伟，吴卫民，张先康，等，2002. 首都圈地区地壳最新构造变动与地震 [M]. 北京：科学出版社.

徐新学，陈宇坤，刘俊昌，等，2007. 河北廊坊—天津大港剖面地壳上地幔电性结构特征 [J]. 西北地震学报，29（4）：364~370.

鄢家全，时振梁，汪素云，等，1979. 中国及邻区现代构造应力场的区域特征 [J]. 地震学报，1（1）：9~24.

杨承先，1984. 邯郸、汤阴断陷地质结构及其活动性 [J]. 地震地质，6（3）：59~66.

杨国华，韩月萍，王敏，2003. 近10年华北地壳水平运动的若干特征 [J]. 中国地震，19（4）：324~333.

杨晓平，郑荣章，张兰凤，等，2007. 浅层地震勘探资料地质解释过程中值得重视的问题 [J]. 地震地质，02：282~293.

杨智娴，陈运泰，郑月军，等，2003. 双差地震定位法在我国中西部地区地震精确定位中的应用 [J]. 中国科学（D辑），S1：129~134.

杨主恩，陈国星，周伟新，等，1999. 太行山东缘及临近地区的深部结构与浅部的关系探讨//构造地质学——岩石圈动力学研究进展 [M]. 北京：地震出版社，322~329.

袁金荣，徐菊生，高士钧，1999. 利用GPS观测资料反演华北地区现今构造应力场 [J]. 地球学报，03：232~238.

张国民，1987. 我国大陆强震活动的韵律性特征 [J]. 地震地质，02：27~37.

张国民，傅征祥，1985. 华北强震的时间分布及物理解释 [J]. 地球物理学报，06：569~578.

张国民，马宗晋，蒋铭，1988. 华北强震规律的研究 [J]. 中国地震，03：72~76.

张家声，徐杰，万景林，等，2002. 太行山山前中—新生代伸展拆离构造和年代学 [J]. 地质通报，Z1：207~210.

张培震，1999. 中国大陆岩石圈最新构造变动与地震灾害 [J]. 第四纪研究，05：404~413.

张培震，甘卫军，沈正康，等，2005. 中国大陆现今构造作用的地块运动和连续变形耦合模型 [J]. 地质学报，79（6）：748~756.

张世民，王丹丹，刘旭东，等，2007. 北京南口—孙河断裂带北段晚第四纪活动的层序地层学研究［J］. 地震地质，04：729~743.

张双凤，孙晴，张小涛，2009. 邯郸地形变与地下水位动态相互关系研究［J］. 西北地震学报，31（04）：367~373.

张四昌，1985. 华北地区的地震分布图象与共轭孕震构造［J］. 华北地震科学，02：9~18.

张文佑，江一鹏，李兴唐，1980. 华北断块区的形成与发展//华北断块区的形成与发展［M］. 北京：科学出版社，1~8.

张裕明，汪良谋，1980. 华北断块区中、新生代构造特征及其动力学问题//华北断块区的形成与发展［M］. 北京：科学出版社，170~178.

张岳桥，马寅生，杨农，2003. 太行山南缘断层带新构造活动及其区域运动学意义［J］. 地震地质，25（2）：169~182.

章淮鲁，1989. 华北地区强震的背景地震活动性的研究［J］. 地震学报，03：225~235.

赵俊青，夏斌，纪友亮，等，2005. 临清坳陷西部侏罗纪-晚白垩世原型盆地恢复［J］. 石油勘探与开发，32（3）：15~22.

郑炳华，马宗晋，1991. 华北北部断块构造及中下地壳的构造滑脱［J］. 中国地震，7（3）：1~10.

中国地层典编委会（周慕林、闵隆瑞、王淑芳），2000. 中国地层典（第四系）［M］. 北京：地质出版社.

中国岩石圈动力学地图集编委会，1991. 中国岩石圈动力学概论［M］. 北京：地震出版社.

中华人民共和国国家质量监督检验检疫总局，中国国家标准化管理委员会，2015. 中国地震动参数区划图（GB 18306—2015）［S］.

朱成熹，郑兴树，1989. 华北及西北地区地震活动性的统计分析［J］. 地震学刊，04：47~54.

朱金芳，黄宗林，徐锡伟，等，2005. 福州市活断层探测与地震危险性评价［J］. 中国地震，01：1~16.

邹继兴，邵德友，1994. 邯郸北部地区地裂缝与土层构造节理［J］. 水文地质工程地质，3：46~49.

Archuleta R, 1984. A faulting model for the 1979 Imperial Valley earthquake［J］. Journal of Geophysical Research Atmospheres, 89: 4559 – 4586.

Chen P, Chen H, 1989. Scaling law and its applications to earthquake statistical relations［J］. Tectonophysics, 166: 53 – 72.

Faulds J E, Varga R J, 1998. The role of accommodation zones and transfer zones in the regional segmentation of extended terranes［J］. Special Paper of the Geological Society of America, 323: 1 – 46.

Geiger L, 1912. Probability method for the determination of earthquake epicenters from the arrival time only［D］. Bulletin St. Louis University, 8: 60 – 70.

Gibbs A D, 1984. Structural evolution of extensional basin margins［J］. Journal of the Geological Society, 141: 609 – 620.

Hanks T C, Kanamori H, 1979. A moment magnitude scale［J］. Journal of Geophysical Research, 84: 2348 – 2350.

Harris R A, Simpson R W, 1992. Changes in static stress on southern California faults after the 1992 Landers earthquake［J］. Nature, 360: 251 – 254.

Hartzell S H, Heaton T H, 1983. Inversion of strong ground motion and teleseismic waveform data for the fault rupture history of the 1979 Imperial Vally, California, earthquake［J］. Bulletin of the Seismological Society of America, 73 (6): 1553 – 1583.

Hill A, Ward S, Deino A, et al., 1992. Earliest Homo［J］. Nature, 355: 719 – 722.

Hill D P, 1977. A model for seismic swarm［J］. Journal of Geophysical Research, 82: 1347 – 1352.

Kilb D, Gomberg J, Bodin P, 2000. Triggering of earthquake aftershocks by dynamic stresses [J]. Nature, 408 (6812): 570–574.

Lin J, Stein R S, 2004. Stress triggering in thrust and subduction earthquakes and stress interaction between the southern San Andreas and nearby thrust and strike-slip faults [J]. Journal of Geophysical Research, 109: B02303.

Lister G S, Davis G A, 1989. The origin of metamorphic core complexes and detachment faults formed during Tertiary continental extension in the northern Colorado River region, USA [J]. Journal of Structural Geology, 11: 65–94.

McGinty P, Darby D, 2001. Earthquake triggering in the Hawke's Bay, New Zealand, region from 1931 to 1934 as inferred from elastic dislocation and static stress modeling [J]. Journal of Geophysical Research, 106 (B11): 26593–26604.

Morley C K, 1987. Extension, detachments and sedimentation in continental rifts (with particular reference to east Africa) [J]. Tectonics, 8: 1175–1192.

Morley C K, Nelson R A, Patton T L, et al., 1990. Transfer zones in the East African rift system and their relevance to Hydrocarbon exploration in Rifts [J]. The American Association of Petroleum Geologists Bulletin, 74 (8): 1234–1253.

Okada Y, 1992. Internal deformation due to shear and tensile faults in a half-space [J]. Bulletin of the Seismological Society of America, 82: 1018–1040.

Paige C C, Saunders M A, 1982. LSQR: An algorithm for sparse linear equations and sparse least squares [J]. ACM Transactions on Mathematical Software, 8 (1): 43–71.

Parsons T, Ji C, Kirby E, 2008. Stress changes from the 2008 Wenchuan earthquake and increased hazard in the Sichuan basin [J]. Nature, 07177: 1–2.

Perniola B, Bressan G, Pondrelli S, 2004. Changes in failure stress and stress transfer during the 1976–77 Friuli earthquake sequences [J]. Geophysical Journal International, 156 (2): 297–306.

Pinar A, Honkura Y, Kuge K, 2001. Seismic activity triggered by the 1999 Izmit earthquake and its implications for the assessment of future seismic risk [J]. Geophysical Journal International, 146: F1–F7.

Stein R S, 1999. The role of stress transfer in earthquake occurrence [J]. Nature, 402 (6762): 605–609.

Thatcher W, 1984. The earthquake deformation cycle, recurrence, and the time-predictable model [J]. Journal of Geophysical Research, 89: 5674–5680.

Thurber C H, 1983. Earthquake locations and three-dimensional crustal structure in the Coyote late area, Central California [J]. Journal of Geophysical Research, 88: 8226–8236.

Toda S, Stein R S, 2003. Toggling of seismicity by the 1997 Kagoshima earthquake couplet: A demonstration of time dependent stress transfer [J]. Journal of Geophysical Research, 108 (B12): 2527.

Toda S, Stein R S, Reasenberg P A, et al., 1998. Stress transferred by the 1995 M_W = 6.9 Kobe, Japan, shock: Effect on aftershocks and future earthquake probabilities [J]. Journal of Geophysical Research, 103 (24): 543–565.

Wald D J, 1992. Strong motion and broadband teleseismic analysis of the 1991 Sierra Madre, California, earthquake [J]. Journal of Geophysical Research, 97: 11033–11046.

Wald D J, Heaton T H, Hudnut K W, 1996. The slip history of the 1994 Northridge California earthquake determined from strong-motion, teleseismic, GPS, and leveling data [J]. Bulletin of the Seismological Society of America, 86: S49–S70.

Waldhauser F, Ellsworth W L, 2000. A double-difference earthquake location algorithm: method and application to the northern Hayward Fault, California [J]. Bulletin of the Seismological Society of America, 90 (6): 1353–1368.

Wells D, Coppersmith K J, 1994. New empirical relations among magnitude, rupture length, rupture width, rupture area and surface displacement [J]. Bulletin of the Seismological Society of America, 84 (4): 974–1002.

Zhang Y, Wu H, Kang Y, et al., 2016. Ground Subsidence in the Beijing-Tianjin-Hebei Region from 1992 to 2014 Revealed by Multiple SAR Stacks [J]. Remote Sensing, 8 (8): 675.

Zhao D P, Hasegawa A, Kanamori H, 1994. Deepstructure of Japan subduction zone as derived from local, regional, and teleseismic events [J]. Journal of Geophysical Research: Solid Earth, 99 (B11): 22313–22329.

Zhao D, Hasegawa A, Horiuchi S, 1992. Tomographic imaging of P and S wave velocity structure beneath northeastern Japan [J]. Journal of Geophysical Research, 97 (B13): 19909–19928.

Zhou C, Gong H, Chen B, et al., 2020. Land Subsidence Response to Different Land Use Types and Water Resource Utilization in Beijing-Tianjin-Hebei, China [J]. Remote Sensing, 12 (3): 457.